大数据科学丛书

Hadoop HDFS 深度剖析与实践

祝江华 编著

HADOOP HDFS

IN-DEPTH ANALYSIS AND PRACTICE

本书以 Hadoop HDFS 为载体，介绍了构建一款分布式系统（尤其是存储方向）所需的核心技术，所有内容均基于当前较新的 3. 3. x/3. 4. x 版本，分别从理论和实践两个维度逐一阐述。本书主要包括两篇：核心原理篇介绍了 HDFS 的诞生历史、元数据及 Block 管理、节点间通信机制、读写数据流程和高可用实现原理等；拓展与实践篇从实际出发，充分考虑了用户在应用过程中会遇到的痛点，详细介绍了集群拓展方法、数据分层存储、集群维护与多租户实施等实践经验。

本书各章节都配有必要的流程图和原理分析图，便于读者阅读理解，并精选了非常有用的实际案例及拓展知识。阅读本书后，相信会给读者带来“1+1>2”的效果。

本书非常适合大数据从业者、云计算领域研发及运维人员、高校研究生和热衷于分布式的技术极客阅读学习。

图书在版编目（CIP）数据

Hadoop HDFS 深度剖析与实践/祝江华编著 .—北京：机械工业出版社，2023. 3
（大数据科学丛书）
ISBN 978-7-111-72479-7

Ⅰ. ①H…　Ⅱ. ①祝…　Ⅲ. ①数据处理软件　Ⅳ. ①TP274

中国国家版本馆 CIP 数据核字（2023）第 010499 号

机械工业出版社（北京市百万庄大街 22 号　邮政编码 100037）
策划编辑：张淑谦　　　　责任编辑：张淑谦
责任校对：薄萌钰　陈　越　　责任印制：张　博
保定市中画美凯印刷有限公司印刷
2023 年 5 月第 1 版第 1 次印刷
184mm×240mm · 17 印张 · 428 千字
标准书号：ISBN 978-7-111-72479-7
定价：99.00 元

电话服务　　　　　　　　网络服务
客服电话：010-88361066　机　工　官　网：www. cmpbook. com
　　　　　010-88379833　机　工　官　博：weibo. com/cmp1952
　　　　　010-68326294　金　　书　　网：www. golden-book. com
封底无防伪标均为盗版　机工教育服务网：www. cmpedu. com

前 言

PREFACE

在数据规模爆炸式增长的今天，复杂的业务场景对数据的使用提出了更高的要求，数据需具备良好的容错能力，集群服务应拥有健壮的稳定性。Hadoop HDFS 自诞生至今，一直都是大数据领域事实上的分布式存储基座，已经得到众多企业支持，包括 Cloudera、Uber、腾讯、美团、京东等。据了解，不少生产环境集群节点达到万台以上，可以轻松应对多场景业务类型的访问。在开源社区，HDFS 始终保持较高关注度，版本迭代也很快。至本书撰写前夕，Hadoop 版本已经来到 3.4。荣幸之至，作者也贡献了部分 feature。

由于工作的关系，作者日常接触到不少和集群有关的问题，慢慢地也有了一些经验积累。这里分享几个编写本书的初衷：

虽然 HDFS 已经被广泛应用于大数据领域，且直接或间接从事和 HDFS 有关的人员很多，如研发工程师、运维工程师，但大多数人对 HDFS 这款分布式系统的认识只停在“熟悉”的阶段，还远未达到“理解”的程度，因此迫切需要一本既有广度、又兼顾深度的指导书籍。

作者此前专职从事过较长时间和 HDFS 有关的研发与运维工作，也正是在这段时期提升了自己分布式系统架构设计的能力，同时还掌握了较为丰富的一线集群管理经验。希望能够将这些总结和个人的理解分享给读者。

尽管市面上存在一些和 Hadoop 相关的图书，但调研后发现大多数书中内容较浅，缺乏广度和系统性。希望本书可以弥补这些遗憾。

读者对象

本书适合以下读者阅读。

- 大数据从业者，如中高级开发人员、架构师、技术经理。
- 想要系统学习分布式架构设计的技术人员和运维人员。
- 想要提高分布式系统研发水平的人员。
- 目前在云计算领域工作，想要拓宽自己技术能力的专业人员。

- 在高校学习的研究生，或有一定基础的高年级本科生。

本书特色

（1）技术点系统、全面

本书以 Hadoop HDFS 主流的版本为基准，选择由浅入深的方式，全面细致地介绍了构成分布式存储系统的各项关键组成部分。为照顾到不同层次的读者，每章都配置了原理解析、流程分析图，以及必要的实践指导。

（2）具备较高的实用指导价值

在编写本书前，作者收集了很多行业内从业者在集群维护过程中遇到的痛点。书中选用的案例均来源于现实或非常典型的案例，对应的解题思路和实践方案均得到验证，具有很强的实用性，方便读者查阅和参考。

（3）技术启发性强

一本好的技术书籍，不应局限于介绍产品本身，还应与读者产生共鸣，这也是作者最希望看到的。作者在这里提醒读者，在阅读本书时要留意两点：一是注意不同章节间的关联；二是留意每章后面的拓展改进部分。

本书内容

本书分为两大篇，共 10 章。

第 1 章介绍成熟的分布式系统架构框架及其影响因素、Hadoop HDFS 发展历史、组件特色和包含的主要模块。

第 2 章介绍元数据，包括元数据信息、结构分析、拓展优化等。

第 3 章介绍 HDFS 管理存储数据的方法，涉及众多的内部运行原理、Namespace 服务、数据节点服务等一些非常关键的部分。

第 4 章介绍 Block 和副本。详细介绍了 HDFS 是如何管理它们及生命周期、数据自愈等。可以说理解了本章内容，就充分了解了数据在 HDFS 系统中的存在方式。

第 5 章介绍 Client 与不同节点服务的通信原理，以及数据读写流程。

第 6 章介绍高可用机制，包括 QJM 和 HA 实现原理、ZKFC 服务、隔离机制，以及可改进的方法。

第 7 章介绍缓存在分布式系统中的实现方法，列举了一些适用缓存的场景及后续版本的迭代计划。

第 8 章介绍在使用过程中拓展集群的方法。详细说明了水平拓展、垂直伸缩的策略及参考实现，非常具有实用指导价值。

第 9 章介绍想要实现合理的数据分层是如何做到的。这部分知识是超大集群维护过程中必须掌握的。

第 10 章介绍如何高效建设集群监控体系、多租户管控方法等。此外，还介绍了当下非常有价值的发展方向——Data Lakes。

如何阅读本书

- 对于没有接触过分布式系统或大数据领域的读者，建议按照顺序从第 1 章开始阅读。
- 对于了解过 Hadoop 部分原理的运维人员或初级开发者，建议也按照顺序从第 1 章开始阅读，这对于全面了解 HDFS 很有益处。
- 对于做过 HDFS 相关研发的中高级开发者，可选择从第 2 章开始阅读。

本书是按照由浅入深的方式编写的，读者在阅读过程中，尤其是阅读本书后面的章节时，应该加入自己的思考，这样才可以达到事半功倍的学习效果。

勘误与支持

创作须始终保持严谨的态度，作者每完成一章都会反复核验。奈何水平有限，书中难免会出现不足之处，在此恳请读者批评指正。读者如在书中遇到需要解答的地方，欢迎发送邮件至 zhujh. inx@gmail. com，作者将尽可能回复每一封邮信。期待能够得到读者的真挚反馈！

致谢

感谢机械工业出版社的张淑谦老师在这一年多的时间里始终支持我的写作，并给予了非常多的帮助和建议。没有他的鼓励和帮助，这本书不会那么顺利完成。

感谢 Apache 社区的小伙伴，是你们让我学到更多。

最后，感谢所有支持、鼓励和帮助过我的人。谨以此书献给我最亲爱的家人、朋友们！

祝江华

2022 年初冬　于杭州

CONTENTS 目录

第 2 篇 拓展与实践篇

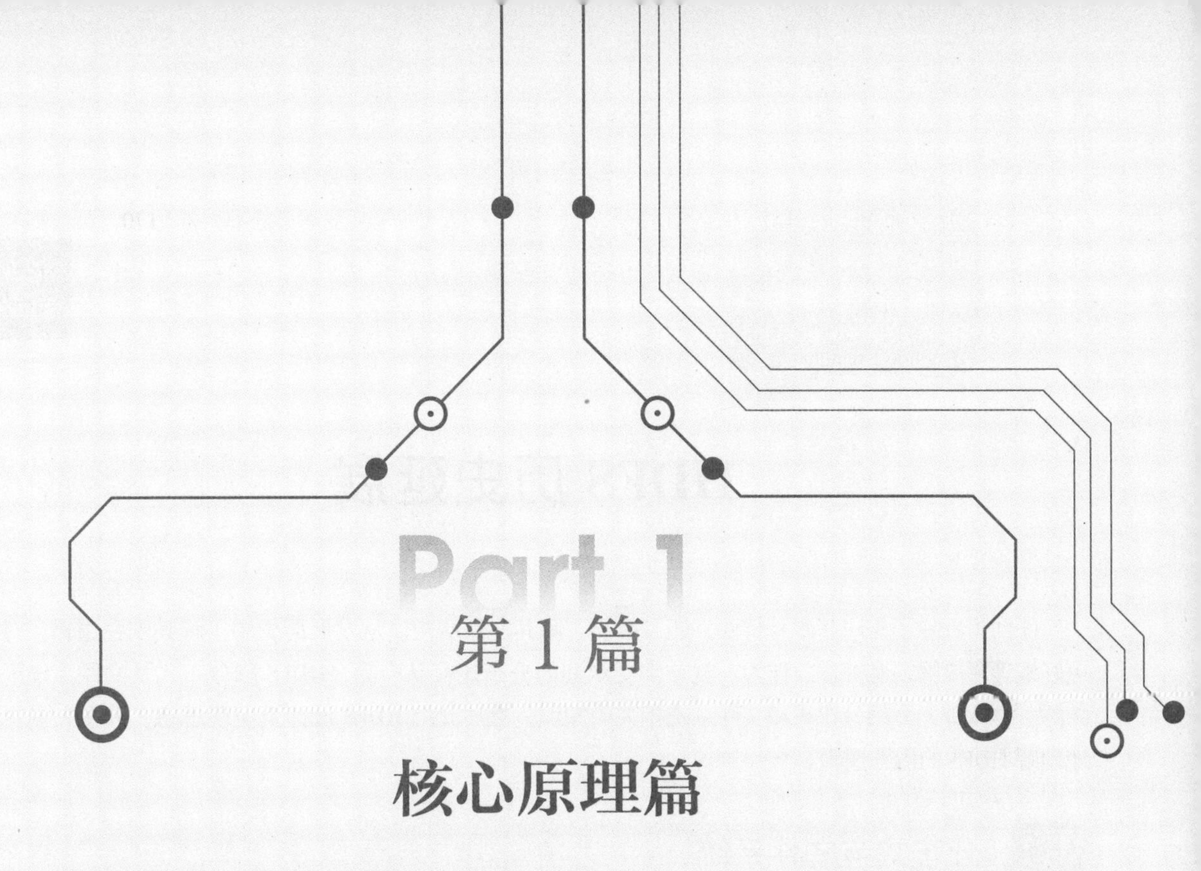

第1篇

核心原理篇

古语云："不积跬步，无以至千里；不积小流，无以成江海。"只有在日常工作和学习中积累点滴，方能提高专业技术水平。如果读者期望能透彻地掌握和使用一种分布式产品，理解核心原理尤为重要。HDFS 实现中涉及众多的分布式技术和新颖的架构，本篇会在分享满满干货的同时，给读者带来不一样的拓展思路。

HDFS 历史延展

任何事物除了关注其本身特性，还有必要了解其发展历史。从发展历史中了解其内在逻辑，对于更好地理解事物很有裨益。作为一款非常受欢迎的分布式存储产品，HDFS 和分布式及文件系统很有渊源。本章首先介绍分布式和文件系统相关的知识，然后介绍 HDFS 设计及实现思想，以便大家更好地理解 HDFS 的内在逻辑。

1.1 分布式与文件系统

互联网的发展日新月异，每天产生的各种数据爆炸式增长，下面是来自一些重要领域的统计数据。

- 到 2025 年，全球数据领域将有 175 ZB 的数据（来自 Seagate UK）。
- Google、Facebook、Microsoft 和 Amazon 至少存储了 1200PB 的信息（来自 Science Focus）。
- 截至 2020 年 7 月，全球互联网用户超过 48 亿（来自 Internet World Stats）。
- 截至 2020 年 3 月，字节跳动拥有近 10 亿固定用户（来自维基百科）。
- Google 每年处理 1.2 万亿次搜索（来自 Internet Live Stats）。
- 全世界每分钟在 Internet 上的购物花费近 100 万美元（来自 Visual Capitalist）。
- 2020 年，全球每天发送和接收的电子邮件大约为 3064 亿封（来自 Statista）。
- Youtube 每天有近 50 亿个视频被观看（来自 Fortune Lords）。
- 2019 年，全球网民每分钟观看近 695000 小时的 Netflix 的内容（来自 Visual Capitalist）。
- 每 24 小时，Twitter 上就会发布 5 亿条推文（来自 Internet Live Stats）。
- 到 2025 年，将有 750 亿台物联网设备（来自 Finances OnLine）。

不仅数据量庞大，而且数据的形式多种多样，有音视频、图片、文字，甚至还有最基础的二进制内容，因此如何安全、高效地存储及访问这些数据显得尤为重要。同时还应该考虑存储的兼容性及前瞻性，因为数据还在持续增长。

当前存储数据的介质产品非常丰富。例如，单台机器就能轻松存储数十 TB 数据，不过使用单机存储数据存在以下不足。

- 容量大小受限，存在存储上限。
- 访问受限，通常只能允许数十个用户同时访问。
- 故障保障低，一旦机器出现问题，有可能造成所有用户都不能正常访问。

针对以上不足，很多企业通常会选择分布式存储系统来存储量级较大的数据。什么是分布式存储？通俗地讲，分布式存储是指采用便捷的分布式网络，将数据分散地存储在多台独立的机器设备上，同时利用多台存储服务器分担存储负荷，利用数据管理服务器定位存储信息，从而提高系统的可靠性、可用性和存取效率，易于拓展。

由于数据类型的多样性，当前行业内已有多种分布式存储系统来满足不同场景的需求。例如，大型的线上购物平台每天需要保留用户的浏览记录，Facebook 每天需要处理用户上传的大量图片等。本质上这些都是属于文件信息。

1.1.1 分布式文件系统部署架构

若想实现一个分布式文件系统，系统的部署架构是一个必不可少且必须要提前考虑的事情。就部署架构来说，基于中心化的系统具有良好的稳定性，且实施复杂度低。这种分布式系统集群存在部分管理节点（Master）和数据节点（Slave），基本架构如图 1-1 所示。

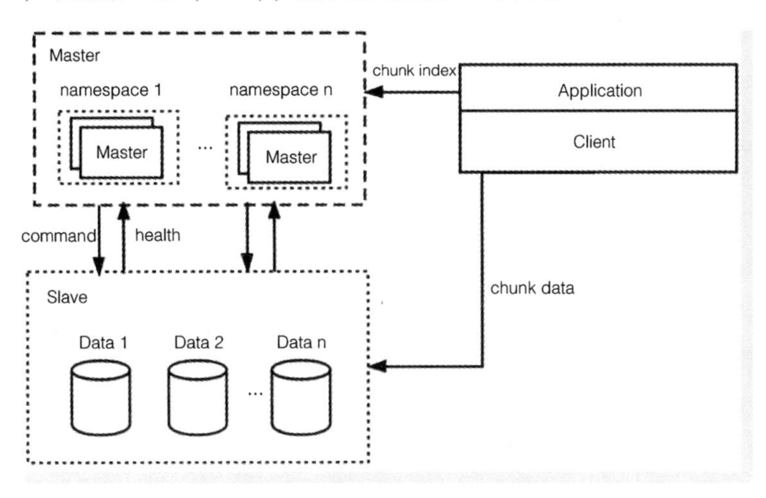

● 图 1-1　有中心节点基本架构

基本架构分为 3 部分，各部分主要作用如下。

- Master。负责文件定位、维护文件元（meta）信息、集群故障检测、管理数据迁移、分发数据备份、提供有关数据的操作命令或对外调用接口。
- Slave。负责提供数据的存储介质，定期和 Master 交互汇报自身的数据信息，或执行 Master 分发的命令，同时也会对外提供一些可访问的接口方式。
- Client。通常是一组需要计算的任务，或者仅执行数据的获取任务。在有中心节点的架构下，通常会先和 Master 交互，然后根据位置信息再和 Slave 通信。

在有中心节点的部署方案里，一般中心节点并不参与真正的数据读写，而是将文件 meta 信息保存并管理起来，Client 从 Master 获取 meta 信息之后即可与 Slave 通信。Master 节点在这种方案下既容易控制又功能强大，而且降低了 Master 节点的负载，防止其成为瓶颈［通常还有 HA（High Availability）保障，即图 1-1 中的 namespace］。当前有中心节点的方案在各种存储类系统中得到了广泛应用，典型的产品如 Hadoop HDFS。

1.1.2 系统性能的影响因素

一款好的分布式文件系统除了架构外，通常还具备一些基本的特点。

- 高可用性。能够在集群系统存在部分故障（如访问链路故障、节点故障或节点存储驱动故障等）的情况下继续运行。
- 性能。性能通常指客户从发起需求访问到处理完成所需要的时间，这个时间不宜过长。处理过程包括各个节点的 CPU 处理、网络处理、存储处理等。
- 易于使用。分布式文件系统和用户交互不应过于复杂。

为满足以上特点，通常在分布式文件系统的设计和实现过程中，还需要考虑其他的影响系统性能的因素。

- 并发。分布式通常是为满足在多用户使用的场景下，同一时间有多个客户端同时访问集群内的共享资源，对相同的资源发送请求的需求。每个资源在并发环境下应该是安全的。
- 拓展性。当用户和资源数量明显增加时，系统能动态拓展以保证系统运行的高效性。
- 开放性。分布式系统在对外提供服务或是内部运转过程中，通常都是基于统一的通信机制和公开的共享资源访问接口。
- 安全性。系统能够提供对共享资源的加密保护，在传输敏感信息时加密，在访问上如有必要也应该保持安全。
- 故障处理。当硬件或软件程序出现某些故障时，可能会产生异常结果。这些故障应该在预期计算完成之前自动停止。同时这些故障应该被控制在一定范围内，避免对系统扩大影响。
- 透明性。用户和应用程序在访问分布式系统时，应该将其视为单个实体，而不是协作式的自治系统的集合。用户无须知道服务所在的具体位置，并且从本地访问远程时的传输应该也是透明的。
- 异构性。异构通常依赖于不同开发者的网络、硬件、操作系统等基础设施。也就是说即使软硬件环境不同，也能正常和分布式系统交互。

分布式文件系统的设计和实现内容复杂，这里只做基本介绍。

1.2 HDFS 设计及实现思想

Hadoop 是一个开源软件框架，拥有强大的存储和计算能力，能够处理 PB 级以上的大型数据集。Hadoop 由 Apache 软件基金会（Apache Software Foundation）开发（这里是指开源的Apache Hadoop，后文中没有特别指明也都是指开源版本）。

Hadoop 框架中用于存储的部分叫作 HDFS（Hadoop Distributed File System）。

1.2.1 HDFS 发展历史

Hadoop 的发展历史可追溯到最初的 Apache Nutch 项目。

2002 年

Doug Cutting 和 Mike Cafarella 致力于研发 Apache Nutch 项目，这个项目旨在构建一个能够抓取和索引网站的搜索引擎。之后，这个项目被证明使用起来过于昂贵，无法为数十亿个网页编制索引。因此，需要寻找一种可行的解决方案来降低成本。

2003 年

Google 发表了一篇关于分布式文件系统（GFS）的论文 *The Google File System* ，其中描述了 GFS 的架构，该架构提供了在分布式环境中存储文件的大型数据集的方法。这篇论文解决了存储作为网络爬虫和索引过程中生成的大文件的问题。

2004 年

有了 GFS 的架构方法，Nutch 项目的研发人员开始着手编写开源实现，即 Nutch 分布式文件系统（NDFS），这就是 HDFS 的前身。

同年，Google 发表了另外一篇关于计算的论文 *MapReduce*，提供了处理大型数据集数据计算的解决方案。

Nutch 项目的研发人员也在 2004 年开始实施 MapReduce。

2006 年

Apache 社区的开发者意识到 MapReduce 和 NDFS 的实现不仅可以用于检索领域，也可以用于其他任务，于是就将 MapReduce 和 NDFS 从 Nutch 中分离开来，组建了一个名为“Hadoop”的独立子项目。原先的“NDFS”从这时起就被称为“HDFS”。

2007 年

Yahoo 在 2007 年成功应用 Hadoop，并将集群拓展至千个节点。

2008 年

2008 年初，Hadoop 成为 Apache 顶级项目。此后，Facebook 和纽约时报等许多公司开始使用Hadoop。

2011 年

Apache 发布 Hadoop 1.0 版本，包含多种特性。之后 Hadoop 持续发展，功能特性不断增强。

2017 年

2017 年末，Hadoop 3.0 版本发布。

Hadoop 从诞生至今，发展还是比较成功的。现在很多公司都在使用 Hadoop，而且单集群部署节点已经达到万台规模，其中，HDFS 通常会作为存储基座。

1.2.2 HDFS 特性

HDFS 经过多年的不断发展，在开源社区及各大公司中受到极大关注并得到广泛使用。开发者将在实践中发现的问题积极反馈至开源社区，形成良性循环。这也是 HDFS 能持续发展的原因之一。

HDFS 有很多重要的特性符合当下行业的发展趋势，以及技术的发展趋势。

（1）检测和快速应对机器故障

通常在分布式集群中，硬件故障并不是例外，甚至可以说会常态发生。一个 HDFS 集群可能会部署数百乃至数千台机器，每台机器都存储文件系统中数据的一部分。这意味着 HDFS 集群在运转时某些组件在某些时刻可能存在无法正常工作的故障。因此，当出现故障时，故障快速检测与自动恢复是 HDFS 的核心特点之一。

（2）流式数据访问

HDFS 上的应用程序通常需要对其数据集进行流式访问。HDFS 在设计上更多的是用于批处理而不是和用户交互式处理。因此，使用 HDFS 的重点是提升数据访问的高吞吐而不是低延迟性（不过在很多实践中，经过多种优化，低延迟性也得到了很大改善）。

（3）支持大文件存储

HDFS 支持大文件存储。在 HDFS 上运行的应用程序通常是大型的数据集，这些文件以典型的大文件居多，从 GB 到 TB 不等。这种特点符合高聚合数据带宽并拓展到集群中的数百个节点。通常在单个 HDFS 集群中能够支持千万级以上的文件数据。

（4）一致性模型

HDFS 对应用程序获取文件的访问是一次写入、多次读取的模型。文件一旦创建，写入完成就无须更改，同时也支持对文件的再次追加写入。这种简单的一致性模型较为简单，并实现了高吞吐数据的特点。

（5）移动计算优先于移动数据

这点是和计算相结合的。如果应用程序运行的计算任务在数据附近的位置执行，那么运行的效率会更高。当数据集很大时，效果更明显。这最大限度地减少了网络拥塞并增加了系统的整体吞吐量。将计算迁移到距离数据更近的位置通常比将数据移动到应用程序附近会更好，因此，HDFS 为应用程序提供了相关接口，使得应用程序的执行效率更高。

（6）异构硬件支持和软件平台可移植性

HDFS 可以轻松地从一个平台移植到另一个平台，这有助于降低使用分布式文件系统的复杂性，同时也为基础设施的选择提供了多样性。

从以上这些特点可以看出，HDFS 与其他现有的分布式文件系统有相似之处，也有显著的区别。同时，HDFS 具有高度容错性，旨在部署在低成本硬件上。HDFS 提供了对应用程序访问数据的高吞吐特性，适合具有大型数据集的应用。HDFS 访问地址为 https://hadoop.apache.org/hdfs/。

1.2.3 HDFS 服务视图

为实现以上特性，HDFS 包含的各个服务模块都是经过精心设计的，HDFS 的服务视图如图 1-2 所示。

HDFS 的服务视图包含三大部分：核心服务 、公共服务 和拓展服务。

1. 核心服务

核心服务是 HDFS 最重要的功能。

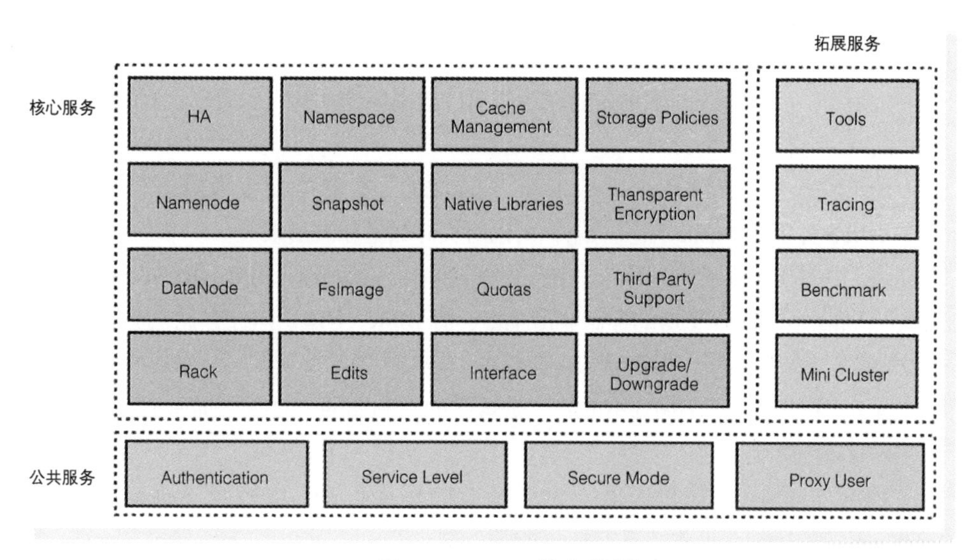

● 图 1-2　HDFS 服务视图

1）Namenode。HDFS系统采用中心化设计，即Master/Slave架构。这里的Namenode即是Master，主要作用是管理整个文件系统的meta信息并管理Client对文件的访问。一个HDFS集群可以由多个Namenode组成。

2）DataNode。DataNode是HDFS中的Slave角色，主要作用是存储从Client写入的数据，并负责处理来自Client的直接读写请求。DataNode还会处理来自Namenode的指令。一个HDFS集群可以部署成百上千个DataNode节点。

3）HA（High Availability，高可用）。HDFS提供了高可用机制。在实际使用中，一个集群会部署两个Namenode节点，一个处于Active状态，另一个处于Standby状态。Active Namenode负责集群中的客户端操作。当集群发生故障，Active节点不可用时，HDFS会快速完成状态转移，原先Standby节点会变成Active状态，原先Active节点会变成Standby状态，从而保障集群正常工作。

4）Namespace。随着业务访问量的增大，一个Active Namenode在处理所有Client请求时会存在压力，这时需要对该Namenode减压。一种有效的方法是将原先一个Namenode处理的业务分离出去一部分。因此，HDFS提供了Namespace的概念，支持部署多个Namespace，由每个Namespace处理一部分Client的请求。

5）Snapshot（快照）。快照是数据在某个只读时间上的副本，通常是用来作为数据备份，防止用户误操作，实现数据的容灾恢复。

6）FsImage。Client访问过的数据对应的meta会在Namenode中记录，并分别在两处保存。一处是在Namenode内存中，另一处是在硬盘。Namenode会定期将内存中的结构数据持久化，持久化的这部分数据成为FsImage，主要作用是防止数据丢失。

7）Edits。Client访问HDFS时，如果是更新操作，会生成一条Transaction记录，记录本次操作的具体内容。这个记录会被保存到Edits文件中，之后会定期被Standby Namenode处理。

8）Cache Management。在 HDFS 中，Cache 采用集中式管理。Cache 的使用能有效提升 Client 读数据的效率。

9）Native Libraries（本地库）。本地库的作用是可以提高压缩和解压的效率，同时提供本地方法调用接口，如和 C、C++交互。

10）Quotas（限流）。当访问 HDFS 的 Client 不断增加、集群存在压力时，需要适当控制流入 HDFS 的请求。HDFS 提供了 Quotas 限流功能，可以对文件数量和流量限流。

11）Interface。HDFS 提供了对外接入的统一访问接口，可以支持 RPC、REST 或 C API。

12）Storage Policies。HDFS 支持的存储非常丰富，有 DISK、SSD、内存存储、Archive 和第三方存储介质。存储策略上支持热存储、温存储和冷存储等。

13）Thansparent Encryption。HDFS 中的加密是透明的端到端的。对数据加密后，无须 Client 修改程序。

14）Third Party Support。HDFS 提供了对第三方的拓展机制，支持对 Amazon S3、Azure Blob Storage、OpenStack 等的拓展，也支持自定义一些特性。

15）Upgrade/Downgrade。当有新版本需要替换时，HDFS 提供滚动升级和滚动降级版本的功能。

16）Rack（机架）。Hadoop 组件都能识别机架感知，HDFS 也不例外。数据块（Block）副本放置在不同机架上可以实现容错，这是使用机架感知来实现的。通过网络交换机和机器位置可以在机器故障的情况下区分数据的可用性。

2. 公共服务

公共服务一般是用来处理统一流程。

1）Secure Mode。HDFS 的安全功能包括身份认证、服务级别授权、Web 控制台身份验证和数据机密性验证等。

2）Authentication。HDFS 的权限和认证支持很强大。可以通过 Kerberos、SSL 认证、Posix 样式权限和 Ranger 授权。

3）Service Level。服务层级花费是 HDFS 的一大亮点，可以支持让某些用户只访问其中一部分服务来控制集群风险，如只运行 User A 访问 DataNode 服务。

4）Proxy User。HDFS 的用户系统支持超级用户、普通用户和代理用户。其中，代表另一个用户访问 HDFS 集群的用户被称为代理用户。

3. 拓展服务

拓展服务通常用来辅助管理集群，如额外使用的工具、提供测试功能等。

1）Tools。和 HDFS 相关的工具比较多，包括 User Commands（如 dfs、fsck）、Admin Commands（如 balancer、dfsadmin）和 Debug Commands（如 verifyMeta）。

2）Tracing。Tracing 功能可以跟踪 HDFS 的请求，排查某些故障出现的原因。

3）Benchmark。HDFS 提供一些用于基准测试的能力，如测试 Namenode 接口、HDFS I/O 吞吐能力等。

4）Mini Cluster。单 Namenode 集群，用于验证真实 HDFS 集群在一些场景下的测试。

1.2.4 HDFS 架构

HDFS 的基本架构如图 1-3 所示，它采用的是 Master/Slave 架构模式。

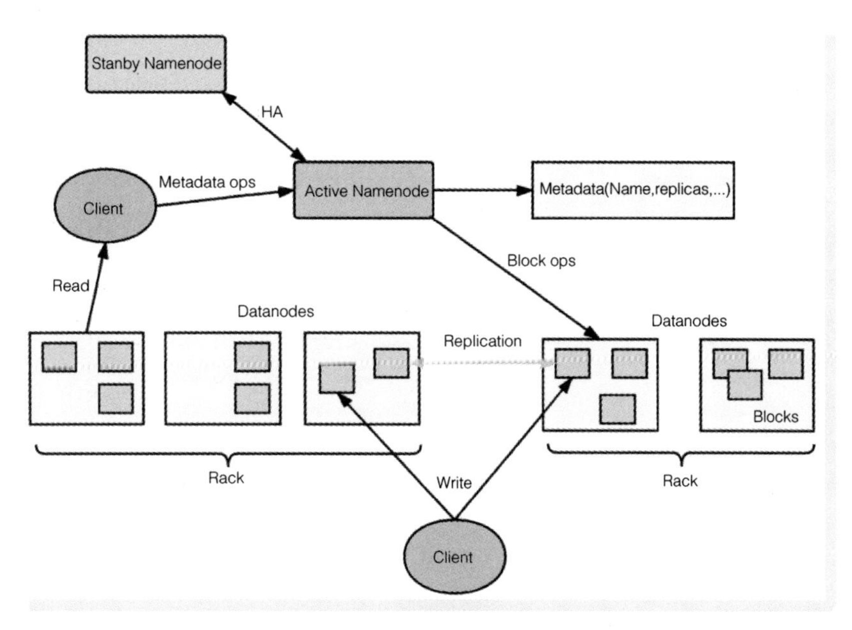

● 图 1-3 HDFS 基本架构

通常在部署 HDFS 时，需要一些基本的组件服务。

- Namenode 管理文件系统的 Metadata，并处理 Client 请求。
- 发生故障时，Active Namenode 和 Standby Namenode 快速实现高可用（HA）。
- Client 访问时，先通过 Namenode 定位文件所在位置，然后直接和 Datanode 交互。
- Client 写入的数据会以数据块（Block）的形式存储在各个 Datanode，每个 Block 通常会有多个副本（Replication）。
- HDFS 通常会部署多个 Datanode 节点，这些节点在机架（Rack）上有各自的位置。
- 一个 HDFS 系统支持多个 Namespace。

Hadoop HDFS 作为开源项目，每天都会有来自全球的开发者和使用者讨论新的想法和实现。Hadoop 项目中有几个和 HDFS 关联性较强的模块 hadoop-common-project 和 hadoop-hdfs-project、hadoop-tools，如图 1-4 所示（项目源码详见 https://github.com/apache/hadoop）。

感兴趣的读者可以下载源码研究，也可以向开源社区反馈。

- issue 反馈地址 https://issues.apache.org/jira/projects/HDFS/issues。
- wiki 访问地址 https://cwiki.apache.org/confluence/display/HADOOP/。

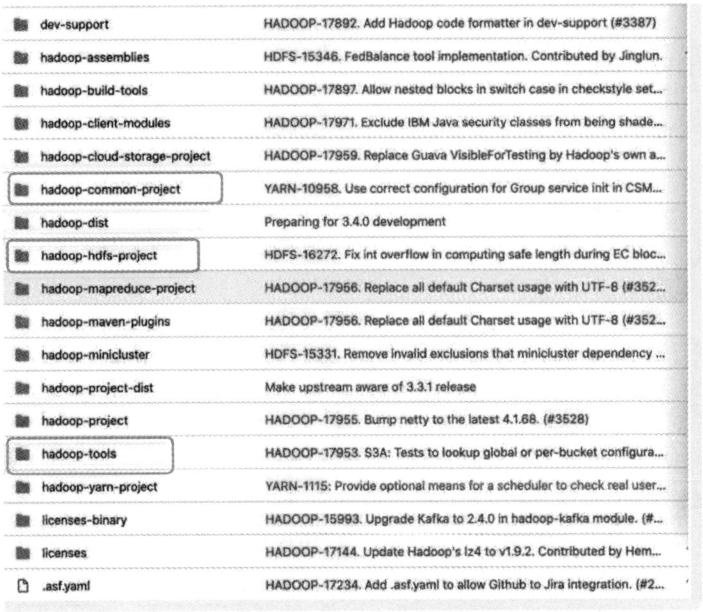

dev-support	HADOOP-17892. Add Hadoop code formatter in dev-support (#3387)
hadoop-assemblies	HDFS-15346. FedBalance tool implementation. Contributed by Jinglun.
hadoop-build-tools	HADOOP-17897. Allow nested blocks in switch case in checkstyle set...
hadoop-client-modules	HADOOP-17971. Exclude IBM Java security classes from being shade...
hadoop-cloud-storage-project	HADOOP-17959. Replace Guava VisibleForTesting by Hadoop's own a...
hadoop-common-project	YARN-10958. Use correct configuration for Group service init in CSM...
hadoop-dist	Preparing for 3.4.0 development
hadoop-hdfs-project	HDFS-16272. Fix int overflow in computing safe length during EC bloc...
hadoop-mapreduce-project	HADOOP-17956. Replace all default Charset usage with UTF-8 (#352...
hadoop-maven-plugins	HADOOP-17956. Replace all default Charset usage with UTF-8 (#352...
hadoop-minicluster	HDFS-15331. Remove invalid exclusions that minicluster dependency ...
hadoop-project-dist	Make upstream aware of 3.3.1 release
hadoop-project	HADOOP-17955. Bump netty to the latest 4.1.68. (#3528)
hadoop-tools	HADOOP-17953. S3A: Tests to lookup global or per-bucket configura...
hadoop-yarn-project	YARN-1115: Provide optional means for a scheduler to check real user...
licenses-binary	HADOOP-15993. Upgrade Kafka to 2.4.0 in hadoop-kafka module. (#...
licenses	HADOOP-17144. Update Hadoop's lz4 to v1.9.2. Contributed by Hem...
.asf.yaml	HADOOP-17234. Add .asf.yaml to allow Github to Jira integration. (#2...

● 图 1-4　Hadoop 项目源码

1.3 小结

本章作为 HDFS 的入门章节，首先介绍了文件存储系统的发展历程，包括本地文件系统、网络文件系统和分布式文件系统各自的特点及分布式文件系统不同架构方式的优缺点。随后介绍了 HDFS 这款产品的主要特性和包含的主要模块，这里先以宏观层面的视角来整体展现，从第 2 章开始，作者会分别剖析 HDFS 的每个部分，尽可能做到简洁、详尽。

元数据架构

和很多分布式存储系统一样，HDFS 有自己独特的元数据架构。元数据在 HDFS 中以两种形式被维护：一个是内存，时刻维护集群最新的数据信息；另一个是磁盘，对内存中的信息进行维护。存入内存是为了快速处理 Client 的请求，存入磁盘是为了将数据持久化，以便于在故障发生时能够及时恢复。

2.1 内存 Tree 设计

本章节主要介绍 Namenode 及其与元数据管理的相关内容。首先介绍 Namenode 服务的主要作用和启动流程，接着介绍元数据的组成部分——FsImage 和 Edit Log，然后对元数据在 Namenode 内存中维护的各个部分及其组成部分进行详细的介绍。

2.1.1 Namenode 介绍

HDFS 的主要功能是对文件进行存储：一方面数据被保存在某些位置，另一方面在需要的时候数据应该能够被灵活地访问。为了实现这两个方面的需求，HDFS 做了很多巧妙的设计。先来说说数据保存。

HDFS 中一个完整的文件由两部分组成（见图 2-1）：一部分是 meta，它由一些被称为 Namenode 的服务节点管理；另一部分是 Block 数据块，它由一些被称为 DataNode 的服务节点管理（关于 DataNode 会在第 3 章详细介绍）。

meta 可以理解为文件的索引（Index），Block 数据块可以理解为真实保存的数据。

Namenode 在 HDFS 中被称为 Master 节点，主要包括如下功能。

- 管理元（meta）数据。一个集群保存的所有的文件都会在 Namenode 中保存一份 meta 视图，以便于对文件的整体管理。
- 处理客户端请求。Client 在访问数据时，必须经过 Namenode。Client 的大多数访问都和数据相关，而元数据都由 Namenode 管理，因此 Client 第一步就要和 Namenode 交互。

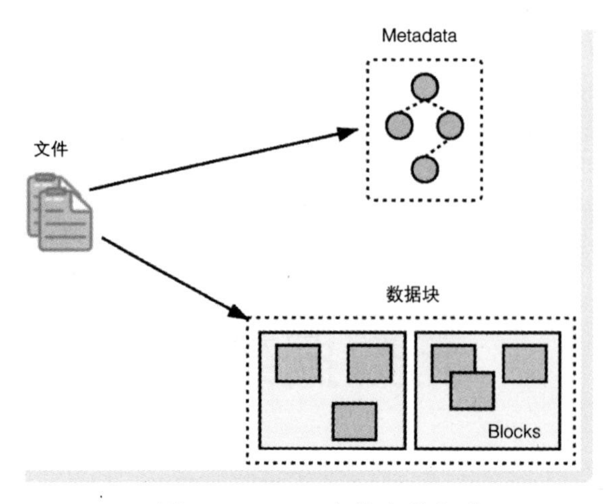

图 2-1　HDFS 中的文件组成

2.1.2　Namenode 启动

要想启动一个 Namenode 服务，首先要获取一个已编译完成的包，这里有两种获取方法。

一是从开源网站下载源码，自行编译。编译的方法见 https://github.com/apache/hadoop/blob/trunk/BUILDING.txt。

二是从官方网站下载可部署的包下载地址为 https://hadoop.apache.org/releases.html。

在 ${hadoop_home} 目录中的启动命令如下：

```
cd ${hadoop_home}
./sbin/hadoop-daemon.sh start namenode
```

这条命令本质上是启动一个 Namenode 服务，将集群已存在的 meta 数据载入 Namenode 内存。入口为 org.apache.hadoop.hdfs.server.namenode.NameNode#main()。

```
//启动入口
public static void main(String argv[]) throws Exception {
  ......
  Namenode namenode = createNamenode(argv, null); // 构建 Namenode
  If(namenode != null) {
    Namenode.join() // 等待公共服务和核心服务完成
  }
  ......
}
```

1. Namenode 启动主流程

Namenode 启动过程主要完成了 3 件事情。

（1）加载预先生成的持久化文件 FsImage

FsImage 是一种持久化到磁盘上的文件，里面包含了集群大部分的 meta 数据，持久化的目的主要是为了防止 meta 数据丢失，也就是在 HDFS 不可用的情况下还能够保证绝大多数的数据是正常的。这个工作在 Namenode 服务中有专门的线程去做。FsImage 文件最终会被保存在 ${dfs.namenode.name.dir}/current 目录中。

具体实现类为 org.apache.hadoop.hdfs.server.namenode.ha.StandbyCheckpointer。

负责做具体工作的异步处理代码如下：

```
CheckpointerThread#doWork() {
  ......
  doCheckpoint(); // 执行具体的 Checkpoint 任务,流程会在接下来介绍
  ......
}
```

FsImage 包含了所有在持久化之前 Namenode 管理的 meta 信息，加载这些数据时会按照数据类型逐条、串行处理每一条数据。具体类型如下所示。

- NS_INFO：描述当前 namespace 中的标识信息。
- STRING_TABLE：描述当前 namespace 中 String Table 信息。
- INODE：描述当前 namespace 中的文件数据。
- INODE_REFERENCE：描述当前 namespace 中的 inode reference 信息。
- SNAPSHOT：描述当前 namespace 中的 snapshot 信息。
- INODE_DIR：描述当前 namespace 中的目录数据。
- FILES_UNDERCONSTRUCTION：描述当前 namespace 中的正在生成文件的信息。
- SNAPSHOT_DIFF：描述当前 namespace 中存在差异的 snapshot 信息。
- SECRET_MANAGER：描述当前 namespace 中和 Delegation Token 相关的 secret 信息。
- CACHE_MANAGER：描述当前 namespace 中的 cache 信息。

还有一类 EXTENDED_ACL 用的比较少。以上提到的 namespace 可以理解为集群的意思。

加载 FsImage 的主逻辑在 FSNamesystem#loadFromDisk( )，处理流如下所示。

```
FSNamesystem#loadFromDisk()->FSImage#recoverTransitionRead()->FSImage#loadFSImageFile()->
FSImageFormatProtobuf#loadInternal()
```

在 loadInternal( ) 中逐条处理 FsImage 中的内容，下面是对这个过程的解析：

```
loadInternal() {
......
// FileSummary.Section 是 FsImage 中的需要被处理的类型
for(FileSummary.Section s : sections) {
case NS_INFO :
loadNameSystemSection(in); // 这里的 in 是数据流通道,用于解析 FsImage 文件
......
case STRING_TABLE:
loadStringTableSection(in);
......
case INODE :
loadINodeSection(in)
......
case INODE_REFERENCE:
```

```
loadINodeReferenceSection(in);
......
case INODE_DIR:
loadINodeDirectorySection(in);
......
case FILES_UNDERCONSTRUCTION:
loadFileUnderConstructionSection(in);
......
case SNAPSHOT:
loadSnapshotSection(in);
......
case SNAPSHOT_DIFF:
loadSnapshotDiffSection(in);
......
case SECRET_MANAGER:
loadSecretManagerSection(in);
......
case CACHE_MANAGER:
loadCacheManagerSection(in);
......
}
}
```

这里 loadxxxx()分别逐条处理各自类型的数据，然后填充到 Namenode 内存中的主体结构 FSDirectory 中。

（2）加载没有完成处理的 Edit Log

这一步是紧接第（1）步完成的。

FsImage 保存了集群大部分的 meta，而且 FsImage 定期被持久化，对于一个处理在线业务的分布式系统，这样是为了保证存储数据不丢失。还有另外一部分 meta 被单独持久化，这就是 Edit Log。不难理解，Edit Log 肯定和事务相关。

几乎每种分布式存储都会涉及数据写入，这个过程中通常都会产生一个事务（Transaction），主要目的是记录本次操作针对哪些数据做了哪种类型的数据更新，然后集群会根据事务类型对数据本身执行操作。注意每种产品针对事务的定义可能有所不同。

HDFS 同样存在类似的机制，将 Client 每一次针对 HDFS 集群的更新操作都记录为一条事务。每条事务都会被记录并持久化到 Edit Log 文件中。关于事务会在第 6 章有更加详细的介绍。

处理 Edit Log 同样发生在 FsImage#recoverTransitionRead()，处理流如下所示。

```
FsImage#recoverTransitionRead()->FSImage#loadFSImage()->FSImage#loadEdits()->FSEditLog-
Loader#loadFSEdits()->FSEditLogLoader#loadEditRecords()
```

处理 Edit Log 数据时，当存在多个需要被处理的 log 文件时，会逐个处理每个文件，并逐条解析文件中的 Transaction 数据，之后更新到 Namenode 内存结构 FSDirectory 中。加载 Edit Log 流程如图 2-2 所示。

有时候将这个过程称为回放（Reply）Edit。

（3）等待 Slave 节点注册和汇报其所包含的 Block 数据

第（1）步和第（2）步完成后，意味着 meta 数据已经初步加载到 Namenode，但是还缺少一个对

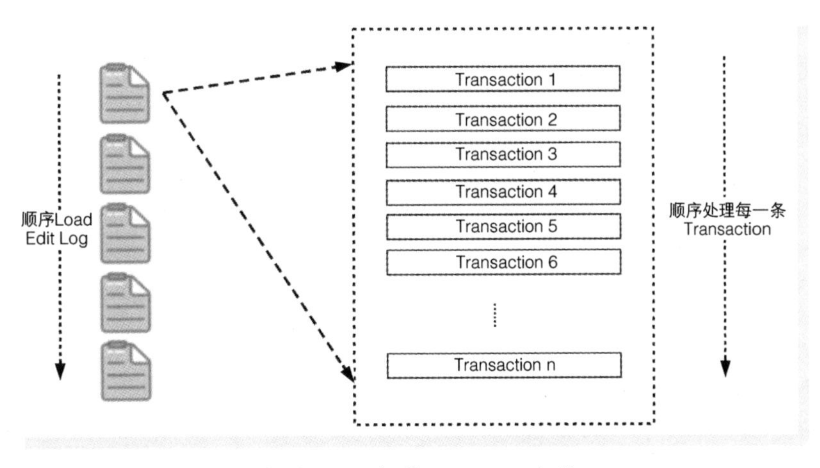

● 图 2-2　加载 Edit Log 流程

meta 的校验过程。校验过程实际就是和真实的数据块（Block）对比，检查 meta 描述的信息和对应的 Block 是否一致。

Block 数据存在于 DataNode 节点上，那校验过程如何进行呢？首先是 Namenode 管理 DataNode 注册，然后是 DataNode 全量上报 Block。

2. 管理 DataNode 注册

Namenode 作为 Master 节点，除了负责管理数据外，还负责管理资源。这里所说的资源其实就是指对 DataNode 的管理。DataNode 启动后会定期向 Namenode 发送心跳，以此向 Namenode 证明自己还处于存活状态。此时 Namenode 会处理心跳信息，如发现此前没有保存 DataNode 的信息，这时会通知 DataNode 做一次注册。注册的目的是为了检测该 DataNode 是否是“意外节点”（所谓“意外节点”，就是指该 DataNode 是不是被配置在 Namenode 的管控之下），再之后的每次心跳就会被正常处理。因此在 DataNode 注册这件事情上，Namenode 是主动管理方，DataNode 是被动执行方。

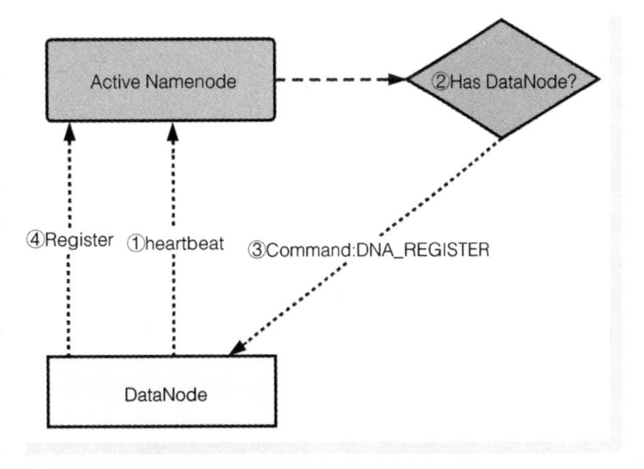

● 图 2-3　DataNode 向 Namenode 注册

DataNode 向 Namenode 注册如图 2-3 所示。

DataNode 向 Namenode 注册时，会携带如下信息，Namenode 收到后会进行比较。

- SoftwareVersion：当前 DataNode 服务版本号。
- StorageInfo：DataNode 包含的所属集群相关信息，如 namespace id、cluster id 和 layoutVersion。
- DataNodeID：DataNode 节点自身信息，如 hostname、uuid 和 port。

DataNode 通过 RPC 向 Namenode 注册，入口是 org.apache.hadoop.hdfs.server.namenode.NameNode

RpcServer#registerDatanode()。

这个工作实际是在 FSNamesystem#registerDatanode()中完成的。

```
void registerDatanode() {
  writeLock();  // 添加写锁,保障更新过程安全
  blockManager.registerDatanode(nodeReg); // BlockManager 负责维护 DataNode 和 Block 之间的
关系
  writeUnlock();  //释放写锁
}
```

3. DataNode 全量上报 Block

DataNode 向 Namenode 汇报 Block 的主要目的有两个：一是 Namenode 维护集群数据，二是和 meta 校验。

在 Namenode 启动过程中，校验 meta 是一个非常重要的步骤。DataNode 向 Namenode 完成注册后，会强制向 Namenode 汇报一次全量的 Block 数据。这里全量的意思是 DataNode 本地存储的所有 Block。

由于一个 DataNode 上存储的 Block 可能会很多，并且在实际生产环境下会配置多个磁盘存储，因此这里涉及如何向 Namenode 汇报 Block。通过 RPC 一次性将所有数据发给 Namenode 非常占用带宽，而且 Namenode 处理单个 DataNode 数据会占用较长时间。因此，针对 Block 全量上报，有个配置 ${dfs.blockreport.split.threshold}。它的默认值是 100w，即当 DataNode 存储的 Block 总量小于 100w 时，通过一个 RPC 一次性将数据发给 Namenode 处理；当 Block 总量高于 100w 时，会按照磁盘分批次处理。在实际生产环境下，可根据实际情况适当调小阈值。

DataNode 存储的 Block 数量低于 ${dfs.blockreport.split.threshold}。

```
BPServiceActor#blockReprot() {
  If(totalBlockCount < dnConf.blockReprotSplitThreshold) {   // 判断 Block 数量是否不超过阈值
    bpNamenode.blockReport(); //一次性上报所有磁盘
  } else {
    For(int r = 0; r < reports.length; r++) {
      StorageBlockReport singReport[] = {reports[r]};
      bpNamenode.blockReport(); //单磁盘上报
    }
  }
}
```

DataNode 一次性汇报所有 Block 如图 2-4 所示。

DataNode 存储的 Block 数量高于 ${dfs.blockreport.split.threshold}。

DataNode 分磁盘汇报 Block 如图 2-5 所示。

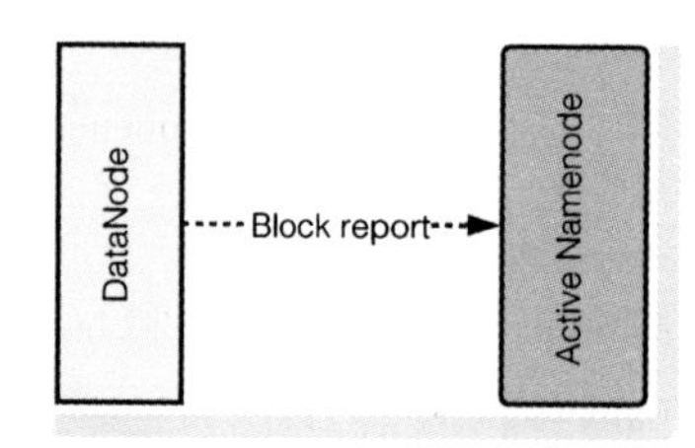

● 图 2-4　Block Report 一次性发送

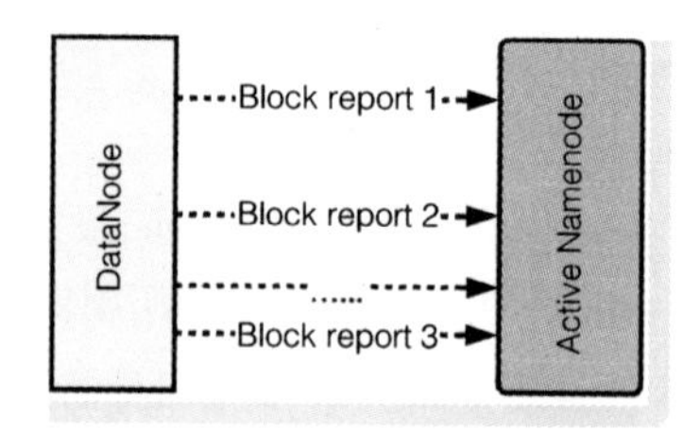

● 图 2-5　Block Report 分磁盘发送

Namenode启动后，即可具备接收Client请求的条件。此后一旦有新的数据流入，Namenode会不断填充meta，DataNode上的Block也会不断变化。

作为Master角色，Namenode需要完成很多瞬时状态、持久状态及两种状态切换的操作。例如，Client向Namenode发送一个文件创建的请求，这个过程会比较快速完成；已经创建的文件在一段时间内不会得到任何操作，对应的meta信息会在Namenode保持比较长的时间；Namenode中有一个容器会完成所有瞬时状态和持久状态的簿记工作——FSNamesystem。

FSNamesystem的主要功能如下。

- 盛放BlockManager、DatanodeManager、DelegationTokens和LeaseManager等服务。
- 进入Namenode的RPC请求会被委托至FSNamesystem处理。
- Block上报后被委托进入FSNamesystem中的BlockManager服务。
- 涉及文件信息相关的操作，会被委托进入FSNamesystem中的FSDirectory服务，如权限create。
- 协调Edit Log的记录。

这里的BlockManager主要负责管理各个DataNode上的Block信息，LeaseManager主要负责Client写数据时需要的Lease。以上每一部分在Namenode服务中都极其重要。

2.1.3 meta视图

2.1.2节讲到HDFS中的元（meta）数据都由Namenode管理。本节会进一步介绍meta主要由哪些部分组成。

meta数据是关于文件或目录的描述信息，如文件路径、名称、文件类型等，这些信息被称为元（meta）数据。对文件来说，包括文件的Block、各Block所在DataNode，以及它们的修改时间、访问时间等；对目录来说，包括修改时间和访问权限控制信息，如权限、所属组等。

HDFS中的meta数据采用内存和持久化的方式维护，并随着请求生成。Namenode维护meta数据的流程如图2-6所示。

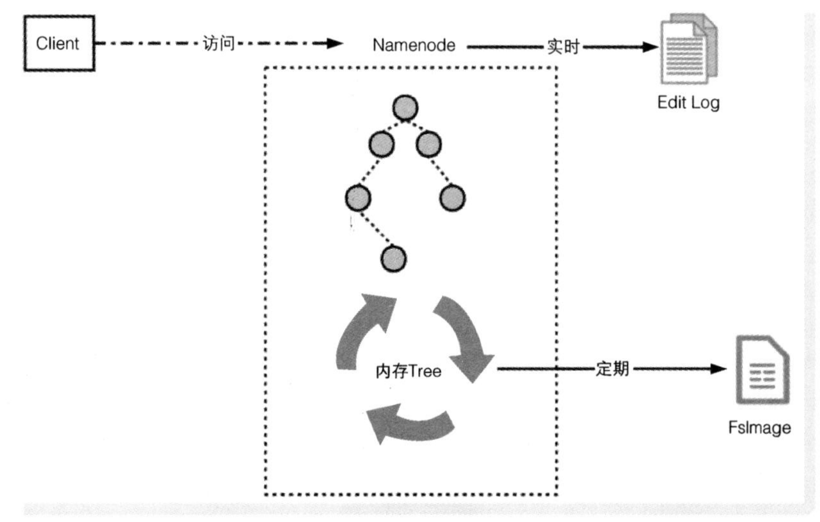

● 图2-6　Namenode维护meta数据的流程

Namenode 以树形结构维护在内存中的 meta，被称为内存 Tree。每次有新的请求时，都会实时更新内存 Tree，同时在 Edit Log 中产生一条 Transaction 记录。此外，内存 Tree 会定期被持久化。

1. 内存 Tree

内存 Tree 主要针对存储在 HDFS 中的数据，其目的主要有两个：一是维护集群中存储的数据的变化状态；二是提供快速检索数据。

存储在 HDFS 中的文件都是以多副本的形式存放，也就是将一个文件的数据复制多份分别保存在不同的 DataNode 节点上，这样在出现机器故障时，也有可访问的数据。数据存放在各个数据节点上，必然有不同的状态变化，主要的变化有：

- 数据处于正常的状态，包括数据正在更新或写入、Block 校验完整等。
- 数据副本丢失，比如 3 个副本数据中有 1 个副本数据因所在节点故障不可用。
- 数据副本剩余，比如由于副本数据丢失而重复复制了数据。

所有的数据都需要 Namenode 和 DataNode 紧密协作，DataNode 需要经常告知 Namenode 保存在自身的 Block 数据的状态变化。DataNode 向 Namenode 反馈自身数据状态，如图 2-7 所示。

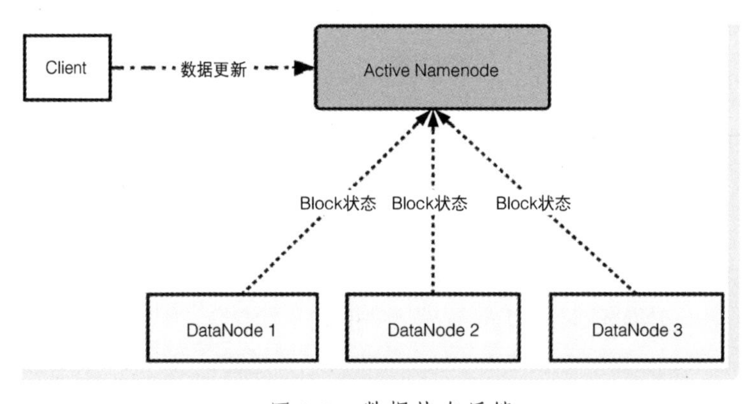

● 图 2-7　数据状态反馈

Namenode 得到数据状态的过程中，最重要的是从 DataNode 处获取，DataNode 采用定期汇报的形式。此外，Client 与 Namenode 交互时，也会将已完成写入或更新的数据量告知 Namenode，进一步加强对数据的校验。

当 Client 需要访问数据时，需要优先和 Namenode 交互的一个原因就是 Namenode 已实时掌握了集群存储的数据，并对这些数据做了有规则的排列，方便快速定位。

2. FsImage

保存在 Namenode 节点中的完整数据存在于内存中，一旦发生故障，如操作系统宕机、停电，数据会马上消失。也就是由于数据的瞬时性，数据无法长久保存。为了弥补这个不足，Namenode 内存中的 meta 数据会被定期持久化在本地，这种文件被称为 FsImage。这样 Namenode 在重启服务时，加载此前已持久化的 FsImage，可以快速回到之前的状态，meta 和各种数据状态都将得以重现。

3. Edit Log

虽然 FsImage 持久化保存了 HDFS 以往（FsImage 持久化之前）的大多数 meta 和各种数据状态。但是 HDFS 是一个高可用的系统，一个 Namenode 服务停止之后会有其他 Namenode 顶替工作，继续接受 Client 的请求。这个过程必然会有新的 Transaction 进入。对于新部分 meta 会被记录到 Edit Log，这样 meta 不会丢失。Namenode 服务启动时，也会加载解析这部分数据，填充到内存，保障了 meta 的完整性。

Namenode 启动时构建 meta 的流程如图 2-8 所示。

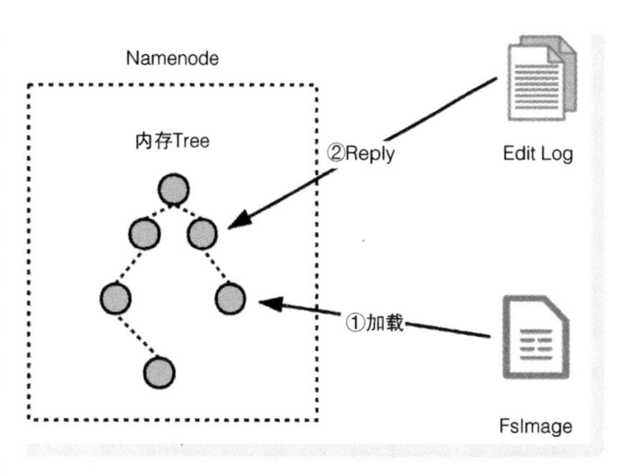

● 图 2-8　Namenode 启动构建 meta 流程

2.1.4　FsDirectory 和 INodeMap

meta 在 Namenode 内存中的存储结构是怎样的？这个问题极其重要。因为除了要维护已存储的数据信息外，还要在 Client 请求时，能够快速定位到请求所需的数据的位置信息。

HDFS 采用两种内存结构来实现对 meta 进行维护。FsDirectory 维护集群所有已存储的数据对应的元数据；INodeMap 用来快速定位数据所在的存储信息及位置，用于数据索引。

（1） FsDirectory

HDFS 中的数据以目录和文件两种方式存在，彼此间构成一种多层级或多元树状结构。例如，系统中维护了如下数据内容。

```
/test/d=1 [drwxr-x---] zhujianghua:zhujianghua
        /h1=1 [drwxr-x---] zhujianghua:zhujianghua
            /0.orc [-rw-r-----] zhujianghua:zhujianghua
            /1.orc [-rw-r-----] zhujianghua:zhujianghua
            /2.orc [-rw-r-----] zhujianghua:zhujianghua
        /h1=2 [drwxr-x---] zhujianghua:zhujianghua
        /h1=3 [drwxr-x---] zhujianghua:zhujianghua
            /30.orc [-rw-r-----] zhujianghua:zhujianghua
            /31.orc [-rw-r-----] zhujianghua:zhujianghua
            /32.orc [-rw-r-----] zhujianghua:zhujianghua
     /d=2 [drwxr-x---] zhujianghua:zhujianghua
        /h2=1 [drwxr-x---] zhujianghua:zhujianghua
        /h2=2 [drwxr-x---] zhujianghua:zhujianghua
            /m=1 [drwxr-x---] zhujianghua:zhujianghua
                /3.orc [-rw-r-----] zhujianghua:zhujianghua
                /4.orc [-rw-r-----] zhujianghua:zhujianghua
                /5.orc [-rw-r-----] zhujianghua:zhujianghua
            /m=2 [drwxr-x---] zhujianghua:zhujianghua
```

```
/m=3 [drwxr-x---] zhujianghua:zhujianghua
    /13.orc [-rw-r-----] zhujianghua:zhujianghua
    /14.orc [-rw-r-----] zhujianghua:zhujianghua
    /15.orc [-rw-r-----] zhujianghua:zhujianghua
/m=4 [drwxr-x---] zhujianghua:zhujianghua
    /23.orc [-rw-r-----] zhujianghua:zhujianghua
    /24.orc [-rw-r-----] zhujianghua:zhujianghua
    /25.orc [-rw-r-----] zhujianghua:zhujianghua
/h2=3 [drwxr-x---] zhujianghua:zhujianghua
```

这是一个最高 6 级文件结构的视图，其中的“/d= *”“/h *”“/m *”均代表目录，“ *.orc”代表目录下的文件。每个文件和目录后面对应的是其所属权限（Permission）、用户和组（User/Group）。

这些数据在内存中的存放形式如图 2-9 所示。

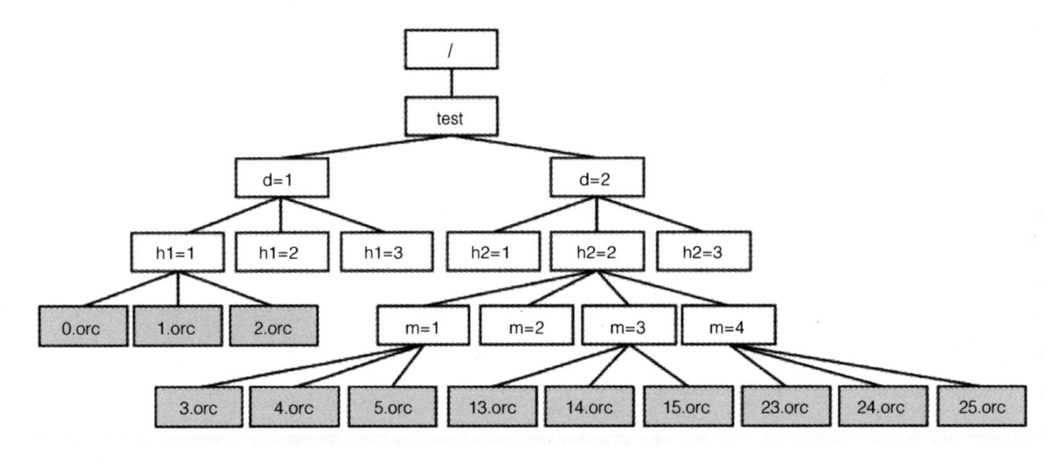

● 图 2-9　数据在内存中的存放形式

通过 hdfs 命令也可以看出数据在 HDFS 中的 meta 是 Tree：

```
./bin hdfs dfs -ls /test
```

结果显示如下：

```
drwxr-x---  - zhujianghua zhujianghua          0 2021-10-15 17:44 /test/d=1
drwxr-x---  - zhujianghua zhujianghua          0 2021-10-15 17:44 /test/d=2
drwxr-x---  - zhujianghua zhujianghua          0 2021-10-15 17:44 /test/d=3
drwxr-x---  - zhujianghua zhujianghua          0 2021-10-15 17:44 /test/d=4
drwxr-x---  - zhujianghua zhujianghua          0 2021-10-15 17:44 /test/d=5
drwxr-x---  - zhujianghua zhujianghua          0 2021-10-15 11:16 /test/data
```

其中，“ls”代表列出 /test 目录下的所有数据；“drwxr-x---”代表权限；“zhujianghua zhujianghua”代表所属用户和组。

HDFS 中内存 Tree 上的每个节点都称为 INode。只是每个节点的类型有所不同。到目前为止，所包含的 INode 类型如下。

- INodeDirectory：目录节点，代表一个文件目录，一个目录可以有多个子目录或文件。

- INodeFile：文件节点，代表一个文件，文件通常位于某条路径的叶子节点。
- INodeReference：文件引用节点，通常是维持 INode 之间的关系。
- INodeSymlink：文件符号链接节点，类似 Linux 系统中的软连接概念。

各类型之间的继承关系如图 2-10 所示。

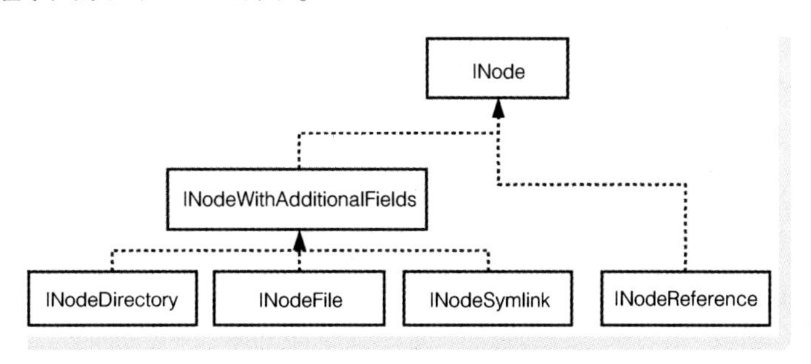

● 图 2-10　INode 类型继承关系

（2）INode

INode 是基础实现类，内部保存了 HDFS 文件和目录共有的基本属性，包括当前节点的 parent 节点、名称、权限和限流（Quota）等。主体字段在 INodeWithAdditionalFields 中定义。

- id：INode 的 id。
- name：文件/目录的名称。
- permission：文件/目录权限。
- modificationTime：修改时间。
- accessTime：访问时间。
- parent：父 INode。

（3）INodeDirectory

代表目录。一个目录下可以创建多个文件或多个目录，以数组方式存放。一个目录下可以创建的子 INode 数量受制于 Quota 限制。默认情况下，可以创建 1048576 个。

```
//子文件/目录
List<INode> children;
```

值得注意的是，在 HDFS 中，即使没有创建任何文件，也有一个默认的“根”目录——Root 目录。

（4）INodeFile

代表文件。一个文件由多个 Block 组成，Block 是真正保存物理数据的，分散存在于各个 DataNode 上。文件节点通常存在于内存 Tree 的叶子节点中。

```
//文件包含的 Block
BlockInfo[] blocks;
```

（5）INodeReference

代表文件或目录之间的引用。当创建快照、重命名文件、移动文件时，被处理的文件或目录一时无法被清理，这时该文件就会存在多条访问路径。为了正确地访问，就定义了 INodeReference，只是为了维持 INode 之间的引用关系。

```
// 被引用的文件或目录
INode referred;
```

（6）INodeSymlink

代表对文件和目录的软引用。类似 Linux 中的软引用。当前在 HDFS 中，硬链接并没有被实现。

（7）HDFS Permission

HDFS 中的文件和目录权限和 Linux 或 UNIX 文件系统中的有点类似，拥有很多 POSIX 的影子。但 HDFS 与 Linux 或其他采用 POSIX 模型的操作系统之间也存在一些差异。在 Linux 中，每个文件和目录都有一个用户和组，HDFS 本身并无用户和组的概念，它只是从底层操作系统实体导出用户和组。

与 Linux 文件系统一样，可以为文件或目录的所有者、组成员分配单独的文件权限，可以像 Linux 中一样使用 r（读取文件或列出目录内容）、w（创建或删除文件/目录）和 x（访问目录或子目录）权限。也可以使用八进制（如 755，644）来设置文件的模式。值得注意的是，在 Linux 中，x 代表可以执行文件的权限，但是在 HDFS 中并没有这样的概念。

（8）路径

要使用内存 Tree 中的某个 INode 节点时，就要涉及如何表示从 Root 到目标 INode 的问题。

例如，想要找的上面的“1.orc”：

/test/d=1/h1=1/1.orc

这是文件 1.orc 的完整路径和位置。在 HDFS 中，使用 INodesInPath 来表示某个 INode 的具体路径。

INodesInPath 定义主要字段的命令如下：

```
//完整路径的 byte 描述
byte[][] path;
//按顺序表示经过的所有 INode
INode[] inodes;
```

HDFS 中表示路径的方法如图 2-11 所示。

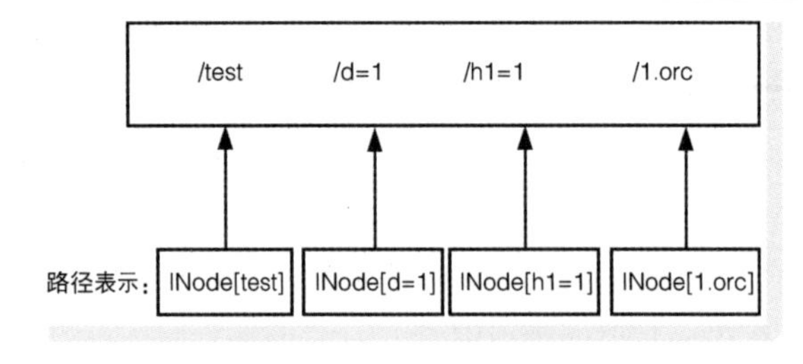

● 图 2-11　路径表示方法

（9）INodeMap

维护所有 INode Id 和 INode 之间的映射关系。通过 INode Id 可以快速查找 INode。

说起查询，肯定需要考虑到查找效率问题（当然是越快越好）。在作者经历过的实际线上集群下，单 Namespace 的元数据超过 10 亿，可想而知，在这么大量的数据下，遍历速度不高势必会影响业务的访问速度。

在 HDFS 中，使用了一种非常巧妙的方式维护各个 INode 间的映射——LightWeightGSet。

（10）LightWeightGSet

这是一种低内存占用的，使用数组存储元素和链表解决冲突的存储结构，如图 2-12 所示。

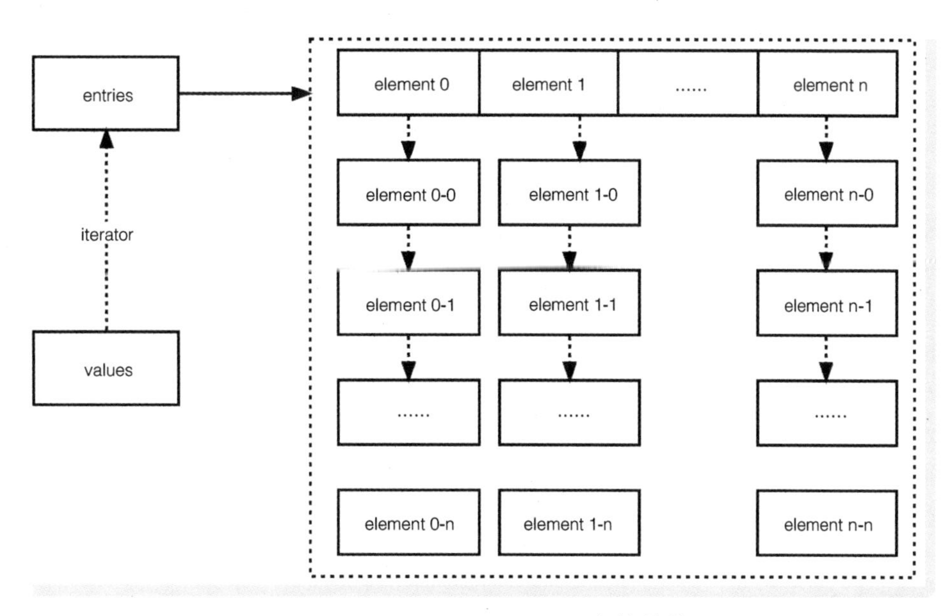

● 图 2-12　LightWeightGSet 存储结构

这里的每个 element 都是一个 INode。

hash_mask 跟 LightWeightGSet 初始定义长度有关。因为需要经常更新该结构，在 LightWeightGSet 初始化时，会默认使用堆内存的 1%大小。hash_mask = 初始长度 - 1。

INode 插入流程如下：

1）确定 INode 所在数组位置。位置由“INode 的 hashCode & hash_mask”确定。

2）插入 INode。根据确定的位置，排查对应的位置是否有空位，如果没有空位，使用 Link 的方式挂接即可。

INode 查找流程和插入流程差别不大，也是先确定 INode 的所在位置，然后遍历并对比 Link 过的 INode 即可。

2.1.5　文件维护

一款文件系统，其主体有用的数据存储在各个文件中。前面讲到 HDFS 中的文件是由 Block 组成的，且一个文件通常有多份副本（默认 3 副本），这些副本数据分散保存在多个 DataNode 节点。那这些文件对应的 Meta 是如何维护的？这是本节所要介绍的重点。

以上文中的目录“/test/d=1/h1=1”为例，该目录存在 3 个文件，即/test/d=1/h1=1/0.orc，/test/d=1/h1=1/1.orc 和/test/d=1/h1=1/2.orc。

每个文件都不大（不超过 128MB），都有 3 个副本。实际的存储位置如图 2-13 所示。

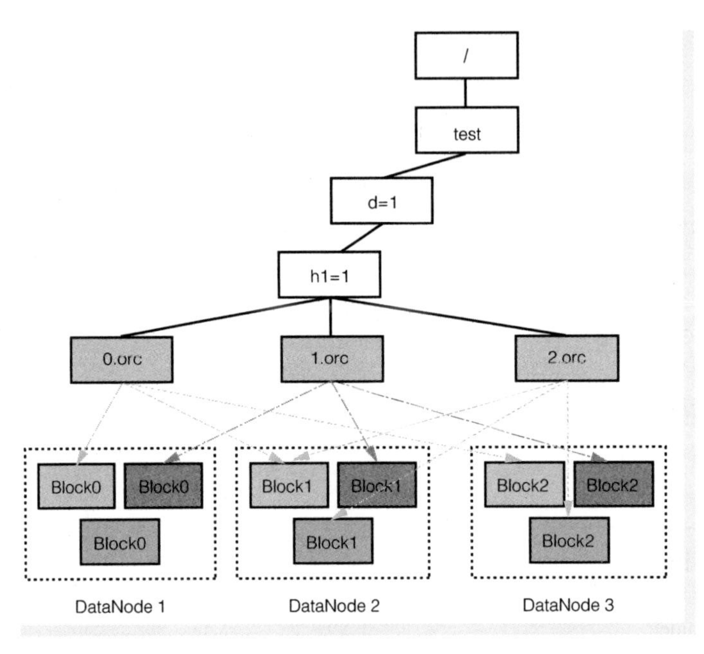

● 图 2-13　文件的实际存储及组成

在正常情况下，“0.orc”“1.orc”“2.orc”会各有 3 个副本文件，每个副本文件也是由相同数量的 Block 组成。这些副本通常不会存在于同一个 DataNode 节点，这样做的目的是防止一个节点在不可用的情况下，仍然可以保障有访问的数据存在。

当然，每个文件由多少 Block 组成，以及存在于哪些 DataNode，也属于 meta 的一部分，所以维护文件的 meta 的本质就是维护 Block 的信息。那这部分数据在内存中是如何维护的？在 HDFS 中，是由 BlockManager 来单独管理这部分内容的。BlockManager 包含的功能比较强大，除了维护整个集群的 Blocks 信息，还负责维护 Block 的相关状态，如节点退役时 Block 的管理、副本缺失或冗余时 Block 的管理等。这部分在后面章节中会有介绍。

介绍到这里，想必大家已经比较清楚了。HDFS 中主要存储的实体是目录和文件，以文件树状结构存储，每个目录或文件均构成一个树的节点，每个目录都有一定的存储容量限制；文件是数据存储的最主要载体，并且位于树状结构的最末端，文件通常有多个副本数据分散放置于各个数据节点（DataNode）上。

现在已经基本了解了 HDFS 中“集群-目录-文件-文件块（Block）”之间的关系，如图 2-14 所示。

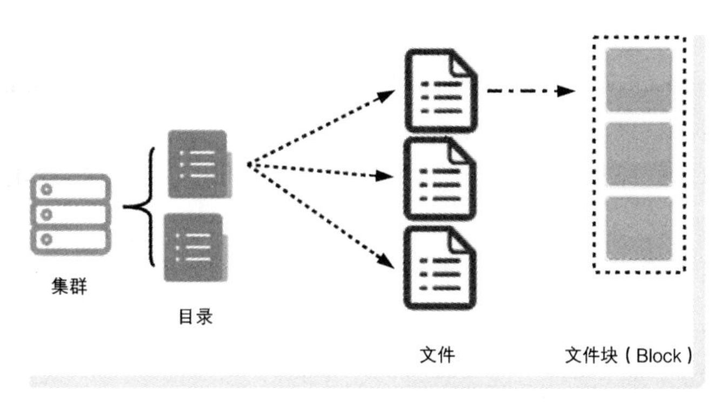

● 图 2-14　单位集群管理数据

2.2 FsImage 和 Edit Log

元数据在内存管理中的优点是访问迅速（无论查询还是更新），对内存操作执行耗时仅次于 CPU。由于这类数据具有瞬时性，HDFS 将元数据持久化到 FsImage 文件和 Edit Log 文件中。FsImage 定期将内存 Tree 中全部持久化，Edit Log 负责记录 Client 访问 Namenode 的事务。

2.2.1 FsImage 分析

前面介绍过，Namenode 内存中的 meta 会定期持久化到本地，以便于在发生故障重启 Namenode 服务时，将持久化过的数据重新加载到内存中，能够很快地回到持久化之前的状态，快速提供服务，不至于数据丢失。

FsImage 持久化后形成的数据包括几部分？以及内存持久化为 FsImage 的过程是怎样的？

下面是 Namenode 存储目录中的一份完整的持久化后的数据：

```
-rw-r--r-- 1 zhujianghua zhujianghua 4732673 12 月 3 15:11 fsimage_00000000000027xx83
-rw-r--r-- 1 zhujianghua zhujianghua 62 12 月 3 15:11 fsimage_00000000000027xx83.md5
-rw-r--r-- 1 zhujianghua zhujianghua 4732674 12 月 3 17:11 fsimage_00000000000027xx39
-rw-r--r-- 1 zhujianghua zhujianghua 62 12 月 3 17:11 fsimage_00000000000027xx39.md5
-rw-r--r-- 1 zhujianghua zhujianghua 8 11 月 2 19:54 seen_txid
```

可以看到内存 Tree 持久化为 FsImage 文件的过程中，会生成三种类型的文件：fsimage_xxxx、fsimage_xxxx.md5 和 seen_txid。fsimage_xxxx 主要保存元数据持久化后的数据；fsimage_xxxx.md5 是 fsimage_xxxx 生成的校验值；seen_txid 记录过程中的最大事务 txid。

在 HDFS 中，Namenode 所做的持久化这一过程称为 Checkpoint。

1. 存储目录与 FsImage

通常一个 Namenode 会配置几个位置用于保存持久化后的 FsImage 文件。由参数 ${dfs.namenode.name.dir} 确定。在实际生产环境中，会配置多块磁盘作为存储目录，这样做是为了保证 Namenode 在加载时加载单节点内的数据高可用，一块儿磁盘故障可以重试另外一个目录里的数据，但是不宜过多，否则会加重持久化的负担。

例如，配置 ${dfs.namenode.name.dir} =/mnt/dfs/1/hdfs/name，/mnt/dfs/2/hdfs/name。

FsImage 存储的形式和位置如图 2-15 所示。

在 Namenode 侧，使用 NNStorage 实现对存储目录的封装。

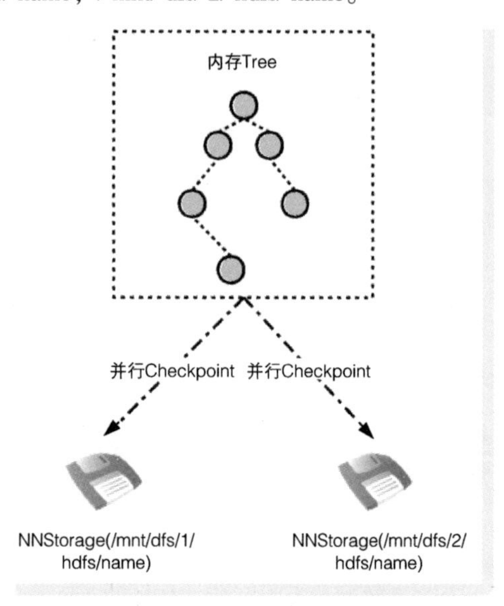

图 2-15 FsImage 存储的形式和位置

2. FsImage 持久化过程

Namenode 将 FsDirectory 中的数据持久化到本地是需要满足一定条件的。HDFS 会在多种情况下触发持久化的发生：

- 滚动升级。在滚动升级时，是需要持久化一次的，保留一次数据。
- Namenode 执行 Import 命令。保留一份最新数据。
- Namenode 服务启动。Namenode 服务启动时，可设置持久化一次最新数据。
- 手动命令执行。HDFS 支持手动触发 Checkpoint 动作。
- 定期执行。由参数 ${dfs.namenode.checkpoint.period} 决定，默认是 1 小时（可能不同版本有所差别）。
- 单位事务数达到阈值。意思是在一个周期内更新数据的事务达到某个阈值，则会触发。然后进入下一个周期的记录。由参数 ${dfs.namenode.checkpoint.txns} 决定，默认是 100w。

（1）自动触发

在这几种场景下，执行过程中主要流程相差无几，最重要的就是后 3 种触发，这 3 种触发的执行流程一致，平时会经常使用到。下面会重点介绍"定期执行"和"单位事务数达到阈值"的流程，这是一个自动触发的过程。

由于 Namenode 管理的 Metadata 可能会比较多（作者所接触到的其中某个集群 Namenode 管理的元数据达到 10 亿以上），再加之将内存数据持久化保存在本地也是一个较重的动作，因此 HDFS 在设计这一工作时，是采用一个异步线程处理的。下面看看 StandbyCheckpointer#CheckpointerThread 是如何完成这一工作的。

CheckpointerThread 作为一个 Thread 的实现，必然会自定义 run()方法，该方法就做一件事情，即保证 JAAS 穿透，进入最主要的 doWork()执行真正的 Checkpoint 工作。

```
SecurityUtil.doAsLoginUserOrFatal(
  Public Object run() {
    doWork();  //处理主流程位置
  }
);
```

这里的 doAsLoginUserOrFatal()是验证当前用户是否正确登录的作用。在 HDFS 其他很多地方，有关用户校验的地方会比较多。

进入 doWork()的主要作用是定期检测，达到 Checkpoint 触发条件时执行。

通常来说，只要 CheckpointThread 线程不异常中断（除非手动 stop 它），默认是 1 分钟检测一次，这个间隔通过 Thread 睡眠实现。主要执行流程如下：

1）检测是否发生在滚动升级期间。

```
// 检测滚动升级
boolean needRollbackCheckpoint = namesystem.isNeedRollbackFsImage();这里获取的是 FSNamesys-
tem#needRollbackFsImage 标识。滚动升级时,会默认设置该标识为 true。如若是滚动升级引起的
Checkpoint(这种情况比较特殊),会直接触发执行 Checkpoint,无须进入常规的检测睡眠。
```

2）校验单位间隔内事务数是否达到阈值。这个主要是通过检测最新的事务 txid 和上一次执行 Checkpoint 时最高的 txid 对比差值，如果差值大于单位间隔内事务数，则满足触发。

```
uncheckpointed >= checkpointConf.getTxnCount() // uncheckpointed 为前后事务 tx 的对比差值;
checkpointConf 配置的 txnCount 为配置的单位间隔内的事务数。
```

3）校验是否达到定期触发条件。若经过上述两项检查，仍没有满足 Checkpoint 触发条件，会判断是否已经达到定期执行的条件。主要是用当前时间和上一次执行 Checkpoint 时记录的时间对比。

```
secsSinceLast >= checkpointConf.getPeriod() //如何判断和上面类似
```

每次检测睡眠过后，会重新检测一次用户是否登录，是否为合格用户。

```
If(UserGroupInformation.isSecurityEnabled()) {
  UserGroupInformation.getCurrentUser().checkTGTAndReloginFromKeytab();
}
```

如果已经达到触发 Checkpoint 的条件，就会进入持久化执行。具体的执行是在 doCheckpoint()方法中做处理。在做具体的 Checkpoint 时，有一些执行步骤：

第 1 步，给内存 Tree 添加写锁。这个过程主要有两个作用：一是防止在执行 Checkpoint 时，内存 Tree 中的数据发生紊乱，对最终的持久化造成影响；二是检测时间比较短，如果当前业务访问集群的流量比较大，会很快再一次触发 Checkpoint，这时不应该马上再一次执行 Checkpoint，需要等前一次处理完成才可以，以保障安全。

在 HDFS 设计之初，将 Checkpoint 当作一个非常重要的一个模块功能，因此为 Checkpoint 定义了一个独立的 ReentrantLock，由 FSNamesystem 维护：

```
ReentrantLock cpLock;
```

第 2 步，必要的事务 txid 校验。保证新的 Checkpoint 执行时，txid 大于上一次生成的最大 txid，否则生成一样的数据毫无意义。

```
// 上一次完成 Checkpoint 时,记录的最大事务 txid
long prevCheckpointTxId = img.getStorage().getMostRecentCheckpointTxId();
// 本次 Checkpoint 处理的最大事务 txid
long thisCheckpointTxId = img.getCorrectLastAppliedOrWrittenTxId();
```

第 3 步，处理必要的 Edit Log 文件。如果 Edit Log 文件处于写入状态，则关闭 Edit Log 写入；记录

需要处理事务的最大 txid。

从下一步开始，就进入了最重要的 FsImage#saveNamespace( ) 处理。FSEditLog 专门负责 Edit Log 流。

第 4 步，向各个存储目录并行保存。向配置的 ${dfs.namenode.name.dir} 并行写入，新写入的 fsimage_xxxx 会命名为 fsimage.ckpt，表明是一个新保存的持久化文件。在处理内存数据时，按照顺序处理，如果有配置压缩格式，在持久化保存时，需要按照对应的压缩格式保存。写入主方法为 saveFsImageInAllDirs( )->FsImageFormatProtobuf#saveInternal( )。

对每个 NNStorage 初始化一个 FsImageServer，以实现异步并行处理。

```
//执行 FsImage 的保存
FsImageServer#saveFsImage()
```

第 5 步，生成 md5。第 4 步是完成初始的数据持久化，这一步会根据文件 fsimage.ckpt 生成对应的 md5 文件，用作后续的校验。md5 文件的文件名非 fsimage.ckpt，而是最终的目标文件名称。

```
//生成 md5
MD5FileUtils.saveMD5File(dstFile, saver.getSavedDigest());
```

第 6 步，记录 Namenode 存储目录各自执行完成情况。上面的线程完成后，在内存中记录各自完成的执行时间和处理过的最大 txid。

这一步主要是更新 NNStorage 的 mostRecentCheckpointTxId 和 mostRecentCheckpointTime。

```
// 记录最近一次 Checkpoint 过程中的最大事务 txid
mostRecentCheckpointTxId
// 记录最近一次 Checkpoint 完成时的时间点
mostRecentCheckpointTime
```

第 7 步，持久化文件重命名。将上面生成的 fsimage.ckpt 重新命名为 fsimage_[txid] 的目标名称。

```
// 重命名 fsimage 文件
renameCheckpoint(txid, NameNodeFile.IMAGE_NEW, nnf, false);
```

最终 fsimage 的文件名为 fsimage+本次执行 Checkpoint 时处理的最大事务 txid。例如，fsimage_0000000000002xxxxx2，这里的 2xxxxx2 是本次的最大事务 txid，“000000000000xxxx”的长度当前是一个固定值，长度为 19 位。

第 8 步，清理旧文件。每个 Namenode 存储目录会默认保留最近两次持久化过的数据，除此外较早的 fsimage 和 fsimage.md5 都会被删除，由参数 ${dfs.namenode.num.checkpoints.retained} 确定。

```
// 清理旧文件
purgeOldStorage(nnf);
```

第 9 步，生成新的 Edit Log 可处理文件。创建新的 Edit Log 文件，接收新事务，新的文件以 txid+1 来处理。

第 10 步，更新 seen_txid。更新 Namenode 存储目录下的 seen_txid 的值，该值为上面处理过的 txid+1。

```
storage.writeTransactionIdFileToStorage(imageTxId + 1);
```

这一步可能比较隐藏，在读源码时，需要留意。

第 11 步，生成 OIV 文件。如果已经配置过，则此步为可选项。对于 OIV 的结构，会在后面分析。

后面还有一步，如果是 Standby Namenode 节点执行 Checkpooint 操作，需要将已生成完的 fsimage_xxxx 通过 http 形式传给 Active Namenode。这部分将在第 3 章介绍。

上面介绍的前 3 种也属于是自动触发，流程类似。

（2）手动触发

HDFS 支持通过命令手动执行 Checkpoint，手动执行是命令到达 Namenode 端后马上执行的。

第 1 步，Namenode 进入 Safemode 模式。

```
./bin/hdfs dfsadmin -safemode enter
```

注意：命令生效后，namespace 里面的多个 Namenode 都会进入 Safemode 模式，不仅限于命令执行所在节点。

第 2 步，进入 Checkpoint 流程。

```
./bin/hdfs dfsadmin -saveNamespace
```

Checkpoint 流程和上述流程一致。

第 3 步，Namenode 退出 Safemode 模式。

```
./bin/hdfs dfsadmin -safemode leave
```

3. FsImage 文件结构

清楚了 Checkpoint 主要流程后，就一定想知道最后生成的 FsImage 文件结构和内容是怎样的。HDFS 提供了一个特殊的工具，可以解析生成的 fsimage_xxxx，变成可以直观查看的内容，而不管源文件有无使用压缩。直观工具就是 Offline Image Viewer。

使用该工具时，直接使用 HDFS 提供的 OIV 命令即可。目前 Offline Image Viewer 提供了 6 种相关的处理：

- XML。将 fsimage_xxxx 文件中的所有内容解析为 XML 格式的文件。由于 XML 语法冗长，输出的文件可能会比较大。
- ReverseXML。和上一个处理器刚好相反，将一个满足格式的 XML 文件反解析为 FsImage。
- FileDistribution。分析 FsImage 中的文件分布情况。
- Web。启动一个 HTTP 服务，对外暴露一个只读的 WebHDFS API。不支持 secure 模式。
- Delimited。生成一个文本文件，包含 fsimage 中 inodes-under-construction 和 inode 共有的所有元素。
- Huge。生成一个文本文件，包含 fsimage 中 inodes-under-construction 和 inode 共有的所有元素。

在/mnt/dfs/1/hdfs/name 目录下存在已完成过的 FsImage 文件：

```
-rw-r--r-- 1 zhujianghua zhujianghua 4891423 11 月 4 14:31
fsimage_0000000000028xxx04
```

命令如下：

```
./bin/hdfs oiv -p XML -i fsimage_0000000000028xxx04 -o fsimage.xml
```

执行成功后，可以打开 fsimage.xml，文件截取部分内容如下：

```
<? xml version="1.0"? >
<fsimage>
<version>
<layoutVersion>-63</layoutVersion>
<onDiskVersion>1</onDiskVersion>
<oivRevision>29xxxxxx8dxxxxxx52xxxxxx4bxxxxxxa8xxxxxx</oivRevision>
</version>
<NameSection>
<namespaceId>57756297</namespaceId>
<genstampV1>1011</genstampV1>
<genstampV2>7217</genstampV2>
<genstampV1Limit>0</genstampV1Limit>
<lastAllocatedBlockId>1154183293</lastAllocatedBlockId>
<txid>28xxx04</txid>
</NameSection>
<INodeSection>
<lastInodeId>1638573</lastInodeId>
<numInodes>69964</numInodes>
<inode>
<id>16385</id>
<type>DIRECTORY</type>
<name></name>
<mtime>1645232513242</mtime>
<permission>zhujianghua:zhujianghua:0755</permission>
<nsquota>8xxxxxxxxxxxxxx6</nsquota>
<dsquota>-1</dsquota>
</inode>
<inode>
<id>16386</id>
<type>DIRECTORY</type>
<name>user</name>
<mtime>1645233514385</mtime>
<permission>zhujianghua:zhujianghua:0777</permission>
<nsquota>-1</nsquota>
<dsquota>-1</dsquota>
</inode>
<inode>
<id>16387</id>
<type>DIRECTORY</type>
<name>zhujianghua</name>
<mtime>1645247156279</mtime>
<permission>zhujianghua:zhujianghua:0777</permission>
<nsquota>-1</nsquota>
<dsquota>-1</dsquota>
</inode>
```

从 XML 文件中可以看到 fsimage 包含了一些 Section 组成。例如，NameSection、INodeSection、FileUnderConstructionSection、SecretManagerSection 和 CacheManagerSection 等。

查看 FsImage 文件，可以看到 fsimage 包含了一些 Summary 组成。例如：

```
NS_INF"
INODE???""
    INODE_DIR??
                              ???"
FILES_UNDERCONSTRUCTION???"
SNAPSHOTI???"
SNAPSHOT_DIFF?? J???"
INODE_REFERENCEs? ê"
SECRET_MANAGER? Ī"
CACHE_MANAGER? Ī"

STRING_TABLE? Ī?
```

结合 Checkpoint 生成 fsimage 流程，不难看出，整个 FsImage 文件格式是由两大部分构成的：Summary 和 Section。FsImage 组成格式如图 2-16 所示。

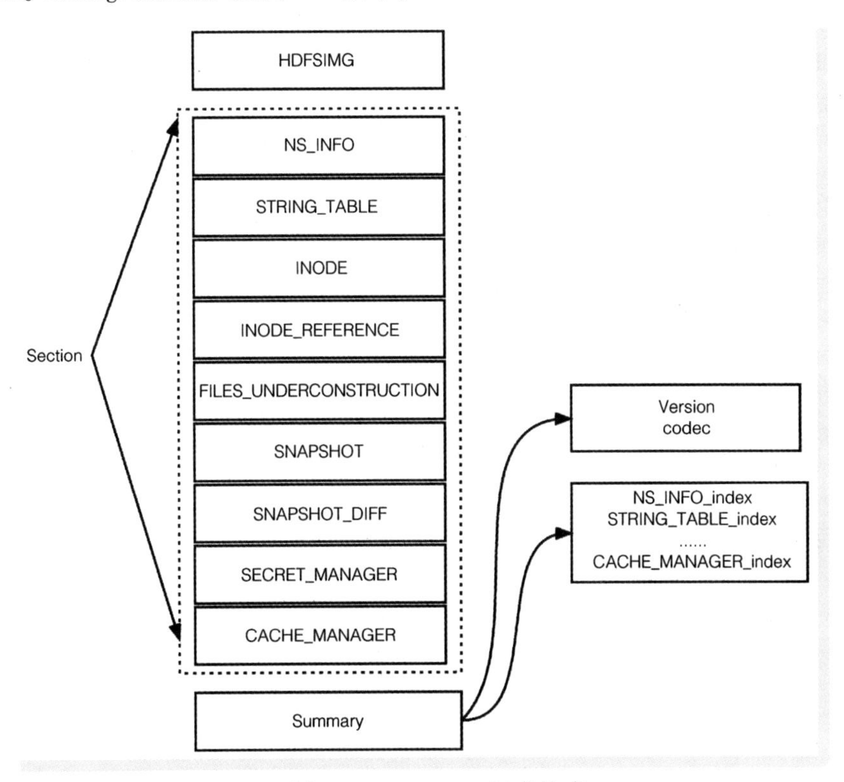

● 图 2-16　FsImage 组成格式

可以看到各种类型的数据由 Section 构成，Summary 相当于各种 Section 的索引，存储了各类型 Section 的长度（length）和偏移量（offset）。

Summary 内存包含 3 个重要的属性：

- onDiskVersion：FsImage 文件在磁盘上的 Version，与 Namenode 进程中的版本号对比。
- layoutVersion：布局 Version，与 Namenode 进程中的版本号对比。
- codec：FsImage 文件压缩格式。

另外还包含各种 Section 数据的索引（index）位置。

每个 FsImage 文件都有一个固定的头信息，即 fileHeadString=HDFSIMG1。

Section 类型包括：

- NS_INFO：描述当前 namespace 标识信息，如 namespaceId 和 genstaamp。
- STRING_TABLE：描述当前 namespace 中 StringTable 信息。
- INODE：描述当前 namespace 中的文件数据，如 id、type、name 等。
- INODE_REFERENCE：描述当前 namespace 中的 inode reference 信息，如 referredId 和 name 等。
- FILES_UNDERCONSTRUCTION：描述当前 namespace 中的正在生成文件的信息。
- SNAPSHOT：描述当前 namespace 中的 snapshot 信息，如 snapshotCounter 和 snapshottableDir 等。
- SNAPSHOT_DIFF：描述当前 namespace 中存在差异的 snapshot 信息，如 dirDiffEntry、inodeid和 count 等。
- SECRET_MANAGER：描述当前 namespace 中和 Delegation Token 相关的 secret 信息，如 currentId、tokenSequence 和 numDelegationKeys 等。
- CACHE_MANAGER：描述当前 namespace 中的 cache 信息，如 nextDirectivedId 和 numDirectives 等。

感兴趣的读者可以研究一下 ReverseXML 和其他几种 OIV 支持的处理。

4. Md5 文件

fsimage_xxxx 文件生成后，就会生成一个和其相关的 md5 校验值，保存在 fsimage_xxxx.md5 文件中，二者命令一样。在每次 Namenode 服务启动时会用到，用来校验 fsimage。

5. seen_txid 文件

保存的是每次 Checkpoint 执行完成后的最大事务 txid。在每次 Namenode 服务启动时会用到。

2.2.2 Edit Log 分析

不难看出，Edit Log 是一种日志（Log），用于记录事务（Transaction），也就是和访问有关的请求。HDFS 作为一种分布式产品，高可用（HA）是其具备的一个优点。也就是说，在多数时候（排除极特殊）都需要能够正常接受客户端的请求访问。

FsImage 是指 Namenode 将管理的内存中的 meta 定期持久化，读者应该会想到，在进行下一次 Checkpoint 前，这里存在“一片空白”。而 HDFS 自身的高可用特点，已经考虑到了这一点，不会允许这片“空白”数据丢失。实际上，这部分数据是通过另外一种文件来维护的。在 HDFS 中，主要使用 Edit Log 来维护这片“空白”数据，Edit Log 保存的数据是操作发生时的操作记录，如操作类型、时间、数据源和权限等。这里的数据仍然是属于 Namenode 管理的元数据。

下面是 Edit Log 存储目录中的一些完整的记录 Edit 后的数据：

```
-rw-r--r-- 1 zhujianghua zhujianghua      42 11月  6 14:11
edits_0000000000028xxx95-0000000000028xxx96
-rw-r--r-- 1 zhujianghua zhujianghua      42 11月  6 14:13
edits_0000000000028xxx97-0000000000028xxx98
-rw-r--r-- 1 zhujianghua zhujianghua      42 11月  6 14:15
edits_0000000000028xxx99-0000000000028xxx00
-rw-r--r-- 1 zhujianghua zhujianghua      42 11月  6 14:17
edits_0000000000028xxx01-0000000000028xxx02
-rw-r--r-- 1 zhujianghua zhujianghua      42 11月  6 14:19
edits_0000000000028xxx03-0000000000028xxx04
-rw-r--r-- 1 zhujianghua zhujianghua 1048576 11月  6 14:19
edits_inprogress_0000000000028xxx05
```

可以看到这里的文件都不算大，存在两种类型的文件来维护 Log。

回顾前面介绍的内容，当有 Client 请求时，Namenode 会在返回结果之前向 Edit Log 文件刷入事务数据，这样做的目的是记录本次更新操作相关的一个“凭证”，因为仅仅更新内存结构是不可靠的。

上面列举的两种文件中，一种是 edits_xxxx-xxxx 类义件，针对 Namenode 已经处理过的 Client 请求后记录的本次更新内容，此外 Namenode 已经结束了对这类文件的写入流；另外一种是 edits_inprogress_xxxx，针对正在发生或已经发生过的 Client 请求，并且 Namenode 正在维护这类文件的写入流。

通常情况下，edits_xxxx-xxxx 文件会有多个，而 edits_inprogress_xxxx 只有 1 个。有部分版本支持多文件写入流，还有一些异常情况下，如频繁重启 Namenode 服务，会造成生成多个 edits_inprogress_xxxx 文件，应该防范。因为每个 Edit Log 文件中记录的事务都彼此有连续性，破坏了这种连续性，会造成 Namenode 无法正常启动。

1. Edit Log 文件刷新过程

同很多分布式系统一样，事务的记录极其重要，是防止数据丢失的重要一环。考虑到架构设计和实用性，HDFS 采用定期滚动 Edit Log 的方式防止 Edit Log 文件不至于过大，因为文件过大解析起来较为复杂。Edit Log 文件刷新及滚动过程如图 2-17 所示。

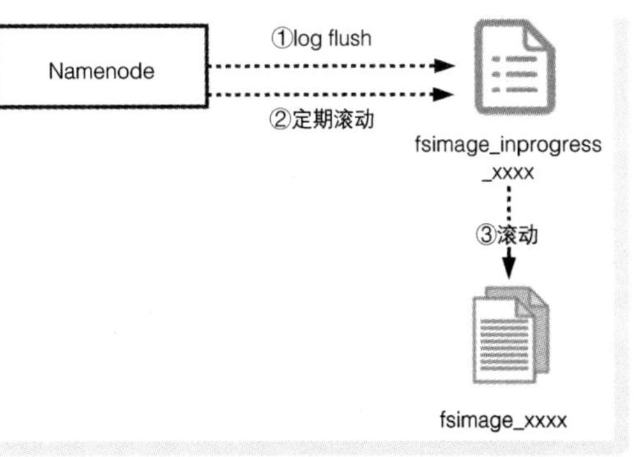

● 图 2-17　Edit Log 文件刷新及滚动过程

当 Namenode 处理完成 Client 的请求（更新操作）后，在结果返回之前，会将本次更新内容刷写到 edits_inprogress 文件中；为了防止文件过大，会定期将 edits_inprogress 文件上的写入流关闭，形成一个个固定的 edits_xxxx 文件。

（1）Log 数据刷写

Edit Log 记录的是针对事务日志，因此也针对更新操作，HDFS 针对所有的更新都会记录相关日志内容。在 Log 数据刷写阶段，主要是由 FSEditLog 执行的。以创建目录（mkdir）为例，为该操作记录事务的具体位置为 FSEditLog#logMkDir( )。

（2）构造 MkDir 日志主体 MkdirOp

在这个过程中，会构造本次操作目录相关的 Inode id、路径（path）、更新时间（modificationTime）、权限、Acl 和 XAttr 等属性。

（3）进入公共 Log 记录过程

这是所有类型对应的 Log 记录过程：FSEditLog#logEdit( )。

（4）等待前面的 Transaction 处理

操作命令如下：

waitIfAutoSyncScheduled( ) // 如果前面有 Transaction 仍没有处理完成，需要等待，由此说明在 Log 数据刷写到 edits_inprogress_xxxx 时，实际是按照 txid 的大小顺序处理的。

（5）准备处理本次 Transaction

操作命令如下：

beginTransaction（Op）//在真正将 log 写入文件之前的准备工作，txid 自增，Op 填充新的 txid。

（6）开始向 fsimage_inprogress_xxxx 文件刷入数据

操作命令如下：

doEditTransaction（FSEditLogOp op）//开始向 Namenode 本地和 JournalNode 远端刷入数据

（7）更新 Transaction 相关的记录

操作命令如下：

endTransaction( ) //记录耗时、事务总数更新

（8）同步本次修改

操作命令如下：

logSync( ) // 及时同步本次及之前 Transaction 相关的所有数据流入 edits_inprogress_xxxx 文件。

这是事务 Log 数据流入 Edit Log 文件的主要流程。里面有一些较复杂的步骤，实际是采用 buffer 的形式填充数据，以及采用并发的形式分别向 Namenode 本地目录和远端 JournalNode 同步更新。关于事务更新的内容会在第 6 章详细介绍。

（9）Log 文件滚动

一个文件不能一直填充数据：一方面物理空间有限；另一方面解析起来也比复杂。HDFS 在处理 Edit Log 持久化文件时，设计了两种文件：

- edits_ingropress_xxxx 文件。可以对这种文件持有写入流，Log 数据会不断地流入这类文件中，为了保证顺序，这类文件通常只有一个。
- edits_xxxx 文件。为了防止一个 edits_ingropress_xxxx 文件保存的事务过多，定期（一般情况下默认为 2 分钟）将 edits_ingropress_xxxx 文件重命名为 edits_xxxx，这个过程被称为 Edit Log 滚动。

当前 HDFS 支持多种场景下的 Log 文件滚动：

1）滚动升级。滚动升级过程中为了保持数据较新，会执行一次 Edit Log 滚动。

2）自动触发。分为两种情况：上面介绍的定期执行时；当事务数达到阈值时。

3）Client 调用。支持 API 的方式调用执行。入口为 ClientProtocol#rollEdits( )。

无论哪种方式，最后都会进入一个公共执行入口：FSImage#rollEditLog( )。

下面介绍后两种场景下的执行流程。

(10) 持有独占写锁

防止有事务操作，因为在写入流的情况下，对 edits_ingropress_xxxx 文件不容易操作。

(11) 结束当前 edits_ingropress 文件写入流

操作命令如下：

FSEditLog#endCurrentLogSegment()

这个过程完成 3 件事情：①等待前面的事务全部刷新到 edits_ingropress 文件中并完成同步；②将 edits_ingropress 文件重命名。命名规则为 edits_firstTxId_lastTxId。这里的 firstTxid 就是 edits_ingropress_xxxx 中的“xxxx”，lastTxId 就是当前处理的最后一个事务 txId；③写入一个关闭标记，也属于一个事务，类型为 OP_END_LOG_SEGMENT。

(12) 开启新的 edits_ingropress 文件写入流

操作命令如下：

FSEditLog#startLogSegmentAndWriteHeaderTxn()

这个过程会完成两件事情：①事务 id 自增；②开启一个新的文件写入流，文件名命名为 edits_ingropress_firstTxId，这里的 firstTxId 就是前面的自增 Id。

(13) 写入新的 Segment 标记

每个 Edit Log 文件都有一个 Segment 标记，也是一个事务。类型为 OP_START_LOG_SEGMENT。

只要有事务发生，上面这个过程属于按时间定期触发。还有一种会定期触发的的场景，即当事务数达到一定量时，也会触发，默认是 50w。由 ${dfs.namenode.edit.log.autoroll.multiplier.threshold}、${dfs.namenode.checkpoint.txns}和 ${dfs.namenode.edit.log.autoroll.check.interval.ms} 3 个参数控制。主要实现方式为 NamenodeEditLogRoller，关于其中的实现并不是很难理解，感兴趣的读者可以自己研究。很多人可能会忽略这里，需留意。

看到这里，想必读者已经认识到，一个 Edit Log 文件是不会被允许过大的，这充分说明了 HDFS 很注重细节处理。

2. Edit Log 文件结构

上面介绍了 Edit Log 文件的数据流入及滚动过程。读者一定想知道 Edit Log 文件的结构是怎样的。HDFS 提供了相关工具可以解析 Edit Log 文件——Offline Edits Viewer。

使用该工具时，直接使用 HDFS OEV 命令即可。目前 Offline Image Viewer 提供了 3 种相关的处理：

- Binary。二进制数据，一般是 Hadoop 内部使用。
- Xml。生成 xml 格式。
- Stats。打印一些统计信息。

现在有如下 Edit Log 文件：

```
-rw-r--r-- 1 zhujianghua zhujianghua 42 11 月  7 21:19
edits_0000000000028xxx47-0000000000028xxx48
```

将 Edit Log 文件解析生成 xml 数据，OEV 命令使用如下：

```
./bin/hdfs oev -p xml -i edits_0000000119xxxxxx255-0000000119xxxxxx257 -o edits.xml
```

执行成功后，可以打开 edits.xml，文件截取部分内容如下：

```
<? xml version="1.0" encoding="UTF-8"? >
<EDITS>
  <EDITS_VERSION>-63</EDITS_VERSION>
  <RECORD>
    <OPCODE>OP_START_LOG_SEGMENT</OPCODE>
    <DATA>
      <TXID>119xxxxxx255</TXID>
    </DATA>
  </RECORD>
  <RECORD>
    <OPCODE>OP_RENAME_OLD</OPCODE>
    <DATA>
      <TXID>119xxxxxx256</TXID>
      <LENGTH>0</LENGTH>
      <SRC>src1</SRC>
      <DST>dst1</DST>
      <TIMESTAMP>1641373132615</TIMESTAMP>
      <RPC_CLIENTID>9xxxxxxx-8xxx-4xxx-8xxx-8xxxxxxxxxxx</RPC_CLIENTID>
      <RPC_CALLID>21xxxx45</RPC_CALLID>
    </DATA>
  </RECORD>
  <RECORD>
    <OPCODE>OP_RENAME_OLD</OPCODE>
    <DATA>
      <TXID>119xxxxxx257</TXID>
      <LENGTH>0</LENGTH>
      <SRC>src2</SRC>
      <DST>dst2</DST>
      <TIMESTAMP>1641421453217</TIMESTAMP>
      <RPC_CLIENTID>8xxxxxxx-cxxx-4xxx-axxx-1xxxxxxxxxxx</RPC_CLIENTID>
      <RPC_CALLID>2xxxxxx6</RPC_CALLID>
    </DATA>
</RECORD>
```

从 XML 文件中可以看到 edits 包含了一些 record 组成，这里每一个完整的 record 就是一条事务 Log。每条 record 均包含具体的操作类型、时间和数据等。每个 Edit Log 文件开头和结束均匀相关标记：

```
<EDITS>
  <EDITS_VERSION>-63</EDITS_VERSION>
  <RECORD>
    <OPCODE>OP_START_LOG_SEGMENT</OPCODE>
    <DATA>
      <TXID>first txid</TXID>
    </DATA>
  </RECORD>
<RECORD 1>
  </RECORD 1>
```

```
......
<RECORD n>
  </RECORD n>
  <RECORD>
    <OPCODE>OP_END_LOG_SEGMENT</OPCODE>
    <DATA>
      <TXID>end txid</TXID>
    </DATA>
  </RECORD>
</EDITS>
```

目前 HDFS 支持多种更新操作类型，见表 2-1。

表 2-1　HDFS 支持的数据更新类型

Transaction 类型	对应操作
OP_ADD	创建文件
OP_RENAME_OLD	对文件或目录重命名
OP_DELETE	删除文件或目录
OP_MKDIR	创建目录
OP_SET_REPLICATION	设置 Replication
OP_SET_PERMISSIONS	设置 Permissions
OP_SET_OWNER	设置 Owner
OP_CLOSE	对文件或目录关闭
OP_SET_GENSTAMP_V1	设置文件或目录更新的时间戳
OP_SET_NS_QUOTA	设置 Quota ns 值
OP_CLEAR_NS_QUOTA	清理 Quota
OP_TIMES	设置创建或更新时间
OP_SET_QUOTA	设置 Quota
OP_RENAME	对文件和目录进行重命名
OP_CONCAT_DELETE	Block 从源目录移动到目标目录并删除
OP_SYMLINK	创建 Symlink
OP_GET_DELEGATION_TOKEN	查询 Delegation Token
OP_RENEW_DELEGATION_TOKEN	重置一个已存在的 Delegation Token
OP_CANCEL_DELEGATION_TOKEN	取消一个已存在的 Delegation Token
OP_UPDATE_MASTER_KEY	更新 Master key
OP_REASSIGN_LEASE	Lease Recovery
OP_END_LOG_SEGMENT	Edit Log 文件流结束
OP_START_LOG_SEGMENT	Edit Log 文件流开始
OP_UPDATE_BLOCKS	更新 Pipeline
OP_CREATE_SNAPSHOT	创建 Snapshot

（续）

Transaction 类型	对 应 操 作
OP_DELETE_SNAPSHOT	删除 Snapshot
OP_RENAME_SNAPSHOT	Snapshot 重命名
OP_ALLOW_SNAPSHOT	对目录允许 Snapshot
OP_DISALLOW_SNAPSHOT	对目录不允许 Snapshot
OP_SET_GENSTAMP_V2	设置文件或目录更新的时间戳
OP_ALLOCATE_BLOCK_ID	分配 Block 存储位置
OP_ADD_BLOCK	新增 Block
OP_ADD_CACHE_DIRECTIVE	新增 Cache Directive
OP_REMOVE_CACHE_DIRECTIVE	删除 Cache Directive
OP_ADD_CACHE_POOL	新增 Cache Pool
OP_MODIFY_CACHE_POOL	更新 Cache Pool
OP_REMOVE_CACHE_POOL	删除 Cache Pool
OP_MODIFY_CACHE_DIRECTIVE	修改 Cache Directive
OP_SET_ACL	设置 Acl
OP_ROLLING_UPGRADE_START	滚动升级开始
OP_ROLLING_UPGRADE_FINALIZE	滚动升级结束
OP_SET_XATTR	设置 Xattr
OP_REMOVE_XATTR	移除 Xattr
OP_SET_STORAGE_POLLICY	设置存储策略
OP_TRUNCATE	文件截取
OP_APPEND	对文件 Append
OP_SET_QUOTA_BY_STORAGETYPE	设置 Quota
OP_ADD_ERASURE_CODING_POLICY	新增 EC 策略
OP_ENABLE_ERASURE_CODING_POLICY	对文件或目录支持 EC
OP_DISABLE_ERASURE_CODING_POLICY	对文件或目录不支持 EC
OP_REMOVE_ERASURE_CODING_POLICY	对文件或目录移除 EC 策略

这是目前支持的操作，另外对于一些旧版本还支持一些其他操作，如 OP_DATANODE_ADD 和 OP_DATANODE_REMOVE。在高版本中，由于架构上发生了变化，这些已经被其他操作所替代，读者在使用上需要留意。

2.3 meta 更新

读者不仅需要了解元数据的组成，同时也应该了解这些数据的变化过程。Namenode 维护的 meta

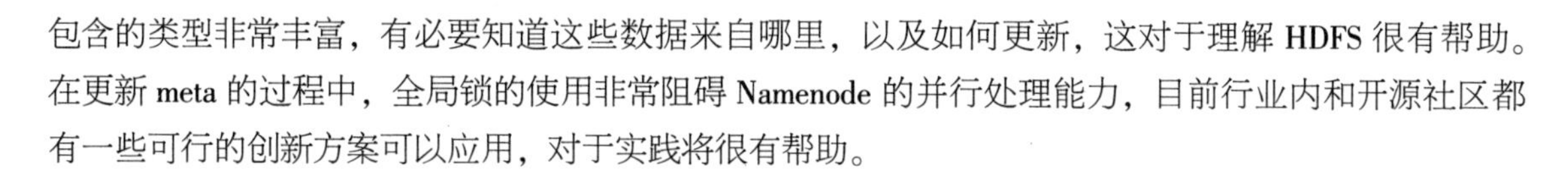
包含的类型非常丰富，有必要知道这些数据来自哪里，以及如何更新，这对于理解 HDFS 很有帮助。在更新 meta 的过程中，全局锁的使用非常阻碍 Namenode 的并行处理能力，目前行业内和开源社区都有一些可行的创新方案可以应用，对于实践将很有帮助。

2.3.1 内存结构 Update

上面介绍了 meta 的各个组成部分，属于“静态”数据。真正在 HDFS 工作的时候，这些数据会不停地更新，了解 meta 的更新来源和更新流程对理解 HDFS 很有帮助。

1. 更新来源

因在维护 meta 的过程中，总是发生和集群有关的更新操作，这时一般会优先处理数据在内存中的状态变化，因此应该重点关注对内存结构的维护过程。那么，首先应该想到的就是更新数据的来源。

讲到这里，不得不再次提到 HDFS 的 Master-Slave 架构设计。这里的 Master 是 Namenode，Slave 即是 DataNode。为了减少 Namenode 的自身压力，在维护 meta 的过程中，Namenode 采用了一种被动接收和管理 meta 的方式。此外，HDFS 真正维护的数据实际存储在各个文件中，目录只是为了便于更好地管理文件。因此针对 meta 的维护包括有数据更新和无数据更新。这里的数据是指针对文件。

（1）无数据更新

这里是指无实际数据更新的操作，如创建目录、修改权限和设置 Quota 等。无数据更新如图 2-18 所示。

对于这类操作，更新 Metadata 主要来自 Client 发起的访问请求。在这个过程中，Client 只与 Namenode 交互，Namenode 完成对内存 Tree 的维护。

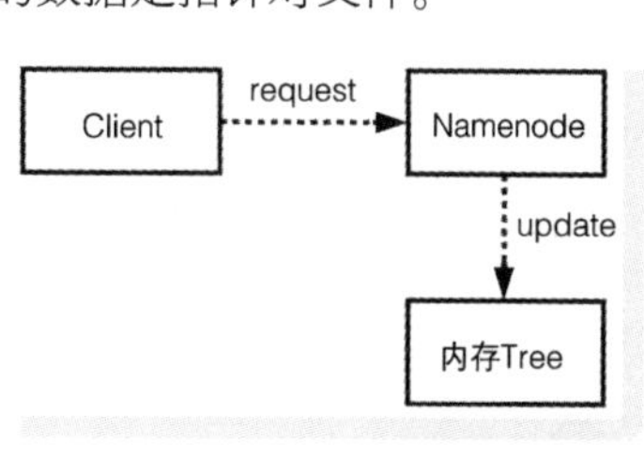

● 图 2-18　无数据更新

（2）有数据更新

这里是指针对实际文件数据的操作。例如，新建文件或对已存在的文件进行追加（append）或内容截取等。有数据更新如图 2-19 所示。

对于这类的操作，更新 Metadata 主要来自 Client 发起的对文件访问完成后，DataNode 将数据变化主动上报的结果。在这个过程中，Client 从 Namenode 获取到文件操作的位置后（即与对应的 DataNode 交互后），DataNode 会记住哪些文件发生了变化，随后将这些变化上报给 Namenode。

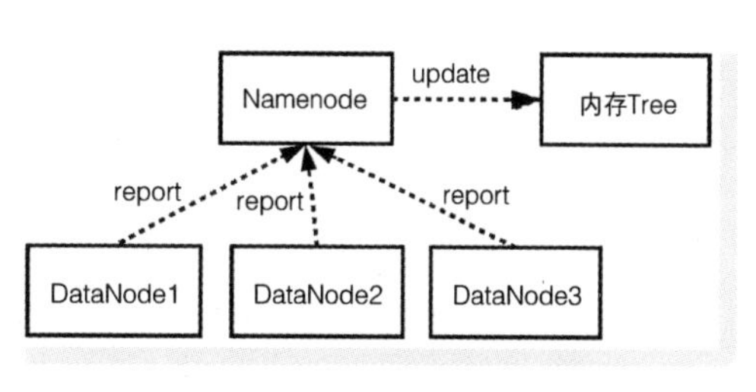

● 图 2-19　有数据更新

2. 更新流程

在 2.1.2 节介绍过，FSDirectory 和 INodeMap 是 meta 在 Namenode 中存放数据状态的结构，自 HDFS 使用的那一刻开始，这两个结构数据就会不停地积累，它们的数据永远都是最新的。因此对这两种结构的更新及其重要。

以创建目录为例，请求接口：NameNodeRpcServer#mkdirs( )。

更新 meta 流程如下：

1）进入请求处理大管家——FSNamesystem。目前多数外部访问的请求，都会先进入这个统一的入口。通常 FSNamesystem 中也有各个请求操作对应的处理方法。创建目录对应的处理是 mkdirs()。

```
namesystem.mkdirs(); //进入 FSNamesystem
```

2）FSNamesystem 全局锁获取。这是为了保障本次操作是线程安全，不过正是因为这样，在同一时刻，只能允许一个线程对 Metadata 做更新操作，对整体的吞吐有一定影响。HDFS 在设计这个全局锁时也是读写可重入，但是又经过了一次封装。

```
writeLock(); //全局锁持有
```

3）请求相关的工具。和更新有关的主要操作都在这里完成。HDFS 中有很多和特定请求有关的工具，通常以 FSxxxxOp 命名，如创建目录对应的操作工具是 FSDirMkdirOp。多以静态方法为主。

```
FSDirMkdirOp.mkdirs(); //进入创建目录主操作
```

4）FSDirectory 全局锁获取。这个锁在使用时，通常是在操作 FSDirectory 和 INodeMap 时使用，保障对这两个结构更新时数据不发生错乱。这里锁是读写可重入的。直接使用的 ReentrantReadWriteLock。

```
Fsd.writeLock(); //fsdirectory 全局锁持有
```

5）路径解析。Client 传入的路径通常是“/root/xxxx/xxxx/xxx”这种字符串，将其解析成由 INode 组成，解析的结果是 INodesInPath，对后面的操作会更加方便，同时也是对请求数据的初步校验，看其是否满足路径的规则。这个过程会使用目前已存在的 FSDirectory 去对比，通过真实内存 Tree 对比所在路径。

```
Fsd.resovePath(); //路径解析
```

6）校验权限。

```
fsd.checkAncestorAccess();  //权限校验
```

7）父级目录校验。这个过程主要是发生在不顺带创建父级目录的情况下，必须保障各级父目录已存在的情况下才可以创建本级目录。

```
if(!createParent) {
  Fsd.verifyParentDir();
}
```

8）校验 INode 数量限制。目前 HDFS 允许每个目录创建的子 INode 是有上限限制的，默认是 1048576。

```
fsn.checkFsObjectLimit(); // INode 上限校验
```

9）创建父级目录。这个过程是允许在父级目录不存在的情况下，也顺带创建。在处理各级父目录的过程中，循环逐级处理，每完成一个父级目录的创建，就会将新数据添加至 FSDirectory 和 INodeMap 中，添加 Acl，并且还会记录并持久化 Edit Log。值得注意的是，在这个过程中，如果父目录是 Snapshot，则不可用创建。

```
createParentDirectories(); //父级目录开始构建
addImplicitUwx(); // 构建权限
//循环处理
for(int i = existing.length(); existing != null && i <= last; i++) {
  createSingleDirectory(); // 处理父目录
}
unprotectedMkdir(); //构建目录
fsd.addLastINode(); //数据添加至 FSDirectory 和 INodeMap
AclStorage.updateINodeAcl(); //添加 Acl
```

由此可以看出，在本次请求处理的过程中，虽然最终创建失败，但是中途处理的过程是不受影响的。这也是 HDFS 的亮点之一。

10）创建末级目录。只有在父级目录已存在的情况下，才可以创建本次所需要创建的最终目录。过程和上面的创建过程类似。

11）释放 FSDirectory 全局锁。

12）释放 FSNamesystem 全局锁。

3. FSNamesystem 全局锁

FSNamesystem 全局锁在 HDFS 中是极其重要的，HDFS 几乎所有的读写/更新操作都会用到 FSNameSystem 全局锁，这里的全局锁主要依靠 FSNamesystemLock 实现。HDFS 中用到 FSNamesystemLock 全局锁的模块如图 2-20 所示。

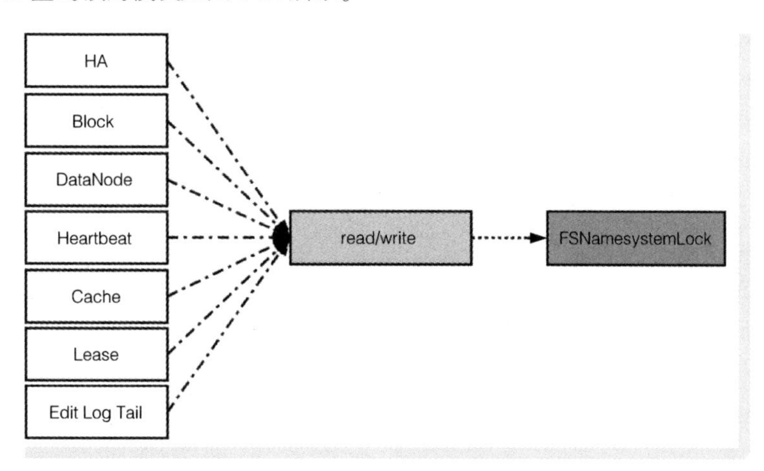

● 图 2-20　FSNamesystemLock 全局锁的模块

FSNamesystemLock 对 ReentrantReadWriteLock 做了再一次封装，除了自身的读写可重入外，功能上也更加丰富。

FSNamesystemLock 包含内容：

```
//可重入读写封装。
ReentrantReadWriteLock coarseLock;
//记录锁持有时间
```

```
ThreadLocal<Long> readLockHeldTimeStampNanos;
//记录写锁持有时间
long writeLockReportingThresholdms;
//记录读锁持有时间
long readLockReportingThresholdms;
```

这里的记录锁持有时间会将 Client 的请求从进入 RPC 队列开始记录，直到最后释放的全程都会记录。锁持有类型见表 2-2。

表 2-2　锁持有类型

类　型	说　明
ENQUEUE	进入队列耗时
QUEUE	进入队列中的耗时
HANDLER	handler 在无响应时的耗时
PROCESSING	处理请求过程的耗时
LOCKFREE	无锁处理的耗时
LOCKWAIT	等待锁的耗时
LOCKSHARED	使用读锁处理时的耗时
LOCKEXCLUSIVE	使用写锁处理时的耗时

FSNamesystemLock 主要在 FSNamesystem 中使用，目前来说是为其量身定制的。FSNamesystem 自己也实现了 RwLock，也做一些额外的处理，主要体现在获取读写锁以及判断上。

以下是对 FSNamesystem 中一些和 Lock 有关的重要方法的说明：

- readLock()：获取读锁，直接调用 FSNamesystemLock。
- readLockInterruptibly：获取读锁，直接调用 FSNamesystemLock。
- writeLock()：获取写锁，直接调用 FSNamesystemLock。
- writeLockInterruptibly()：获取写锁，直接调用 FSNamesystemLock。
- hasReadLock()：判断读锁，包括当前线程持有写锁的情况。说明 FSNamesystem 全局锁在被使用时，读锁和写锁在一定情况下都可以被当做读锁来使用。

```
public boolean hasReadLock() {
  return this.fsLock.getReadHoldCount ( ) > 0 | | hasWriteLock ( );
}
```

- hasWriteLock()：判断写锁，直接调用 FSNamesystemLock。

由此可以看出，FSNamesystem 全局锁具有以下特点：

- 可重入读写锁捕获能力。
- 记录处理请求全程处理耗时。
- 在持有写锁的情况下，无须再次获取读锁。

2.3.2 拓展：锁优化

在上节中讲到，HDFS 在处理请求的过程中，绝大多数时候都会使用到 FSNamesystem 全局锁，而全局锁具有先天的排他性，尤其在更新操作时，因为同一时刻只能允许一个线程对 meta 访问，这严重阻碍了 Namenode 的并发处理。如果在常规情况下，将这一情况改善，允许多个线程同时更新 meta 中不交叉的数据，将极大提升 Namenode 的处理能力。

结合行业经验和开源社区的发展，当下有两种较为可行的方法来对 FSNamesystem 全局锁进行优化：一是全局锁拆分，形成一个个区域，每个区域内是一个局部锁；二是每个 INode 独立设置一个 Lock，将原来的全局锁丢弃。不管是哪种方法，其本质都是将原来全局锁拆分为更加细粒度的逻辑，提升并行处理能力。

1. 分段锁拆分

分段锁拆分的主要思路是将 FSDirectory 结构拆分成一个个区域（Partition），每个区域管理一部分 INode，每个区域使用一个独立的锁，当访问 FSDirectory 中无交叉的数据时，可以并行访问。分段锁结构如图 2-21 所示。

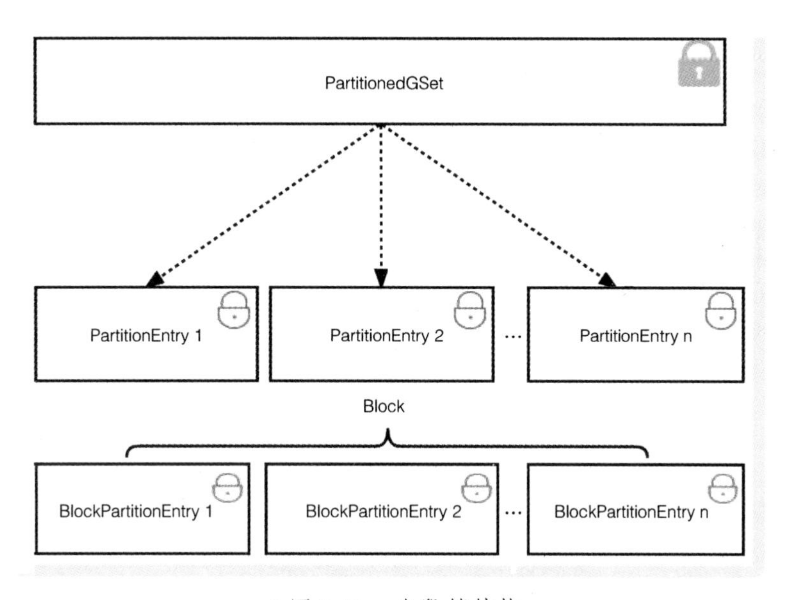

● 图 2-21　分段锁结构

FSDirectory 数据的拆分如下。

（1）PartitionEntry 结构

1）partLock：每个 PartitionEntry 有一个独立的 Lock（ReentrantReadWriteLock），在读写时锁定 PartitionEntry。

2）GSet：每个 PartitionEntry 使用 GSet 结构装载 INode 数据。

（2）PartitionedGSet 结构

1）Lock：用于在获取 PartitionEntry 过程中锁定，在获取到具体 PartitionEntry 锁之后释放 lock。

2）Partitions：一个 PartitionedGSet 管理若干 PartitionEntry，以 Map<Key，PartitionEntry>的形式管理，key 是 PartitionEntry 的范围。

对文件 Block 的拆分如下。

BlockPartitionEntry 结构和 PartitionEntry 结构类似，通常 BlockPartitionEntry 管理的数据和 PartitionEntry 管理的文件是一一对应的，这样会更加高效，如在 Block 上报时。

在这个方案中，并不涉及 INodeMap 结构，因为 INodeMap 结构本身就是索引，访问较快，目前瓶颈较小。此外有两个很重要的问题：一是如何保障在访问时不发生锁冲突；二是访问有交叉的数据和无交叉的数据的机制是怎样的。

1）如何保障在访问时不发生锁冲突？

在使用分段锁的过程中，有一个原则，即通过 PartitionedGSet 获取锁，在确认获取 PartitionEntry 的锁后释放 PartitionedGSet 的锁。这个使用规则实际就是按照顺序持有锁；对于释放锁，也是按照持有顺序后使用，这必须要等待前者释放某个 PartitionEntry 锁之后才可持有，也就是反向释放。

2）访问不同 PartitionEntry 的机制有何不同？

这里可以理解为所请求的数据是存在于 1 个 PartitionEntry 中还是多个 PartitionEntry 中。对于数据都存在于 1 个 PartitionEntry 中的情况，比较简单，使用锁之后释放即可；对于数据存在于多个 PartitionEntry 中的情况，这里的原则是先全部获取到所有 PartitionEntry 的锁，使用完成后逐个按照获取的数据反向释放锁。分段锁的使用如图 2-22 所示。

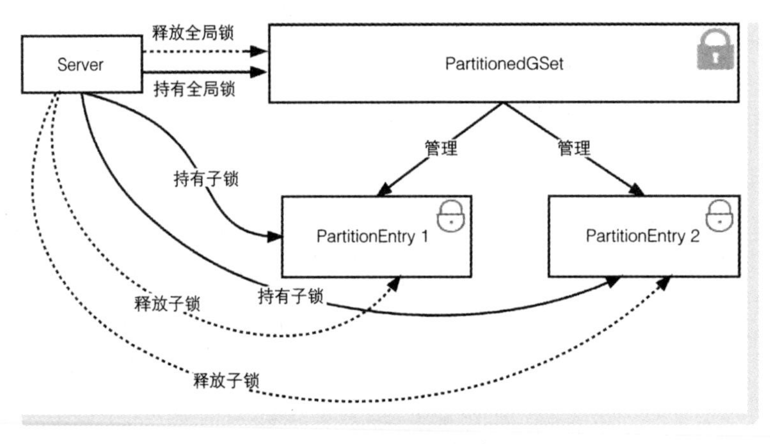

图 2-22　分段锁的捕获与释放

（3）分段锁特点

优点：

- 实现难度不高，容易控制。
- 很适合平稳增长的集群。

缺点：

- 当要访问的数据涉及较多区域时，并发访问效率不高。
- 关于分段锁的设计和实现，目前开源社区有个相关的 issue：https://issues.apache.org/jira/browse/HDFS-14703。

2. INode 细粒度锁拆分

目前行业还有一种可行的方案，效率也比较高，即将全局锁完全拆为细粒度锁，在每个 INode 上添加一个锁对象，以实效较高并发效率。细粒度锁结构如图 2-23 所示。

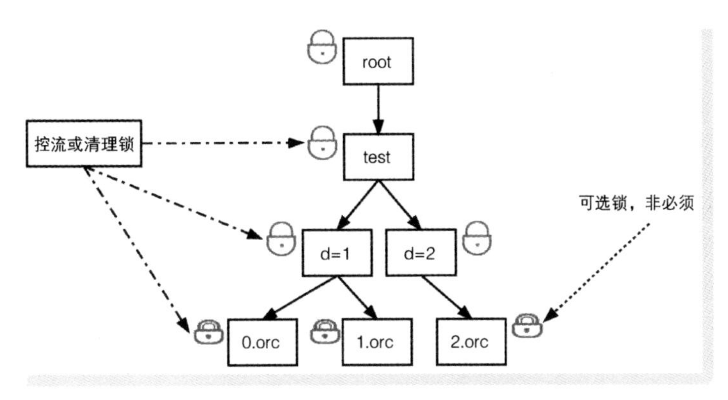

● 图 2-23　细粒度锁结构

对 FSDirectory 数据的细粒度锁拆分如下。

1）INodeLock：每个 INode 都有 1 个 INodeLock，用于管理本 INode 及其子节点的访问控制。

2）INodeLockManager：维护所有 INodeLock 和 INodeId 之间的关系。这是新增加的一个结构，角色和 INodeMap 类似。

在这个方案中，拆分的对象同样不涉及 INodeMap。这里依然存在前面提出的问题。

如何保障访问时不发生锁冲突？

这里有一些加锁顺序：①正向遍历内存 Tree，从 root 到目标 INode，采用左向遍历法则，依次加锁；②依次遍历涉及的多个路径，按照路径排序加锁；③按照访问顺序加锁；④按照加锁顺序反向释放每个 INodeLock。

这里以 rename 操作为例，将“/root/test/d=1”目录移入“/root/test/d=2”目录下，细粒度锁使用如图 2-24 所示。

具体操作步骤：捕获 root 节点的读锁。获取锁对象可以从 INodeLockManager 中拿到；处理源路径。开始左向遍历法则，判断 test 节点是否是源目标节点，如果是，则捕获写锁，如果不是，则捕获读锁。继续遍历子节点，直到捕获到源路径目标节点为止。需要说明的是，从 root 节点到目标节点之间的 INode 都是可以执行读操作的；处理目标路径；释放锁。执行完成 rename 操作后，逐步反向释放各个 INode 的锁。

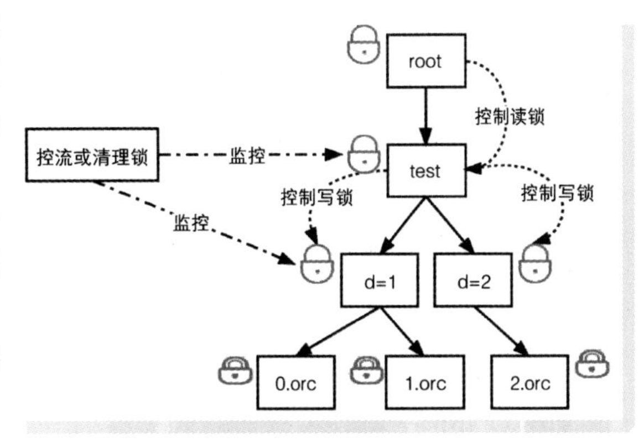

● 图 2-24　细粒度锁使用

细粒度锁的优点是并发度高，除了相关的 INode 外，其他的 INode 均能实现读并行；缺点是：实现难度较高，控制难度较大，需要较强的研发能力；内存占用较多，每个 INode 本身额外需要新的内存占用，INodeLockManager 本身需要额外的存储空间。

2.4 小结

本章介绍了 HDFS 中非常重要的内容——元（meta）数据。大多数和存储相关的分布式系统有各自的元数据设计体系，元数据体系在 HDFS 中占有举足轻重的地位，Namenode 正是依靠维护这些元数据才可以实时管理集群。本章介绍的内容主要是常规情况下的内存结构的管理持久化和动态访问时的数据变更，其中，内存结构 Tree 的变化、Edit Log 文件的更新和解析、FsImage 持久化的过程和分析非常重要，理解这些内容将对认识 HDFS 很有帮助。

数 据 管 理

数据管理对于任何一种存储系统来说，都是极其重要的。HDFS 在设计之初即已经考虑到集群的水平拓展管理和数据的分层存储策略，其中集群采用水平拆分的方式，以 Namespace 管理水平拓展结构；对于 DataNode 而言，则采用共享存储的方式管理数据，同时内部也有多种机制保障数据安全、高效地被访问。

3.1 Namespace

Namespace 在 HDFS 中是一个非常重要的概念，也是有效管理数据的方法。Namespace 有很多优点：可伸缩性。使 HDFS 集群存储能力可以轻松进行水平拓展；系统性能。单点性能受限，影响系统吞吐；隔离性。不同业务类型访问集群有时容易互相干扰，使用多 Namespace 可以有效管理访问分类。

3.1.1 Namespace 概况

HDFS 具有良好的拓展性，单集群可以很轻松地部署数百至数千服务节点。相应的集群所存储的数据也会增加，那么如何有效地管理和使用这些数据？答案就是 Namespace，以分层次结构管理数据。集群与 Namespace 的关系如图 3-1 所示。

集群与 Namespace 的关系有点类似“大集群”与“小集群”的关系，彼此独立又相互依存。特点如下：

- 每个 Namespace 彼此独立。Namespace 工作时只负责维护本区域的数据，各 Namespace 之间互不干扰。此外也有各自的资源属性，如元数据、Quota、Permission 和用户等。
- 数据节点共用。所有的 Namespace 维护的文件都可以共用 DataNode 节点，为了区分数据属于哪些 Namespace，DataNode 会以 BlockPool 的形式进行管理。

1. ClusterID

每个 Namespace 都有一个属于自己唯一标识符 ClusterID，用以标识集群中的所有节点。当对 Namenode 进行格式化时，该标识符会自动生成。

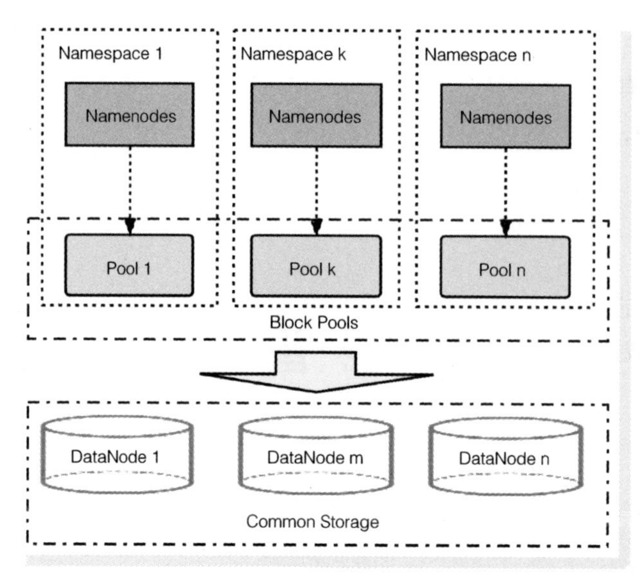

● 图 3-1　集群与 Namespace 的关系

```
//格式化 Namenode
./bin/hadoop namenode -format
```

成功后会生成一个 Version 文件，包含一些 Cluster 有关的信息（以下示例为演示效果）。

```
namespaceID=57756297
clusterID=CID-xxxxxxxx-xxxx-xxxx-xxxx-xxxxxxxxxxxx
cTime=1675867611567
storageType=NAME_NODE
blockpoolID=BP-5xxx5xxx1-192.168.111.1-1675867611567
layoutVersion=-63
```

其中，namespaceID 代表该 namespace 的唯一标识；clusterID 代表集群；cTime 是对生成时间的记录；storageType 制定本节点在集群中的类型；blockpoolID 标注了该 Namespace 对应的 Block Pool；layoutVersion是指软件版本。

2. Block Pool

每个 Namespace 都有一个唯一的 Block Pool 标识，用于管理属于 Namespace 的 Block 数据，这些 Block 会按照一定规律分布在不同的 DataNode 中存储。

这种管理数据的方式可以很好地实现服务水平拓展，每个 Namespace 管理一部分数据并承载一部分用户的访问，使得集群可以在一个较为稳定的状态运行。

每个 Namespace 都会包含如下内容：

（1） Namenode

除了负责处理用户的访问，还负责管理本 Namespace 中的文件，以及 DataNode 状态及其 Block。

（2） meta

每个 Namespace 均有独立的 meta 信息。第 2 章有介绍。

(3) INode

每个 Namespace 均有完整的文件结构树。每个文件都会涉及一些自有属性：路径 path、replicas、mtime、atime、blocksize、nsQuota、dsQuota、username、group 和 permission。

(4) Blocks

Namespace 拥有各自独立的 Block，以多副本的形式存储在各个 DataNode。

(5) Service

每个 Namespace 都是独立对外提供服务，并各自协调内部的各个节点之间的运行状态，包括 Block 检查、上/下线节点和数据平衡等。

(6) DataNode

严格来说，DataNode 并不完全只为单 Namespce 服务，它是一个共享的介质。

3.1.2 Namenode 与 Namespace

HDFS 作为一款较为优秀的分布式产品，系统健壮性是必须要考虑的问题。也就是在大多数情况下，都需要保证服务是可正常访问的。Namenode 作为主要的对外访问入口，势必会遇到一些突发的情况，如自身承载力较高，同一时间既要处理用户请求，又要处理触发的 Checkpoint。对于单 Namespace，有多个不同角色的 Namenode 协作，保障集群可以稳定运行。

HDFS 提供了较为常见的两种 Namenode 角色：Active Namenode 和 Standby Namenode。这两种 Namenode在运行时的关系如图 3-2 所示。

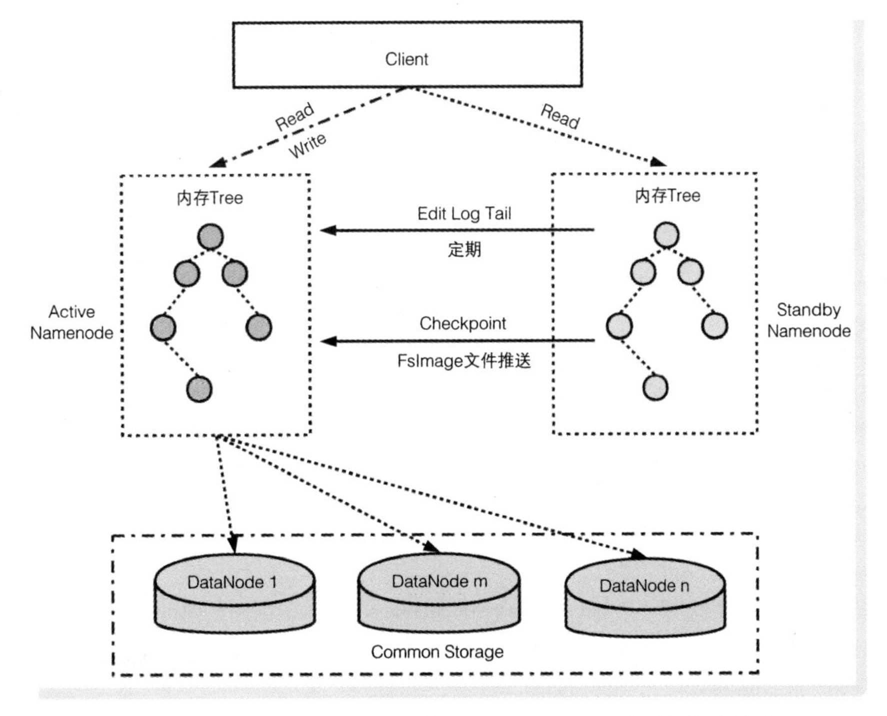

● 图 3-2 Active Namenode 和 Standby Namenode 运行时关系

在现实环境中，单 Namespace 通常都会部署这两种角色，协同工作。每种角色的 Namenode 所负责的功能都有一定的特色。

1. Active Namenode

Active Namenode 主要处理当前集群中最重要的工作。

（1）处理客户端的读写请求

提供读写是每个存储产品的核心功能之一，客户端对 HDFS 的任何读写请求都必须首先经过 Namenode，Namenode 提供了多种入口方式：RPC、HTTP 和第三方拓展。

（2）维护 Namespace 的文件和目录

Active Namenode 对文件和目录是实时更新，这发生在一次写请求范围之内，多个写请求之间具有排他性，读请求则没有这种限制。此外，还会维护一份和文件/目录有关的权限、Quota、使用用户、访问/更新时间等资源属性，这些信息也都是最新的，且已经生效过。

（3）维护整个 Namespace 下的 meta

在任何时刻，Namenode 对文件/目录的维护都会在内存中形成一棵最新的内存树，并有一定的机制将其持久化为 FsImage 文件、Edit Log 文件。

（4）管理 DataNode

Namenode 对 DataNode 的管理是近实时的，DataNode 与 Namenode 建立联系的那刻起，就需要定期向 Namenode 汇报自身的状态，包括服务存活状态、存储容量状态、Block 健康度状态。这些信息有助于 Namenode 管理数据的分布。

（5）维护节点上线和下线

当需要向集群中的数据节点进行扩容或缩容时，对这类节点的操作都会处于“维护状态”。扩容数据节点时，在服务启动期间，不会向其分配新的 Block；缩容时，直到节点下线完成前，不会向其分配 Block，并且会等待节点上的 Block 满足最小副本数。Namenode 管理的这种状态会持续到操作完成。

（6）维护 Block 副本迁移

HDFS 支持不同 Namespace 或不同集群之间迁移数据，通过特定的工具可以实现包括全量、增量的数据处理。可以采用 HDFS 自带的 DistCp 工具。如果是在联邦模式下，还可以借助 FastCopy 实现更快的数据迁移。

（7）维护整个 Namespace 下的数据平衡

在 Client 向 HDFS 写数据时，Namenode 会考虑 Client 所在位置与集群之间的距离，同时也会结合各个 DataNode 当前繁忙度来综合判断新的数据该向哪些数据节点分配。以此使集群存储的数据均衡分布。此外 Namenode 也会定期自检，合理运用 ReBalance。

2. Standby Namenode

Standby Namenode 主要处理一些辅助 Active Namenode 的工作，以减轻 Active Namenode 的处理压力不至于过大。

（1）维护 Namespace 下的 meta

Namespace 的 meta 除了在 Active Namenode 中维护一份外，同时在 Standby Namenode 中也会维护一

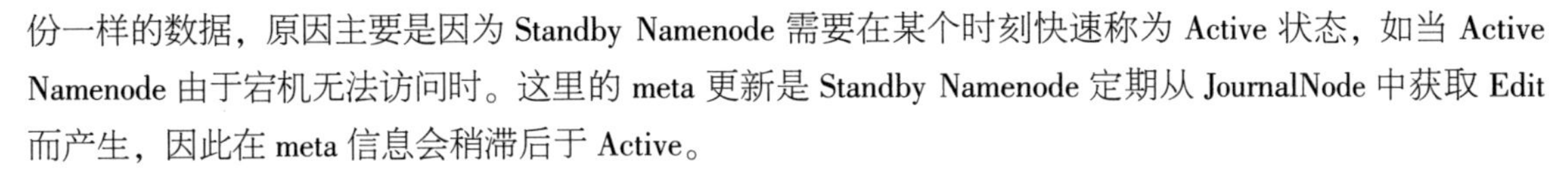

份一样的数据，原因主要是因为 Standby Namenode 需要在某个时刻快速称为 Active 状态，如当 Active Namenode 由于宕机无法访问时。这里的 meta 更新是 Standby Namenode 定期从 JournalNode 中获取 Edit 而产生，因此在 meta 信息会稍滞后于 Active。

（2）HA 备份

这是设置 Standby Namenode 的一个非常重要的原因。当 Active Namenode 发生意外无法访问时，需要能自动感知并切换为 Active 状态，以保障集群的高可用访问。

（3）通知 Edit Log 文件刷新

在 2.2.2 节中介绍了 Edit Log 文件刷新的过程。这个过程是在 Active Namenode 中执行的，但触发执行是 Standby Namenode，默认情况是定期 2 分钟执行一次，由参数 ${dfs.ha.log-roll.period} 确定。具体在 EditLogTailer#EditLogTailerThread 中实现，这是一个异步执行线程。

核心实现为 EditLogTailerThread#doWork()。

```
//满足 roll 条件
if (tooLongSinceLastLoad() &&
            lastRollTriggerTxId < lastLoadedTxnId) {
  //触发通知 Active Namenode
  triggerActiveLogRoll();
}
```

进入 triggerActiveLogRoll()。

```
//异步通知 Active Namenode
future = rollEditsRpcExecutor.submit(getRollEditsTask());
//设置下一次的 roll 的开始时间
lastRollTriggerTxId = lastLoadedTxnId;
```

（4）触发 Checkpoint

在 2.2.1 节中介绍了 Checkpoint 持久化过程。这个过程是在 Standby Namenode 中完成的，FsImage 文件不可以只是停留在一个 Namenode 节点中，一方面是因为每个 Namenode 在启动时都需要用到，另外也是一种备份。FsImage 文件持久化完成后，会由 Standby Namenode 使用 Http 的方式推送给 Active Name，后者会顺带做校验。存放的位置也是在 ${dfs.namenode.name.dir} 下。

（5）有限读请求

正常情况下，来自 Client 的读写请求会流向 Active Namenode，但是对于一些需要较长时间处理的操作，如在执行 ReBalance 时，需要先获取到 DataNode 上的 Block 分布情况，这是一个读操作，而且由于节点数较多而处理耗时很长，所以一个非精确的处理。对于这类处理，HDFS 实现了部分读入口（https://issues.apache.org/jira/browse/HDFS-13183），以减轻 Active Namenode 压力。

3. 拓展：Observer Namenode

在用户访问量较大时，Active Namenode 存在压力较大的可能，如 RPC 处理客户端请求耗时很长。为了进一步完善集群稳定性，可以将读请求分流至 Observer Namenode 来实现读写分离。

3.1.3 DataNode 与 Namespace

对于任何一个存储系统，存储资源都是非常宝贵的，DataNode 在 HDFS 中是作为共享存储的角色存在的。单 DataNode 可以同时管理和存储多个 Namespace 的数据。这样设计的好处是可以较好地利用存储资源。3.1.1 节中介绍过，在 DataNode 上可以使用不同的 Block Pool 以区分区分 Namespace。

下面是其中一块磁盘介质上包含的 Namespace：

```
drwxr-x--- 4 zhujianghua zhujianghua 4096 12月 2 16:57
BP-4xxx3xxx5-192.168.111.1-1682732262431
drwxr-x--- 4 zhujianghua zhujianghua 4096 11月 29 08:45
BP-6xxx5xxx8-192.168.111.2-1623647374821
drwxr-x--- 4 zhujianghua zhujianghua 4096 11月 30 12:11
BP-5xxx7xxx4-192.168.111.3-1618386532762
drwxr-x--- 4 zhujianghua zhujianghua 4096 11月 30 14:10
BP-6xxx4xxx8-192.168.111.4-1625255432721
drwxr-x--- 4 zhujianghua zhujianghua 4096 11月 29 08:47
BP-7xxx4xxx6-192.168.111.5-1653375136125
```

以 BP-xxxx 开头代表这个目录下存储的数据是属于其中一个 Namespace，下面会有多个子目录，每个目录又可以存储很多 Block。

进入 BP-xxxx/current 目录，查看 Version 文件，我们会发现一些和 Namespace 有关的信息：

```
namespaceID=635734216
cTime=1623452752353
blockpoolID=BP-5xxx1xxx7-192.168.111.6-1623452752353
layoutVersion=-57
```

这里的 namespaceID 指出是属于具体哪个 Namespace；blockpoolID 包含相同的含义，不过更多是相对 DataNode 来说的。如果 DataNode 有多块磁盘介质，每块磁盘介质上都会有相同的 Block Pool 目录，且 Version 中的信息也一致。这些信息通常是在 DataNode 第一次向各 Namespace 注册时生成的。

通常情况下，单 DataNode 会有多块磁盘介质，由此可知，DataNode 与 Namespace 之间的维护关系如图 3-3 所示。

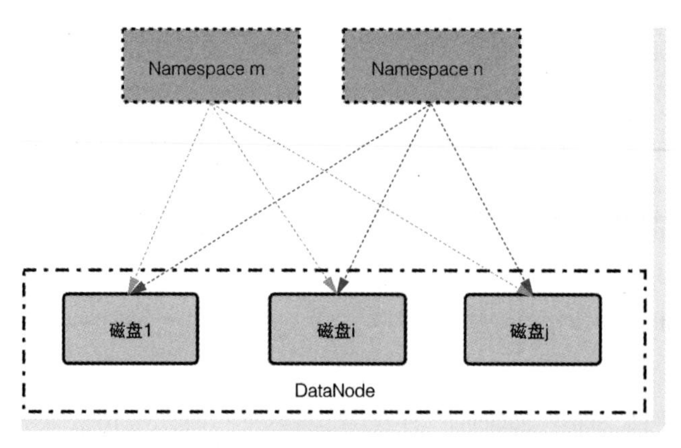

● 图 3-3　单 DataNode 与 Namespace 的维护关系

图 3-3 所示是单 DataNode 维护 Namespace 的数据，对于集群中每个有参与的 DataNode 都是这样。在集群进入运行时，DataNode 会根据一定策略尽量让每个磁盘上存储的 Block 分布均衡。

总结来看，虽然DataNode是集群的共享存储资源，但各Namespace对DataNode的管理既有独立的一面，也存在相互依存关系。主要体现在以下两个方面。

（1）数据管理

这里指DataNode上存储的各Namespace的Block。单DataNode上的每块磁盘存储介质会为每个Namespace划分一块存储空间。针对具体某个Namespace的读写都只会发生在对应的区域。

DataNode也会对这些数据定期检查，发现异常时会很快告知到对应的Namespace。

（2）节点资源管理

这里包括软件服务和硬件存储两个方面：软件服务，DataNode工作时会同时服务于所有的Namespace的访问，并会反馈自身的状态，如存活状态、数据变化状态等；硬件存储，对于来自不同的Namespace请求，会共享内存、CPU、磁盘存储介质等硬件资源，DataNode也会将这些信息告知到每个Namespace。

3.2 Slave节点

DataNode作为Slave角色在HDFS架构中存在，具有举足轻重的地位。Client新增或更新的数据均会被分散存储在各DataNode节点，之后有被多次读取的可能。维护在本节点上已存在的数据完整性，具有相当大的挑战，需要通过多种举措来保障，其中还包括硬件的检测；除此外还要与各Namespace定期“保活”，告知主节点自己的状态，并且与主节点之间不时会发生交互，如数据更新、各自命令的执行等。

3.2.1 Heartbeat机制

对于集群来说，操作文件或目录的情况随时会发生，这就要求Namenode要“时刻”了解各DataNode当前的状态信息，也就是“保活”。这对于分布式系统来说难度不小，特别是大集群。通常有两种方式可以实现：一种是Namenode主动询问DataNode；还有一种是DataNode主动向Namenode汇报。在Master-Slave架构下，Namenode想要主动维护与各DataNode节点的连接压力都很大，更别提再做其他事情了，因此HDFS果断采用了后者来实现，这在HDFS中被称为Heartbeat。

由于Heartbeat这件工作极其重要，HDFS设计了多层实现手段，力求使系统稳定运转。这里有常规Heartbeat和Lifeline Heartbeat两种。

1. 常规Heartbeat

在常规模式下，DataNode会定期将自己的健康情况、负载状况等信息通过RPC的方式汇报给每个Namenode。Namenode接收到新的信息之后，会马上更新，并用于此后的数据维护。Heartbeat与Namenode的关系如图3-4所示。

Heartbeat的开启是伴随着DataNode服务的启动。在DataNode服务启动过程中，会为每个Namespace初始化一个BPOfferService，这里包含必要的NamespaceInfo、blockpoolId；BPOfferService里面存放多个BPServiceActor，BPServiceActor是一个异步执行线程，每个BPServiceActor都是独立向对应的Namenode汇报，是真正执行Heartbeat工作的地方。

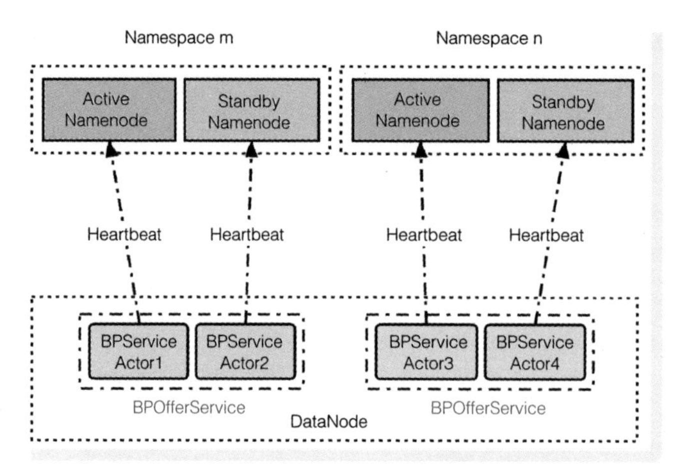

● 图 3-4　Heartbeat 与 Namenode 的关系

BPOfferService 结构如下：

```
// 封装 Namespace 信息
NamespaceInfo bpNSInfo;
// 表示 block pool
String bpId;
// 为每个 Namenode 分部构建一个 BPServiceActor
List<BPServiceActor> bpServices;
//汇报给 Active Namenode
BPServiceActor bpServiceToActive;
```

BPServiceActor 主要结构如下：

```
// 连接 Namenode 的地址
InetSocketAddress nnAddr;
// 调度下一次 Heartbeat 的触发时间
Scheduler scheduler;
```

进入 BPServiceActor，向 Namenode 汇报的核心是 offerService( )，这是一个无限循环执行方法。主要流程如下。

1）判断是否达到 Heartbeat 条件。判断的依据主要是距离上一次的汇报时间是否超过间隔。

```
// startTime 指当前时间
Boolean sendHeartbeat = scheduler.isHeartbeatDue(startTime);
```

默认情况下，这个间隔时长是 3 秒。由参数 ${dfs.heartbeat.interval} 确定。

2）收集汇报数据。这里的数据比较丰富，包含磁盘使用率、当前存在的坏盘集合、缓存总容量、缓存已使用量和 Client 访问量。

收集磁盘使用如下命令：

```
// 这里只收集磁盘上存储有对应 Namespace 数据的磁盘
StorageReport[] reports =
dn.getFSDataset().getStorageReports(bpos.getBlockPoolId());
```

StorageReport 结构命令如下：

```
// 磁盘标识
DatanodeStorage storage;
// 是否故障
boolean failed;
// 磁盘总容量
long capacity;
// HDFS 数据占用容量空间
long dfsUsed;
// 非 HDFS 数据占用容量空间
long nonDfsUsed;
// HDFS 可用容量空间
long remaining;
// 当前 Namespace 使用容量空间
long blockPoolUsed;
```

收集故障磁盘命令如下：

```
VolumeFailureSummary volumeFailureSummary = dn.getFSDataset().getVolumeFailureSummary()
```

收集其他信息命令如下：

```
// 缓存容量
dn.getFSDataset().getCacheCapacity();
// 缓存使用容量
dn.getFSDataset().getCacheUsed();
// 访问量
dn.getXceiverCount();
```

3）向 Namenode 汇报数据。通过 RPC 调用 DatanodeProtocol 协议实现的 sendHeartbeat( )接口，该接口被 Namenode 有关的 RPC 实现。

```
// 携带收集的数据
HeartbeatResponse response = bpNamenode.sendHeartbeat(bpRegistration,
        reports,
        dn.getFSDataset().getCacheCapacity(),
        dn.getFSDataset().getCacheUsed(),
        dn.getXmitsInProgress(),
        dn.getXceiverCount(),
        numFailedVolumes,
        volumeFailureSummary,
        requestBlockReportLease,
        slowPeers,
        slowDisks);
```

4）更新 BPServiceActor 信息。Namenode 收到数据之后会对 DataNode 有关的维护信息做更新，以最新一次汇报的数据为主。同时也会返回自己最新的状态，如是 Active 还是 Standby 状态，以及 DataNode 下一步要做的处理指令。

```
bpos.updateActorStatesFromHeartbeat(
            this, resp.getNameNodeHaState());
```

5）处理从 Namenode 返回的指令。从这里可以看出，Namenode 在很多时候只是作为事件分发与监控者，真正的执行是由 DataNode 来实施的。分发给 DataNode 的指令还是很丰富的：

```
DNA_REGISTER; // 重新注册
DNA_TRANSFER; // Block 转移到另外一个 DataNode
DNA_INVALIDATE; // 无效的 Block
DNA_CACHE; // 缓存 Block
DNA_UNCACHE; // 放弃缓存 Block
DNA_SHUTDOWN; // 停止该 DataNode 服务
DNA_FINALIZE; // 滚动升级结束
DNA_RECOVERBLOCK; //对 Block 进行恢复
DNA_ACCESSKEYUPDATE; // 更新 access key
DNA_BALANCERBANDWIDTHUPDATE; // 更新 balancer 有关的 bandwidth
```

Namenode 在收到 DataNode 汇报的数据后，会对各磁盘信息进行汇总，并将汇总后的信息交给 HeartbeatManager 维护。

Heartbeat 不仅仅对 Namenode 来说很重要，对 DataNode 来说也极其重要，因为有很多工作需要依赖它，如全量汇报 Block、增量汇报 Block、Cache 信息上报。为了减小影响，社区（https://issues.apache.org/jira/browse/HDFS-16016）在新版本中将 Heartbeat 拆开，独立执行。

2. Lifeline Heartbeat

常规 Heartbeat 在向 Namenode 汇报时，是借助集群内公共 RPC 资源实现的。那么存在一个现实的问题，那就是在集群节点较多时，公共 RPC 资源就会存在拥塞的情况。为了缓解，HDFS 支持开辟独立的 RPC 通道来实现 Heartbeat，这种方式称为 Lifeline（这种方式是可选项，当集群压力不大时，是无须启用 Lifeline 的）。

Lifeline 的实现是 LifelineSender，一个独立运行的线程。会和 BPServiceActor 同时生成并开启。执行的主要流程和常规 Heartbeat 类似，主要有 3 点区别：

1）间隔时间不同。Lifeline 默认间隔时长是 9 秒，由参数 ${dfs.datanode.lifeline.interval.seconds} 确定。

2）采用独立的 RPC 协议实现。Lifeline 通过 RPC 调用 DatanodeLifelineProtocol 协议接口 sendLifeline 向 Namenode 汇报。

3）Namenode 不会返回执行指令。Lifeline 的功能主要是维系 DataNode 与 Namenode 间的“保活”。

3.2.2 FsDataset 和 DataStorage

在 3.1.1 节中介绍过，DataNode 作为共享存储角色的方式运行。也就是说，单 DataNode 会同时负责对多个 Namespace 数据的读取和写入。如何维护和组织存储介质与多 Namespace 之间的关系至关重要，对于存储于 DataNode 上的数据，分为两层来管理：存储目录-Block；BlockPool-存储目录。

1. FsDataset

为了便于管理 Block，DataNode 在内存中封装了一个结构：FsDataset，负责动态维护本节点上所有

的 Block 集。因为 Block 文件会存在于各个存储磁盘和目录，因此也负责维护存储目录（有些地方说是磁盘，是同一个意思）。

（1）维护存储目录

FsDataset 会将本节点上所有用来存储 Block 的存储目录统一管理。维护关系如图 3-5 所示。

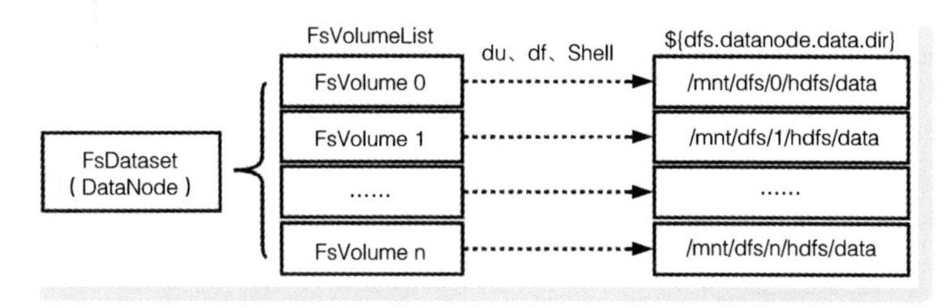

● 图 3-5　FsDataset 与 Block 的维护关系

在 DataNode 中，对每个存储目录封装成一个卷（FsVolume），这里是模拟在 Linux 系统下的“挂载点”（MountInfo），常规情况下 FsVolume 可以认为是对磁盘的抽象。有时需要对真实磁盘的访问（如检索磁盘可用空间），就需要抽象和真实磁盘直接交互，中间主要是通过 Java 调用各自 Linux 命令来实现，du、df 等 Shell 命令最为常用。

FsVolume 主要结构命令如下：

```
// 对存储目录的封装
StorageLocation storageLocation;
// 存储有效数据的主要入口目录
File currentDir;
// 配置最高可用空间
long configuredCapacity;
// 预留空间
ReservedSpaceCalculator reserved;
// df 命令
DF usage;
// 挂载点
String mount;
```

可以看到，对 FsVolume 的管理不仅清晰，而且进一步可自定义可用率，预留容量、存储入口等。所有 FsVolume 形成一个统一的 FsVolumeList，以便于调度，这其中还会分为健康的和异常的 FsVolume。对应异常的 FsVolume，不会被允许参与 Block 的访问。

（2）维护 Block 集

对 Block 的维护需要考虑到 Block Pool。为了便于对数据的访问，采用每个 Block Pool 对应一个 Block 集的方式，如图 3-6 所示。

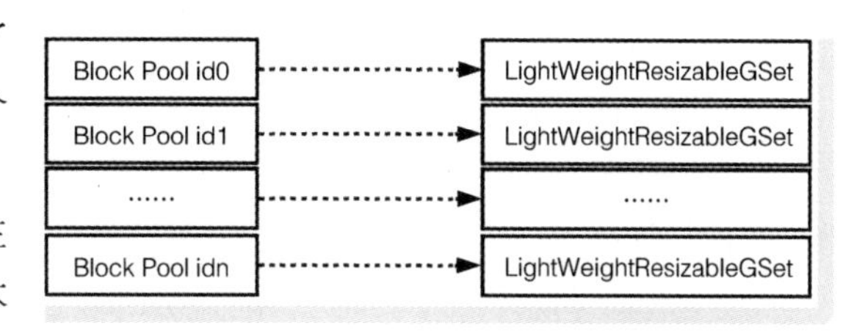

● 图 3-6　FsDataset 维护 Block

ReplicaMap 是承载 FsDataset 维护 Block 的主体结构，主要作用是在内存中实时更新存储在本节点上的 Block 元数据信息，内部进一步将各

Block Pool 细分。LightWeightResizableGSet 是对 LightWeightGSet 的拓展，内存占用更低。

2. DataStorage

DataStorage 用来应对集群拓展，主要作用是对存在本节点上的多个 BlockPool 进行维护。当一个新的 Namespace 开始工作时，会在 DataNode 上的每个 FsVolume 上初始化一个 BlockPool 信息。DataStorage 维护 BlockPool 的关系如图 3-7 所示。

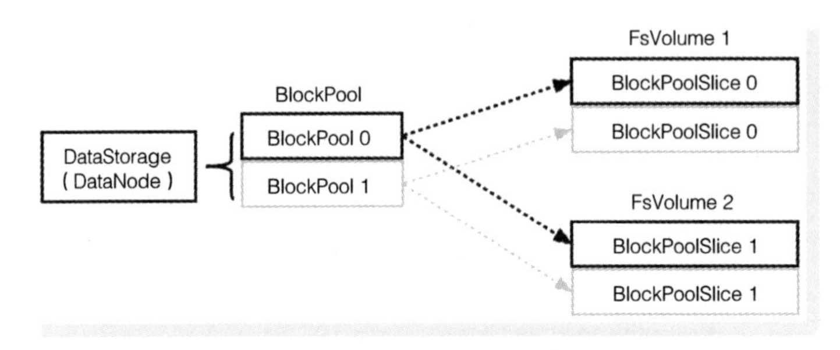

● 图 3-7　DataStorage 维护 BlockPool 的关系

DataStorage 是对 DataNode 上的所有 BlockPool 的抽象封装。一个 BlockPool 会将 Block 数据分散存储在各个 FsVolume 上，其中的每一部分称为 BlockPoolSlice。例如，在某个 FsVolume 目录下的 BlockPoolSlice 视图。

```
drwx------ 4 hdfs hdfs 4096 9月  22 16:34 current
drwxr-x--- 4 hdfs hdfs 4096 12月  3 10:07 BP-6xxx4xxx4-10.196.1.1-16635721834516
drwxr-x--- 4 hdfs hdfs 4096 11月  29 22:43 BP-6xxx5xxx7-10.196.1.1-1635683357237
drwxr-x--- 4 hdfs hdfs 4096 12月  1 03:55 BP-7xxx4xxx3-10.196.1.1-1618364532943
drwxr-x--- 4 hdfs hdfs 4096 12月  1 06:06 BP-6xxx2xxx9-10.196.1.1-1615253792137
drwxr-x--- 4 hdfs hdfs 4096 11月  29 22:47 BP-7xxx6xxx6-10.196.1.1-1625366127513
```

其中，以 BP-xxxx 开头的是某个 BlockPool 的 BlockPoolSlice，current 目录是这个 BlockPool 在本 FsVolume中真正访问数据的入口。

在 BlockPoolSlice 维护的目录（BP-xxxx/current）下通常会涉及一些公共文件或目录结构。

- finalized 目录：存储已经写入完成后的 Block 文件和其校验文件。
- rbw 目录：存储正在写入的 Block 文件，写入完成后会被移到 finalized 目录。
- tmp 目录：存放一些临时操作的数据。
- lazyPersist 目录：用于在开启 lazyPersist 特性时，将内存中的临时数据 lazy 持久化到磁盘的数据。
- dfsUsed 文件：当前 BlockPool 中 Block 所占用的容量大小（非实时大小）。
- VERSION 文件：记录和 Namespace、BlockPool 有关的信息。

对于存储在 DataNode 上的 Block，绝大多数时候都会进入 finalized 目录，因为生成的 Block 文件会很多，所以对于这个目录的管理是采用分层次的方式。以 BP-xxxx/current/finalized 为例，Block 存储方式如下：

```
drwx------ 34 hdfs hdfs 4096 12月  27 2020 subdir0
drwx------ 2 hdfs hdfs 4096 12月 25 11:46 subdir0
```

```
    -rw------- 1 hdfs hdfs 3235078 12月  25 2020 blk_1152421674
    -rw------- 1 hdfs hdfs   26781 12月  25 2020 blk_1152421674_16149367.meta
    -rw------- 1 hdfs hdfs      46 12月  25 2020 blk_1153762318
    -rw------- 1 hdfs hdfs      11 12月  25 2020 blk_1153762318_17326183.meta
drwx------ 2 hdfs hdfs 4096 11月  1 16:10 subdir1
drwx------ 34 hdfs hdfs 4096 12月  7 2020 subdir1
drwx------ 34 hdfs hdfs 4096 12月  28 2020 subdir10
drwx------ 34 hdfs hdfs 4096 12月  13 2020 subdir11
```

这里 blk_xxxx 是具体的 Block 数据内容，blk_xxxx.meta 是 blk_xxxx 文件的校验值。在 2.8x 版本前，finalized 目录下最多拥有 256 个一级子目录，每个一级子目录又可以拥有 256 个二级子目录；之后的版本将这一现状改变，finalized 目录最多拥有 32 个一级子目录，每个一级子目录可以拥有 32 个二级子目录。

3.2.3 DataNode 检查器

DataNode 的主要作用是保障已存储在本节点上的数据不缺失，再者就是保障对数据读写访问正常。如何做到这两点？一个行之有效的方法是对 DataNode 做定期或不定期的检查，包括对 Block 数据、硬件检查等。

DataNode 目前有 4 种检查器，分别执行特定工作。

1. StorageLocationChecker

数据存储目录检查器。主要在 DataNode 启动时对数据存储目录（${dfs.datanode.data.dir}）做检查，分别对各个目录做三方面的校验：

1）目录是否存在，如果不存在则创建。

2）目录是否具备相应的权限，默认要求是 700。

3）目录是否具备可读、可写、执行的条件。

StorageLocationChecker 在工作的时候会委托另外的执行器去做真正的工作，整体工作机制如图 3-8 所示。

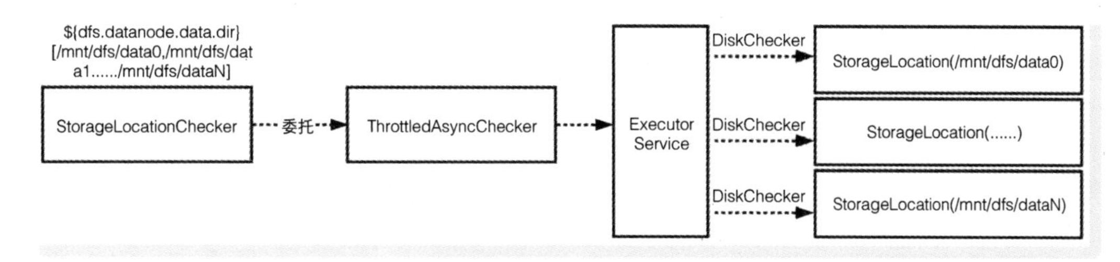

● 图 3-8 StorageLocationChecker 工作机制

StorageLocationChecker 将主要校验工作委托给 ThrottledAsyncChecker，ThrottledAsyncChecker 有一个很实用的机制是能确保对同一个磁盘进行连续两次校验时，保持一个最少间隔时间（也就是重复检查问题），默认 15 分钟。通常会将每个目录封装成一个 StorageLocation，并运用线程池构造多个 Disk-

Checker 并行校验。

在对数据目录检查时，会提前定义被接受最小磁盘损坏数，StorageLocationChecker 执行过程中，会对这一指标进行统计。由于数据存储目录较重要，StorageLocationChecker 会在 DataNode 其他主要服务启动前首先处理。

2. DatasetVolumeChecker

数据卷（FsVolume）检查器。主要针对 FsDataset 维护的 FsVolume 进行定期或不定期检查，目的是确保 Block 可以得到较好的质量维护，以及维护 BlockPool 这个数据访问入口的健康状态。

对 FsVolume 做检查时，主要以下有两种情况。

1）BlockPool 初始化。当 BlockPool 初始化时，通常需要对 FsDataset 维护的所有 FsVolume 检查是否处于健康状态。

执行入口命令如下：

```
DataNode#initBlockPool()
// 对所有的 FsVoluem 检查
checkDiskError();
```

之后会进入 DatasetVolumeChecker#checkAllVolumes( )，命令如下。

```
DatasetVolumeChecker#checkAllVolumes()
FsDatasetSpi.FsVolumeReferences references = dataset.getFsVolumeReferences();
// 对每个 FsVolume 进行校验
for(int i = 0; i < references.size(); ++i) {
  // 这类的 delegateChecker 是 ThrottledAsyncChecker
  Optional olf = delegateChecker.schedule(reference.getVolume, IGNORED_CONTEXT);
  Futures.addCallback(olf.get(),
    new ResultHandler(reference, healthyVolumes, failedVolumes, numVolumes, numCallback());
);
}
```

真正做检查工作的是 FsVolumeImpl#check( )，会对该 FsVolume 下的 BlockPoolSlice 逐个校验。在 BlockPoolSlice 中，会使用 DiskChecker 对 finalizeDir、tmpDir、rbwDir 进行分别处理。

```
DiskChecker.checkDir(finalizeDir); //检查 finalizeDir 目录
DiskChecker.checkDir(tmpDir); //检查 tmpDir 目录
DiskChecker.checkDir(rbwDir); //检查 rbwDir 目录
```

如果检查过程成功，会进入 ResultHandler#onSuccess( ) 进行进一步处理，会记录健康或异常的 FsVolume。对应异常的 FsVolume，会被 FsDataset 从可用 FsVolume 集合中移除。

2）访问 Block 出现异常。当对 Block 读写时，一旦发生访问故障，一个可能的原因是存储 Block 文件的 FsVolume 发生故障，此时需要对 FsVolume 进行校验确认。

主要检查流程在 DatasetVolumeChecker#checkVolume( )，这是对单 FsVolume 进行处理。

```
Optional olf = delegateChecker.schedule(volume, IGNORED_CONTEXT);
// 这里只是处理单 FsVolume
```

```
Futures.addCallback(olf.get(), new ResultHandler(volumeReference, new HashSet<>, new Hash-
Set<>()));
```

对于校验后的结果处理，和上面介绍的一致。当单 DataNode 上出现的异常 FsVolume 超过阈值时，该 DataNode 就会被 Namenode 标注为异常，进而失效。

3. BlockScaanner

Block 文件损坏校验器。主要作用是定期对存在于 FsVolume 中的 Block 文件校验其是否损坏，判断一个 blk_xxxx 数据是否和对应的 blk_xxxx.meta 文件中的校验值一致，主要分为如下两种情况。

（1） 校验可疑 Block 文件

这种情况发生在对 Block 的正常读写访问的时候。在访问本地 Block 文件时，如果发生访问异常，如 IOException，会将这类 Block 集中放置，并标记为损坏可疑文件，这时对这类 Block 的校验会立即进行，同时这类状态会默认维持 10 分钟。

```
// 放置可疑 Block
LinkedHashSet<ExtendedBlock> suspectBlocks;
// 维护可疑 Block 状态
Cache<ExtendedBlock, Boolean> recentSuspectBlocks =
CacheBuilder.newBuilder().maximumSize(1000).expireAfterAccess(10,
TimeUnit.MINUTES).build();
```

（2） 常规校验 Block 文件

对于已经生成的 Block 文件，会定期执行检查。FsVolume 下的每个 BlockPoolSlice 默认 3 周循回一次。

BlockScanner 在开始工作时，采用多线程异步的方式。每个 FsVolume 负责各自的 Block 校验，对于有多个 BlockPoolSlice 的情况，采用顺序处理的方式。同时为了避免占用较高的 IO，可以配置限流，默认情况下读取本地的 Block 数据是 1 MB/S。当校验某个 Block 为异常时，会上报给 Active Namenode 和 Standby Namenode。

对 Block 文件的校验是一个代价较高的工作，而且在多数情况下 Block 都会保持正确的状态，为了降低校验的负担，在每个周期内对 Block 校验时，不会每次从“0”的位置开始，会定期将校验的位置持久化到 BP-xxxx 目录下的 scanner.cursor 文件中。DataNode 在下次重启时就会从当前位置继续处理。

4. DirectoryScanner

Block 数据校验器。BlockScanner 是对 BP-xxxx/current 目录下 finalized 中的 Block 数据物理文件进行校验。在正常情况下，FsDataset 会维护 Block 在内存中的状态信息，如所在路径、数据长度、时间戳等。因为对 Block 的访问随时会发生，保持 Block 在内存和实际位置所在信息一致十分重要，这就是 DirectoryScanner 的主要功能。

DirectoryScanner 在工作时是异步执行，由于每次都需要对 DataNode 所有的 Block 进行处理，也是属于高代价的任务，而且对内存、CPU 有一定要求。为了减小系统运行时负载，这里有一些可行的限制措施：

- ${dfs.datanode.directoryscan.interval}：DirectoryScanner 扫描并检查 Block 的周期，默认 6 小时

执行一次。

- ${dfs.datanode.directoryscan.threads}：执行扫描时的线程，默认 1 个线程处理。
- ${dfs.datanode.directoryscan.throttle.limit.ms.per.sec}：判断每秒钟内有多少时间是可用于执行扫描的。

DirectoryScanner 在工作时，会将 Block 所在的物理位置信息和内存中的数据（包括 blk_xxx 和 blk_xxx.meta）进行对比，如果存在以下情况，则认为 Block 异常：

- 路径不一致。
- BlockId 不一致。
- 文件不存在。
- generationStamp 不一致。
- Block 数据长度不一致。

对于这些异常的情况，会分类别进行处理：

- FsVolume 中不存在、内存中存在 Block 信息。删除内存中维护的信息，并通知 Namenode 删除 Block。
- FsVolume 存在、内存中不存在 Block 信息。内存中增加 Block 的维护信息，并触发 IBR。
- 时间戳不一致。更新内存中的 Block 信息。
- 数据长度不一致。属于损坏的 Block，更新内存中的 Block 信息，作为坏的 Block 上报给 Namenode。

3.2.4 存储类型

在 DataNode 存储的 Block 数据需要依托于存储介质才可以长时间保持数据不发生丢失，如常见的本地 STAT 磁盘。STAT 磁盘由于制造工艺的原因在寻址数据的速度上较慢，后来出现了一些访问更快的存储介质，如 SSD。为了适配不同的存储场景和存储介质，HDFS 支持多种不同类型的存储类型：RAM_DISK、SSD、DISK、ARCHIVE、PROVIDED 和 NVDIMM。

有了多类型存储介质的支持，就可以将不同需求的数据放入对应的介质中。例如，对一些访问频率不高的数据可用使用 DISK 存储（冷数据），对于一些访问频次很高的数据（热数据）采用 SSD 存储可用有效提升访问性能。这样做的好处是，在一套集群内就能满足不同存储的需求。

这些存储类型的作用通常可以进行如下划分。

- RAM_DISK：数据存放在内存中时具有易失性，通常存储短时需要或非重要性数据。
- SSD：通常是 SSD 磁盘，具有加速 I/O 的作用，存储经常访问的数据或者要求 I/O 性能的数据。
- DISK：通常是普通 STAT 磁盘，常规数据存储。
- ARCHIVE：归档类型，如定期将数据转移。
- PROVIDED：对接访问外部存储集群数据。
- NVDIMM：一种具有非易失性的内存。

在实现上，以上 6 种类型被定义在 StorageType 类中：

```
public enum StorageType {
  RAM_DISK(true, true),
  SSD(false, false),
  DISK(false, false),
  ARCHIVE(false, false),
  PROVIDED(false, false),
  NVDIMM(false, true);
......
}
```

旁边的第1列 boolean 代表的是此存储类型是否是 transient 特性（指转瞬即逝的意思）；第2列 boolean 代表的是此类型是否和内存存储有关。在访问速度上，前5种依次减弱。值得一提的是 NVDIMM 是最新支持的内存存储介质，其和 RAM_DISK 的区别在于：即使掉电了，它里面的数据也不会丢失，而且两者访问速度也相当，这得益于当下优秀的硬件技术。如果数据想要依赖外部系统，可以使用 PROVIDED，现在已经支持了读写。

那么如何让 HDFS 知道集群中哪些数据存储目录是具体哪种类型的存储介质呢，这里需要对 ${dfs.datanode.data.dir} 显示的配置进行声明，例如：

```
[SSD]file:///mnt/dfs/hdfs/ssd0/data
```

如果目录前没有带［RAM_DISK］［SSD］［DISK］［ARCHIVE］［NVDIMM］中的任何一种，则代表该存储目录默认是 DISK 类型。这里的5种类型都可以针对本地存储目录。如果是 PROVIDED，通常定义的方法是［PROVIDED］remoteFS://remoteFS-authority/path/to/data。这些有区分过的存储目录会在 DataNode 启动时被解析并会在存储时做区别对待。StorageLocation 会加入各自的存储类型：

```
// 本目录对应的存储类型
private final StorageType storageType;
```

针对本地存储物理介质的不同，配置的存储策略可以与实际有差别。比如节点上既有 SSD 磁盘，也有普通 STAT 磁盘。在使用时，可以将所有磁盘都配置成［DISK］，也可以按照实际［SSD］或［DISK］决定。

有时不希望数据永久保存，此时可以选择 RAM_DISK。这里是将内存中的一部分模拟成为一块盘，通常也需要操作系统的支持，如 Linux 的 tmpfs。在使用 tmpfs 之前，需要先挂载一次才能使用：

```
sudo mount -t tmpfs -o size=16g tmpfs /mnt/dn-tmpfs/
//存储目录配置
[RAM_DISK]/mnt/dn-tmpfs
```

当前 HDFS 正在寻求对 ramfs 的支持，即 HDFS-8584。

当节点配置多个存储类型的介质时，配置使用方法及最终数据存放视图是类似这样的：

```
配置使用
<property>
    <name>dfs.datanode.data.dir</name>
<value>[DISK]/mnt/dfs/hdfs/data0,[DISK]/mnt/dfs/hdfs/data1,[SSD]/mnt/dfs/hdfs/ssd0/
data,[RAM_DISK]/mnt/dn-tmpfs</value>
  </property>
```

下面是一份文件的 3 副本数据存放位置（这里为了说明副本存放的策略，将 3 副本压缩到一台 DataNode 节点，实际上可能分布在多台节点），如图 3-9 所示。

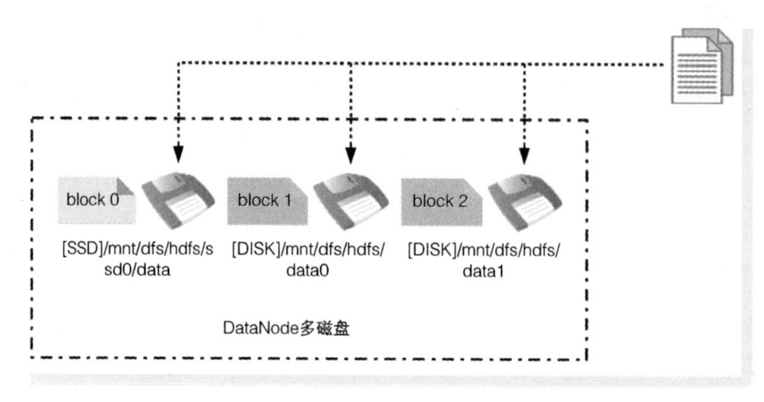

● 图 3-9　文件设置为单 SSD 副本+2 份 DISK 副本存放

3.2.5　拓展：NVDIMM

随着存储技术的发展，以及人们对存储性能的不断追求，软件性能在一定程度上会存在提升上限，这时高性能存储开始探索向硬件迁移。在这种情况下，NVDIMM 技术应运而生了。

NVDIMM（Non-Volatile Dual In-Line Memory Module）是一种可随机访问、非易失性内存。这种存储硬件即使在不通电的情况下，数据也不会消失，有效提升了数据存储质量。截至目前，有三种 NVDIMM 的实现方式，分别如下。

（1）NVDIMM-N

同时放入传统 DRAM 和 Flash 闪存，节点可直接访问传统 DRAM，支持字节寻址，也支持块寻址。在掉电时，数据从 DRAM 复制到闪存中提供足够的电能；电力恢复时，数据重新加载到 DRAM 中。

（2）NVDIMM-F

使用 DRAM 的 DDR3 或者 DDR4 总线 Flash 闪存，支持块寻址，工作方式本质上和 SSD 一致。

（3）NVDIMM-P

这是一种非标准的实现方式。

硬件的作用在未来会越来越突显，目前已经存在了多种硬件新技术，如超大内存、高密存储和内存加速等。因为软件必须依赖于硬件，硬件技术的提升在本质上能给软件存储性能带来更大的提升。

3.3　Topology（Rack）Awareness

机架感知在大型分布式存储系统中非常实用，可以有效保证数据的高可用，同时提升集群稳定性。在 HDFS 中，也实现了类似 Topology Awareness 的机制，只不过是采用软件的方式模拟，下面会重点介绍机架感知存在的意义和具体实现方式。

3.3.1 Topology Awareness 在分布式存储中的意义

分布式存储系统的一个特殊之处在于其通常包含非常多的机器。Client 在借助网络通道访问集群时，仍然会受到比如交换机网口的限制，通常大型的分布式集群都会跨好几个机架，甚至多数据中心，由这些机器共同组织一个分布式的集群。一个典型的集群物理节点部署结构如图 3-10 所示。

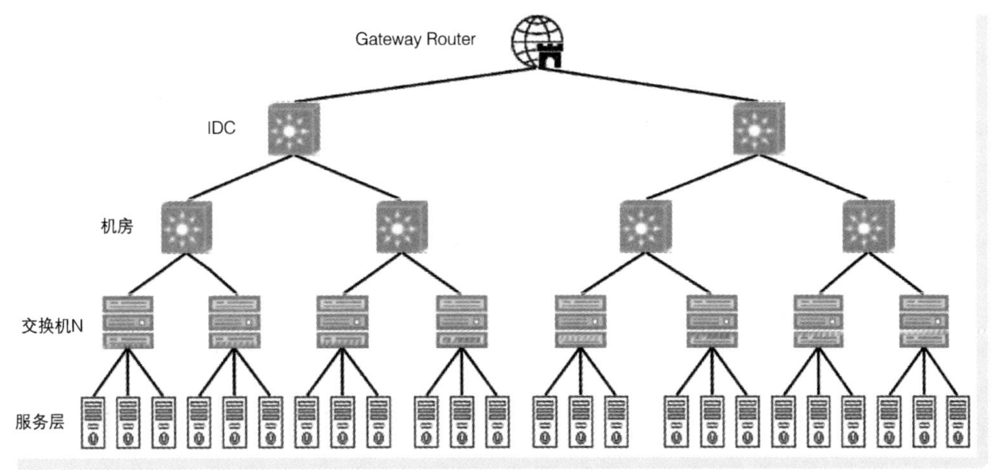

● 图 3-10 集群物理节点部署结构

搭建大型集群时，需要考虑是否跨 IDC（数据中心），单 IDC 可能由多机房组成，为便于管理机器和网络，机房中的机器之间会经过交换机，这里的每一级之间都是通过网络互通。从上到下，每层的网络带宽总和依次变小；同时网络包经过的层级越多，端到端的时延就越长。

对于分布式存储系统而言，有两个不容忽视的问题：

- 读写访问需要尽可能稳定且高效，也就是两个节点间交互链路不建议过长。
- 数据副本所在节点区域不建议过近，有利于提高容错能力。

上面的两点有着先天的矛盾，为了平衡系统运行，一个有效的方法就是结合 Topology Awareness（机架感知）。

1. 什么是机架感知？

机架感知是一种描述节点在拓扑网络中的位置及计算不同节点间距离的方法。通常用在较大规模集群较为合适。例如，对图 3-10 中节点的拓扑网络可描述为如图 3-11 所示。

针对节点（a~x）构建网络拓扑后的视图类似一种树形结构。节点在网络拓扑中的位置可描述为：

- a 所在位置：Loc（/d1/r1/rack1/a）。
- h 所在位置：Loc（/d1/r2/rack3/h）。
- x 所在位置：Loc（/d2/r2/rack8/x）。
- dist = Rx 代表交换机之间或节点与交换机之间的距离。如果要获得 a 与 d 之间的距离，可计算两点间经过的路径之和 = R4+R3×2+R4。通过这种方法可以获得任意节点间的距离，为平衡集群提供了很好的依据。

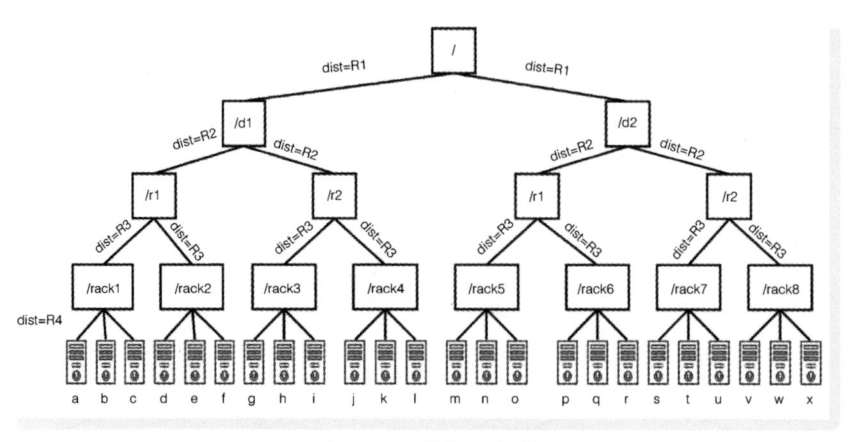

● 图 3-11 网络拓扑构建

2. Topology Awareness 存在的意义

当分布式存储集群规模达到数百、上千节点规模时，机架感知的作用会越来越明显。主要体现以下几方面。

（1）提升数据容错能力、可靠性

存储系统保障数据容错的一个有效手段是采用数据冗余多副本分散存储，那么遇到的一个问题就是副本数据存放的位置。例如，1 份文件有 3 副本数据，需选择 3 个节点，每个节点存放一份数据，很显然选择 a、d、g 节点的容错能力比选择 a、b、c 节点的容错能力高。

（2）优化网络开销

在大型集群中，IDC 到节点间可能会经过机房内的多层交换机，这个代价会非常高，因为时延会比较长。如果在机架区域内或上级机架区域内存在资源空闲的节点，网络开销会小得多。

（3）增强数据本地性

对于计算组件来说，最好的做法是在数据所在地开启一个 task，这样访问路径最短，I/O 效率最高。例如，数据所在位置是 a 节点，在 rack1 范围内节点开启执行 task 比在 rack2 范围内节点上开启 task 效率要高得多，执行时间也较短。

（4）提升集群故障容错能力

目前很多分布式系统还是主要保障机架级别故障容错能力，不能很好地做到机房级别或数据中心级别的故障容错能力。仍以 3 副本为例，若将其中的两个副本数据写入同一个数据中心的不同节点，第 3 副本写入不同数据中心节点，这将极大增强集群的容错能力。

（5）集群高可用性

这里讲的高可用性和上面的容错能力分不开，出现容错故障必然会影响集群的高可用响应。不过在提升容错能力的同时，涉及多机房，甚至多数据中心，对于性能上有一定要求，因此这里需要兼顾达到综合的一个平衡。

3.3.2 Topology Awareness 在 HDFS 中实现

机架感知虽然涉及 IDC、机架、交换机等硬件设施，但是在 HDFS 中主要是以软件的方式来实现的。

1. Topology 结构组织

在 HDFS 中，可以模拟三层或四层 Topology 结构，节点位置参考其所在物理机房中的位置，在 Topology中也是呈现一种树形结构。

比如，节点在三层 Topology（data-center/rack/node）中的位置：

/data-center/rack1……rackN/node

对于四层 Topology（data-center/rack/switch/node）中的位置来说，主要是在 rack 和 node 中间增加了一层，比如交换机：

/data-center/rack1……rackN/switch/node

这里容易让人误解的地方有两点：

1）节点所在结构只是一种软件表示，跟实际所在物理位置可能会有差别，但在实际使用过程中，通常应该和物理位置保持一致为好，因为 Client 和集群所在节点交互通常会直接走物理网络。

2）这里的分层架构中，机架或交换机可能有多层，需要特别注意。

在实际使用过程中，应该尽可能以实际位置为主，虽然节点在 Topology 中的位置可以任意调整，不过走实际网络会更加高效。HDFS 提供了以脚本可配置化的方式来自定义节点在Topology中的位置（${net.topology.script.file.name}）。例如：

```
hadoop001.hzjh.org=/dc1/rack04
10.196.xxxx.100=/dc1/rack04
hadoop002.hzjh.org=/dc1/rack08
10.196.xxxx.101=/dc1/rack08
hadoop003.hzjh.org=/dc1/rack08
10.196.xxxx.102=/dc1/rack08
hadoop004.hzjh.org=/dc1/rack18
10.196.xxxx.103=/dc1/rack18
hadoop005.hzjh.org=/dc1/rack16
10.196.xxxx.104=/dc1/rack16
hadoop006.hzjh.org=/dc1/rack04
10.196.xxxx.105=/dc1/rack04
hadoop007.hzjh.org=/dc1/rack17
10.196.xxxx.106=/dc1/rack17
hadoop008.hzjh.org=/dc1/rack42
10.196.xxxx.107=/dc1/rack42
hadoop009.hzjh.org=/dc1/rack44
10.196.xxxx.108=/dc1/rack44
hadoop110.hzjh.org=/dc1/rack37
10.196.xxxx.109=/dc1/rack37
```

如果属于集群外的节点想要访问集群，则默认的位置为“/default-rack”。HDFS 将各节点组成的 Topology 结构如图 3-12 所示。

在构建的 Topology 结构树中，分为两种类型的节点：

- 叶子节点，代表节点所在位置，可以理解为实际物理节点。
- 非叶子节点，包括 data-center、rack 这些中间层的节点。

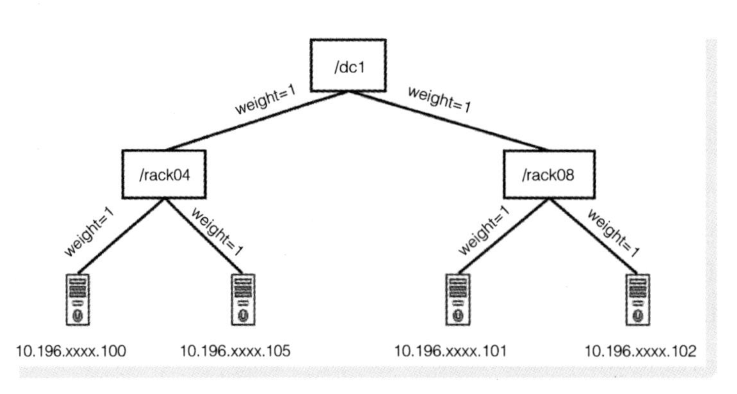

● 图 3-12　三层网络 Topology 结构

这些节点具有一些公关属性：

```
String name; // 节点名称
String location; //节点在 topology 中位置
Int level; //节点所在层级
Node parent; //父级节点
List<Node> children; //子节点集合
```

在构建 Topology 的过程中，有几个关键的结构：

- NetworkTopology：Topology 主体结构。

其包括两个子类型：DFSNetworkTopology 用于构建三层 Topology；NetworkTopologyWithNodeGroup 用于构建自定义结构，也即四层 Topology。

- Host2NodesMap：对 DataNode 节点的描述集合。
- DNSToSwitchMapping：用于实现对 DNS/IP 的解析，具有可插拔性。

2. Topology 距离计算

计算 Topology 中两个节点间距离的意义在于可以为较近距离的访问提供参考，因为 HDFS 提倡优先访问本地数据（同节点、同机架、data-center），尽可能地避免远距离数据传输。想要做到这一点并非易事，因为数据流在网络介质中穿过会很快。那么如何有效地表示两个节点间距离呢？答案就是设置两个节点间的权重。

在三层 Topology 结构中，每经过一个机架，权重就增加 1。例如，10.196.xxxx.100 到 10.196.xxxx.105间的权重是 2（中间的路径经过了 2 次机架），两者间距离也是 2；10.196.xxxx.100 到 10.196.xxxx.101的距离是 4。

通过这种方式就能知道节点到 Topology 内的任意一节点的距离。还有一种自定义的四层 Topology 结构，如图 3-13 所示。

在四层 Topology 结构中计算节点间距离会稍有不同。有兴趣的读者可以自行查阅资料：https://issues.apache.org/jira/browse/HADOOP-8470。

3. Block 分配规则

有了上面的铺垫，就可以对 Block 的存储位置做更加细粒度的规划了。在大型集群中，机架和物

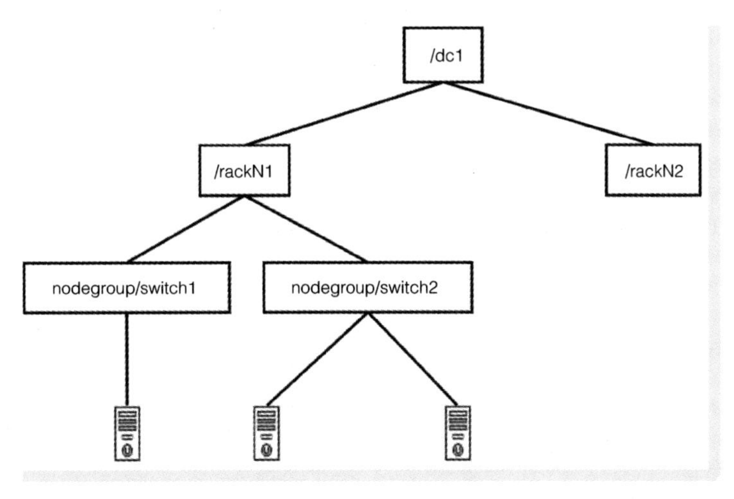

● 图 3-13 自定义四层 Topology 结构

理节点众多，如何平衡 Block 的分布，将直接影响对数据的读写，以及集群的稳定性。下面以写一个 Block 时从 Namenode 获取一定副本存储位置为例，介绍 Block 在 Topology 结构中的规则。

（1）单机架最多副本数

这是相对于本次请求的 Block 副本而言，主要是为了平衡机架存储 Block 过满，也是为了保障数据高可用。具体规则如下。

- Block 副本数不可超过节点数。
- 机架数只有 1 个的情况下（/default-rack），可存储所有 Block 副本。
- 在多机架多副本情况下，单机架可存储两个以上 Block 副本。
- 在多机架多副本情况下，单机架最多存储的 Block 副本数和机架数，总副本数之间的关系为 (maxNodesPerRack-1) * numOfRacks > totalNumOfReplicas。其中，maxNodesPerRack 是单机架存储的最多副本数，numOfRacks 是机架数量，totalNumOfReplicas 是 Block 副本数量。

（2）选存储节点规则

重点实现 BlockPlacementPolicyDefault#chooseTargetInOrder( )，命令如下。

```
// 第 1 副本优先考虑本地
if(numOfResults==0) {
  DatanodeStorageInfo storageInfo = chooseLocalStorage(writer,
        excludedNodes, blocksize, maxNodesPerRack, results, avoidStaleNodes,
        storageTypes, true);
}
// 第 2 副本选择不同于第 1 副本所在机架的节点
if(numOfResults <= 1) {
  chooseRemoteRack(1, dn0, excludedNodes, blocksize, maxNodesPerRack,
        results, avoidStaleNodes, storageTypes);
}
// 第 3 副本选择
```

```
if (numOfResults <= 2) {
      final DatanodeDescriptor dn1 = results.get(1).getDatanodeDescriptor();
      // 如果第 1 副本和第 2 副本在同一机架,第 3 副本则选择不同的机架上节点
      if (clusterMap.isOnSameRack(dn0, dn1)) {
        chooseRemoteRack(1, dn0, excludedNodes, blocksize, maxNodesPerRack,
            results, avoidStaleNodes, storageTypes);
      } else if (newBlock){ // 否则第 3 副本优先选择和第 2 副本相同的机架
        chooseLocalRack(dn1, excludedNodes, blocksize, maxNodesPerRack,
            results, avoidStaleNodes, storageTypes);
        } else {
          chooseLocalRack(writer, excludedNodes, blocksize, maxNodesPerRack,
              results, avoidStaleNodes, storageTypes);
        }
    }
// 超出 3 副本,其他副本随机选择节点
chooseRandom(numOfReplicas, NodeBase.ROOT, excludedNodes, blocksize,
        maxNodesPerRack, results, avoidStaleNodes, storageTypes);
```

值得注意的是，在选择副本存储的节点时，上面的规则都是优先，并非绝对。例如，choose LocalStorage( )是优先选择本地节点，但是如果不满足本地存储，会继续选择本机架上节点，再者会继续随机选择，直到选到满足存储的节点为止。这也体现了 HDFS 作为一款优秀的分布式存储系统，既有灵活性，又不失严谨。

在选择某个 DataNode 作为副本的存储位置时，需要满足一定的条件：

- 节点有足够的存储空间。这里并非是指节点总剩余空间，而是指副本存储类型对应的 FsVolume 的可用空间，如 Block 副本需要存储类型为 [SSD]。
- 节点处于正常工作状态，正在下线中的节点是不可使用的。
- 节点处于过时状态，不可被使用。
- 节点负载不可过高。若有众多的 Client 正在对当前节点访问，选择该节点会增加数据写入的风险。
- 所在机架存储的 Block 副本数不可超过前面定义的 maxNodesPerRack。

3.3.3 Topology 改进

HDFS 对 Block 的多副本存放的位置是经过精心设计的。例如，3 副本数据中尽量让两个副本位于同一 rack，另外 1 个副本放置于另外的 rack。这样既能保证数据高可用，同时也兼顾了访问数据的效率。在这种策略下，Block 对应的副本数据可以容忍机架级别的 crash。但是这里提到的“rack”只是逻辑上的，也就是管理员给 HDFS 定义的 rack 概念；在物理级别上，可以是一个 rack 或是一组 rack 的集合。

当前这种存储策略存在一定弊端。例如，在对 DataNode 做大规模 rolling update 时，如果按照 rack 级别操作，同时触发另外 1 个副本数据的 crash，此时多副本数据均不可用。再例如，在少数情况下，3 副本数据位于同一个 rack 下，出现 rack 级故障时，仍然会出现数据不可用的情况。本质原因是因为多副本数据中的多份副本会落在同一个机架下。

为了有效解决这个问题，应该改变 Block 副本放置策略，将多副本数据分别放置在独立 rack 上，如 3 副本数据分布在 3 个 rack 上。这样集群就能极大容忍 rack 级别故障导致数据不可用问题，如图 3-14 所示。

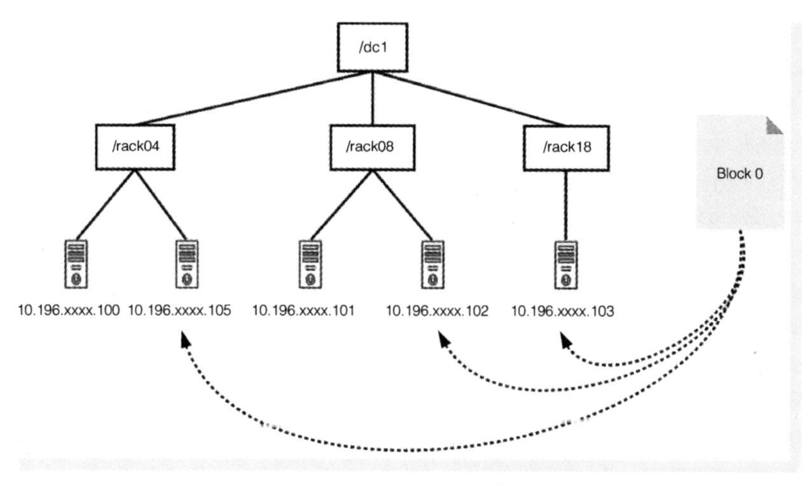

● 图 3-14　Block 副本多机架策略

在实现本方案时，可以 BlockPlacementPolicy 为基类，定向实现一个。注意节点选择和对比。

如果想做到数据中心级别，可以将 Block 多副本中的部分副本放置于不同的 data-center，可以容忍更大区域的故障。不过这里需要提出的是，这样虽然提升了可用性，但是会牺牲一部分的 I/O 写性能，因为会跨多 rack 或多机房。如果在网络良好或硬件并不差的情况下，可以考虑此方案。

3.4 小结

本章介绍了 HDFS 对数据管理的主体框架及实现细节。Namespace 实现了 HDFS 的水平拓展，使得集群可以“无限”拓展，主备节点分工协作，能有效应对 Client 访问，并对集群内的平衡也起到关键作用。DataNode 作为共享存储节点，主要承载 Block 数据的存储和读写访问功能；在实现上，采用对 Namespace 分层管理策略，保障了数据高效、安全地被访问；为了保障数据高可用和提升集群稳定性，支持 Topology Awareness 机制。

Block 与副本

在 HDFS 中，Block 及其副本是两种状态的数据。Block 是相对于 Namenode 来说的，以元数据管理和视图的形式呈现，副本是实际存在于 DataNode 节点上的物理空间。为了方便管理，都对两者赋予各自的状态，同时为了让数据能够更加均衡分布，结合了一定的存储策略方式，共同维护数据一致性。

4.1 理解 Block

在 HDFS 中，Block 及其副本数据是构成文件的基本存储单元。为了更好地理解 Block，其拥有多种类型以区分不同来源的 Block。对于副本数据的存储，也是至关重要的环节，因为副本数据存储的合理性会直接影响访问的合理性。

4.1.1 Block 构成解析

HDFS 中的文件通过一个个 Block 文件块有序且有规则地连接起来，这种设计对文件类型的数据的管理是有好处的。例如，Client 通过流式访问文件时，若文件过大，网络传输数据流就是个考验，同时也会造成单个 Client 使用过多访问资源的情况。将文件抽象为 Block 块存储有几个好处：

- 使用块抽象而不是文件，可以简化存储系统。
- 块非常适用于数据备份，提供数据容错能力和高可用性。
- 平衡对数据的访问，特别是在 I/O 上，不至于用户一次访问过多或单个用户占用过多资源。
- 便于硬件的使用。例如，硬盘上磁盘块大小一般是：扇区×2^n。对磁盘读写的基本单位是扇区，而 OS（操作系统）与磁盘块之间是基于块进行读写的。

HDFS 默认对 Block 块的大小是 128MB，通过 ${dfs.blocksize}配置。便于集群对 Block 的管理，在实现上考虑了多个因子。以下是单 Block 的主要结构：

```
// block 标识 Id,全局唯一
long blockId
// block 数据长度
long numBytes;
```

```
// block 另一个唯一标识
long generationStamp;
// 副本数量因子
short replication;
// 所属文件 id 标识,全局唯一
long bcId;
// 相邻存储的 Block
Object[] triplets;
// Block 状态维护
BlockUnderConstructionFeature uc;
```

这里需要指出的是，当一个 Block 块数据写完或更新完成后，Block 及其副本数据的 blockId、numBytes、generationStamp 需保持一致。其中，blockId 在 Block 申请之初就会生成，并且会维持直到数据被删除；generationStamp 从申请后到更新完成这一过程中，可能会发生多次变化，因为 Client 在对数据访问的过程中随时有发生异常的可能。这两个关键的数据均是全局唯一，且会在集群中一直递增下去，由 BlockIdManager 维护。

triplets 是一个三元组，维护 Block 对应副本所在 DataNode 磁盘上的关系，和副本因子（replication）决定数组大小。一个 triplets 存放的数据结构如图 4-1 所示。

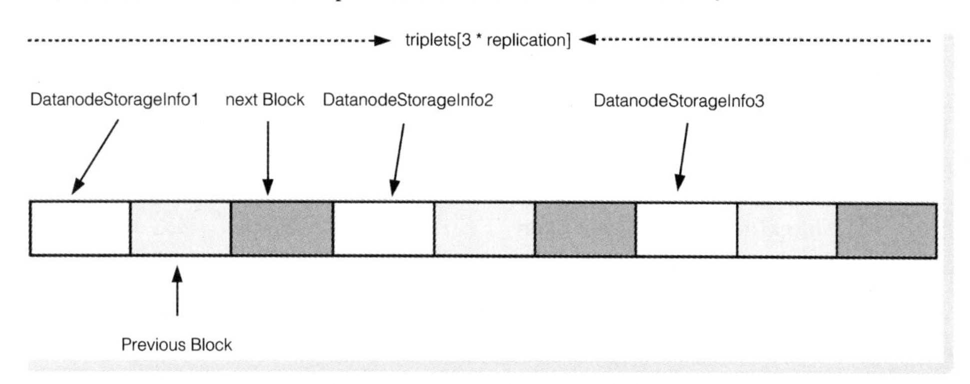

● 图 4-1　triplets 存放的数据结构

triplets[3 * i]保存的是 Block 所在的 DataStorageInfo（可以理解为所在磁盘）信息，triplets[3 * i+1]保存的是此 DataStorageInfo 中前一个 Block 的对象信息，triplets[3 * i+2]保存的是此 DataStorageInfo 中后一个 Block 的对象信息。以这 3 个元素为一组，replication 为基数，整个 triplets 会记录 Block 对应的所有副本数据，便于更加高效的访问。

从这里可以看出，整个集群所维护的 Block 及其副本数据形成了一个“巨大的链表”，通过其中任何一个 Block 或副本都可以遍历所有的数据。集群中 Block triplets 关联如图 4-2 所示。

BlockUnderConstructionFeature 的作用是维护对 Block 更新时的状态变化。拥有以下主要结构：

```
// Block 当前所处的状态
BlockUCState blockUCState;
//副本数据信息
ReplicaUnderConstruction[] replicas;
```

```
// 在做 Block Recovery 时指定以哪个副本数据为主
int primaryNodeIndex;
// 做 Block Recovery 时,Recovery 标识
long blockRecoveryId;
// 指定 truncate Block
BlockInfo truncateBlock;
```

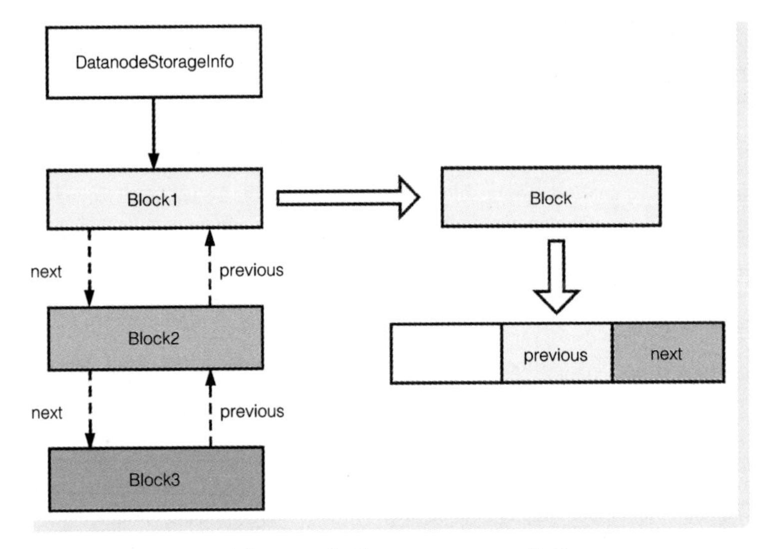

● 图 4-2 集群 Block triplets 关联

需要指出的是，BlockUnderConstructionFeature 主要用在对 Block 更新时，当对 Block 操作完成后，会自动将 BlockUnderConstructionFeature 设置为 null。

Block 信息除了在 triplets 三元组中维护外，还会在另外两个地方被维护。其一是每个文件（INodeFile）会维护各自所拥有的 Block 数据：

```
BlockInfo[] blocks;
```

还有就是在 BlockManager 中会维护集群下所有的 Block 信息。BlockManager 中有一个专门的结构负责管理集群中的 Block 信息——BlocksMap，其主体结构是前文中介绍过的 LightWeightGSet。只是这里的 element 是 BlockInfo（Block 数据的实现），由于在通常情况下文件的数量会比较多，因此在初始化 LightWeightGSet 时，空间默认给定堆内存的 2%作为初始存放容量大小。

HDFS 除了可配置一个 Block 大小外，还可以限制一个文件最多存储的 Block 数量，默认 10000，通过 ${dfs.namenode.fs-limits.max-blocks-per-file} 可配置。这种机制是有必要的，当存在较多小的 Block 时，Namenode 维护元数据的压力就会增加，影响集群响应。

4.1.2 副本存储解析

副本数据可以理解为是 Block 的具体存储体现，拥有和 Block 一样的 Block Id。DataNode 从接收 Client 写入副本数据开始，即会以一定频率将这些数据及其状态通知 Namenode（通过前面介绍的心跳

机制）。Namenode 会根据各副本所在的状态做出一定调整，如在只要有一个（Block 的最小副本完成指标）DataNode 完成副本数据的存储，Namenode 即会认为该 Block 符合 complete 条件。

一份副本通常拥有一个组合数据，即 blk_xxxx 和 blk_xxxx.meta，如图 4-3 所示。

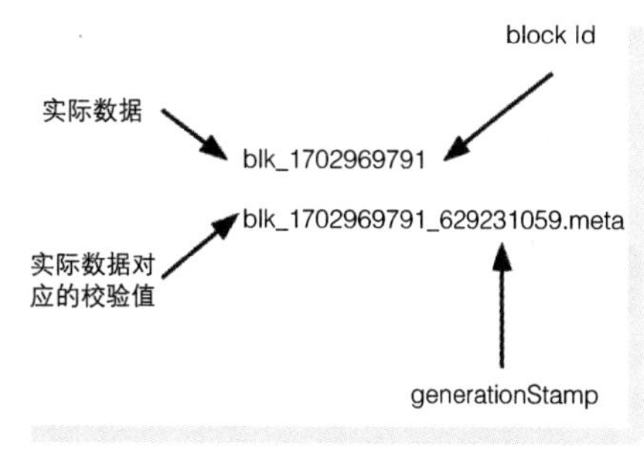

● 图 4-3　副本组合数据

DataNode 在保存真实数据的过程中，会结合一定压缩机制来节省存储空间。上节中介绍的 generationStamp 值并非一开始就决定，在数据写入异常时，可能会重新生成 generationStamp 值，并且最终会和 Block Id 一起共同结合成为校验值名称的一部分。在 HDFS 中，Block 对应的副本数据无论在哪个节点，其 Block Id 和 generationStamp 最终会一致。需要指出的是，新生成的 generationStamp 总是在 Namenode 端控制。

在 3.2.2 节中介绍过存储节点上 BlockPoolSlice 维护的各个存储目录，其中 xxxx/current/finalized 用来存储所有已经完成写入的副本数据，并且拥有多个 2 级子目录。

```
drwx------ 34 hdfs hdfs 4096 12 月  31 2021 subdir0
drwx------ 34 hdfs hdfs 4096 12 月  25 2021 subdir1
drwx------ 34 hdfs hdfs 4096 12 月  27 2021 subdir10
drwx------ 34 hdfs hdfs 4096 12 月  28 2021 subdir11
drwx------ 34 hdfs hdfs 4096 12 月  29 2021 subdir12
drwx------ 34 hdfs hdfs 4096 12 月  31 2021 subdir13
drwx------ 34 hdfs hdfs 4096 12 月  25 2021 subdir14
drwx------ 34 hdfs hdfs 4096 12 月  30 2021 subdir15
drwx------ 34 hdfs hdfs 4096 12 月  4 2021 subdir16
drwx------ 34 hdfs hdfs 4096 12 月  28 2021 subdir17
```

设置多个子目录的目的是让数据分散存储，可有效分流数据访问。那么一个副本数据是如何确定放在哪个目录下的？答案是根据 Block Id 进行散列。

```
// hash 第 1 级目录
int d1 = (int) ((blockId >> 16) & 0x1F);
// hash 第 2 级目录
int d2 = (int) ((blockId >> 8) & 0x1F);
String path = DataStorage.BLOCK_SUBDIR_PREFIX + d1 + SEP +
    DataStorage.BLOCK_SUBDIR_PREFIX + d2;
```

副本数据的结构在实现上不算复杂，基本维护结构如下：

```
// 所在目录
File baseDir;
// 所在 FsVolume 位置
FsVolumeSpi volume;
// 文件 IO 操作流
FileIoProvider provider;
// block 唯一标识
long blockId;
// 副本数据长度
```

```
long numBytes;
// generationStamp 唯一标识
long generationStamp;
```

除了这些基本结构外，副本数据还会存在多个中间状态。每个 DataNode 存在多个 BlockPool 的副本数据，对这些数据的管理通常也会集中管理。

4.2 Block 状态管理

Client 在对位集群上 Block 更新操作时，无法保证这一过程总是会“一帆风顺”，Namenode 对这一过程设置了多种状态，以便数据能够在多数时候都能处于正确的状态。下面分别对 Block 的初始状态、中间态和完成后的状态进行介绍，这些状态都被定义在 BlockUCState 中。

```
// Namenode 维护的 Block 状态
enum BlockUCState {
    COMPLETE,
    UNDER_CONSTRUCTION,
    UNDER_RECOVERY,
    COMMITTED
  }
```

4.2.1 UnderConstruction

UnderConstruction 指处于正在构建中的 Block。该状态下的 Block 通常拥有一个确定的 Block Id 和不稳定的 generationStamp，操作发起端通常有 3 种：

- addBlock 操作。当 Client 创建文件成功后，Namenode 会为新构建的 Block 分配具体的副本存储位置，这个时候的状态也称为 Block 的初始状态。
- append 操作。Client 在对现有文件追加新数据时，通常会对文件的最后一个 Block 追写新的数据（可选项），这个时候 Block 会由 complete 状态重新回到 UnderConstruction。
- Block Recovery。当对 Block 进行 Recovery 时，会有一个短暂的 UnderConstruction，以便于维护 Block 处于正确的状态。

在 Namenode 端，若 Block 还没有被赋予 Block Id，会以全局唯一的方式递增一个全新的 Block Id，也会以全局唯一方式递增一个全新的 generationStamp。一个 Block 只有先存在 UnderConstruction，才可以有其他状态，并被访问。

处于本状态的 BlockUnderConstructionFeature#blockUCState = UNDER_CONSTRUCTION。

4.2.2 Committed

Committed 是指 Block 数据已被完全提交时的状态。HDFS 规定 Client 在向 DataNode 发生 Block 数据时，是以一个个 packet 包的方式逐个发给服务端，当 Client 收到 DataNode 返回的所有 packet 的回复时，说明数据已经安全到达服务端，此时 Block 的状态会变更为 Committed。执行逻辑如图 4-4 所示。

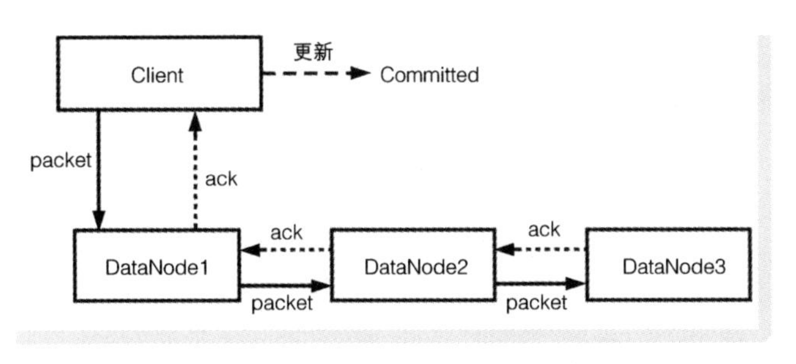

● 图 4-4　Committed 执行逻辑

处于 Committed 状态的 Block，仅代表需要存储的数据已经由 Client 提交并得到服务端的回复，此时的 generationStamp 仍是不稳定，且 Block 最终的长度（numBytes）也不确定。Namenode 还没有收到任何一个完整的副本报告。

处于本状态的 BlockUnderConstructionFeature#blockUCState = COMMITTED。

4.2.3 Complete

Complete 指已构建完成的 Block。当 DataNode 处理完成一个 Block 的所有 packet 数据后，会通过心跳的形式（前面介绍的 IBR）上报给 Namenode。Namenode 只要收到一个完成的副本（FINALIZED），就会将 Block 状态更新为 Complete。处于该状态下的 Block 具有确定的 generationStamp，长度也已经确定。

处于本状态的 BlockUnderConstructionFeature#blockUCState = null。

值得注意的是，处于 Complete 状态的 Block 并不意味着已经拥有足够多的副本数。当副本数足够时，会将 BlockInfo#uc 设置为 null。如果一个文件的所有 Block 都处于 Complete 状态，则意味着对文件的写入操作结束，可以进行关闭操作。

4.2.4 UnderRecovery

UnderRecovery 指处于正在 Recovery 中的 Block。对 Block 恢复的主要目的是将正在更新 Block 的副本数据恢复到一致的状态。什么情况下会对 Block 恢复？

- DataNode 突然宕机。节点突然宕机，正在更新的副本数据和其他节点上的副本存在不一致的问题。
- Client 突然断开与 DataNode 的连接。这种情况下，Namenode 维护的 Client 对应的 Lease 并未正常释放，也存在正在更新的 Block 的副本数据不一致的状况。

对 Block 副本恢复成功后，所有副本的 Block Id、numBytes、generationStamp 均会保持一致。

处于本状态的 BlockUnderConstructionFeature#blockUCState = UNDER_RECOVERY。

4.2.5 Block 状态小结

在分布式环境下，对 Block 的更新操作比较复杂，不同状态间有时会相互转换。下面对 Block 状态间的转换做个小结，如图 4-5 所示。

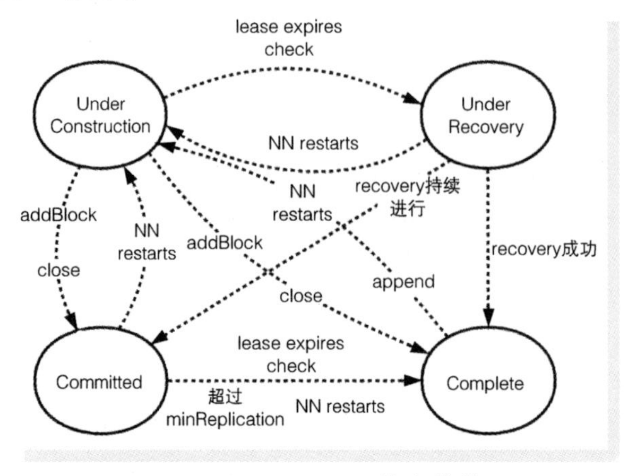

● 图 4-5 Block 状态转换

初始到 UnderConstruction 存在的情况：

- 触发创建文件时的 addBlock 操作。
- 触发 append 操作。
- 临时性的状态变更。

UnderConstruction 更新 Committed 存在的情况：

- 正常的 addBlock 操作。这种情况下对前一个 Block 执行 Committed 变更。
- 执行文件 close 操作。例如，执行 RPC 的 complete 接口，以及其他情况下的文件下 Block 状态校验。

Committed 更新 UnderConstruction 存在的情况：

- Namenode 服务重启。Committed 有时是一种中间状态，事务并未持久化，此时 Namenode 重启，Block 状态重新返回 UnderConstruction。

Committed 更新 Complete 存在的情况：

- Block 已完成副本数超过最低副本要求。这是正常的变化。
- lease 超时校验，关闭文件。定期执行 lease 校验时，如果满足条件，更新状态，执行文件关闭。
- Namenode 服务重启，并且会检查 Committed 状态的 Block，满足条件后，执行状态变更。

UnderConstruction 更新 UnderRecovery 存在的情况：

- lease 超时校验。定期执行 lease 校验，满足对 Block 进行 Recovery 的会更新状态。

UnderRecovery 更新 UnderConstruction 存在的情况：

- Namenode 服务重启，此前处于 UnderRecovery 状态的 Block 是一种临时状态，这时会重新返回 UnderConstruction。

UnderRecovery 更新 Complete 存在的情况：

- 若对 Block 的 Recovery 成功，Block 状态将更新为 Complete。

UnderRecovery 与 Committed 存在的情况：

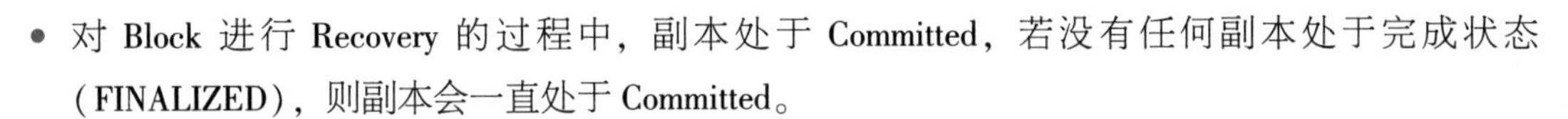

- 对 Block 进行 Recovery 的过程中，副本处于 Committed，若没有任何副本处于完成状态（FINALIZED），则副本会一直处于 Committed。

UnderConstruction 更新 Complete 存在的情况：

- 正常的 addBlock 操作。对前一个 Block 进行检查，看其是否满足最低副本数，若满足，变更状态为 Complete。
- 执行文件 close 操作。例如，执行 RPC 的 complete 接口，以及其他情况下的文件 Block 状态校验。

Complete 更新 UnderConstruction 存在的情况

- 对文件执行 append 操作。文件最后一个 Block 会重新返回 UnderConstruction。
- Namenode 服务重启，此前处于 Complete 状态的 Block 是一种临时状态，这时会重新返回 UnderConstruction。

从状态转换关系来看，UnderConstruction 是真正的“初始状态”。

4.3 副本状态管理

副本状态是由所在的 DataNode 节点负责维护的，主要显示的是当前副本数据所处的姿势与可见性。从数据到达开始，直到被删除，状态会一直伴随。这种状态也直接影响 Namenode 端的 Block 状态。副本状态被定义在 ReplicaState。

```
// DataNode 维护的副本数据状态
enum ReplicaState {
    FINALIZED(0),
    RBW(1),
    RWR(2),
    RUR(3),
    TEMPORARY(4);
}
```

这些状态分别处于写数据的不同过程，因此在实现上也有所区别。副本实现继承关系如图 4-6 所示。

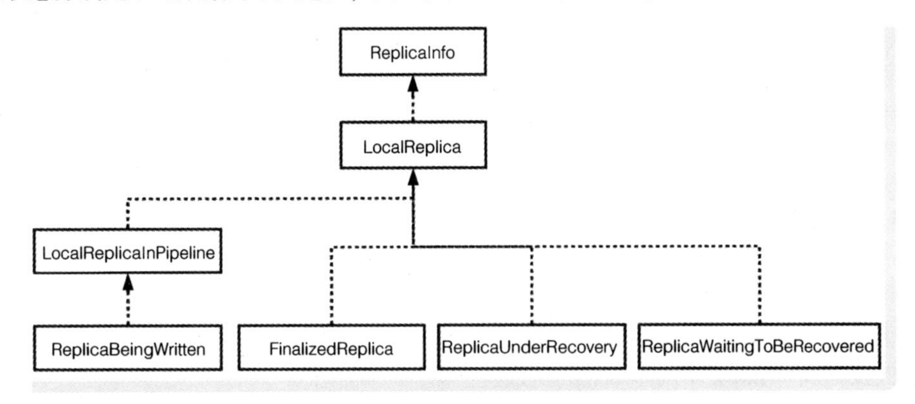

● 图 4-6　副本状态继承关系

4.3.1 RBW

正在写入的副本（Replica Being Written）。从 DataNode 在本地新建副本并开始接收 Block 数据开始，该副本的状态就处于 RBW 状态。处于这种状态的数据会被暂时存放在 current/BP-xxxx/current/brw 目录下。示例如下：

```
-rw------- 1 hdfs hdfs 218706832 12 月  20 21:31 blk_18682563529
-rw------- 1 hdfs hdfs   1635461 12 月  20 21:31 blk_18682563529_17438613827.meta
```

处于 RBW 状态的数据对外可见，但 generationStamp 值是一个活跃值，一旦接收完成 Block 的所有数据，generationStamp 将会固定下来，并且数据会从 rbw 目录移入 finalized 目录，这一过程会由 DataNode自主决定处理。处于这种状态的数据会很快汇报给 Namenode，以便于 Namenode 根据副本状态对 Block 做进一步的处理。RBW 通过 ReplicaBeingWritten 实现，处于 RBW 的副本会通过管道的形式（LocalReplicaInPipeline）持续有数据流入。

4.3.2 finalized

副本已完成写入（Replica is Finalized）。对于这种状态的副本来说，generationStamp 的值 numBytes 都会固定下来，内容不会轻易变更。对于一个 Block 来说，至少需要满足 1 个副本处于 finalized 状态，才能说明 Client 对 Block 的更新完成。

就实际使用来看，DataNode 存储 finalized 状态的副本数据是最多的，因此 DataNode 也采用了较多的机制保障访问的高效性，且此类数据不被丢失。示例如下：

```
-rw------- 1 hdfs hdfs   697971 12 月  19 21:42 blk_18745861153
-rw------- 1 hdfs hdfs     4523 12 月  19 21:42 blk_18745861153_17637823158.meta
-rw------- 1 hdfs hdfs   286953 12 月  20 11:37 blk_18736293718
-rw------- 1 hdfs hdfs     2391 12 月  20 11:37 blk_18736293718_17485291735.meta
```

这里需要指出的是，rbw 和 finalized 目录下的副本文件命名格式要一致，但 rbw 目录中的 blk_xxxx.meta 文件名和文件内容具有临时性，待 generationStamp 值固定后，会做最终的定义。finalized 通过 FinalizedReplica实现，该状态下的副本会保存对应的校验值，也就是前面介绍过的 blk_xxxx.meta 的值。

```
// meta 文件记录的 chunk sum
byte[] lastPartialChunkChecksum;
// meta 长度
int metaLength;
```

4.3.3 RWR

副本等待被恢复（Replica Waiting to be Recovered）。当 DataNode 宕机时，正在写入的副本数据会和其他节点上的副本存在差异，待服务重启时，需要对 current/BP-xxxx/current/rbw 中的一部分副本数据做恢复，以保持同一 Block 不同副本间的一致性。

为何只对 rbw 目录中的一部分副本做恢复？原因在于 Client 和 DataNode 交互时，会因为各种原因

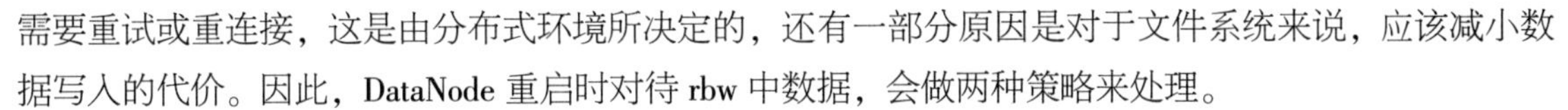

需要重试或重连接，这是由分布式环境所决定的，还有一部分原因是对于文件系统来说，应该减小数据写入的代价。因此，DataNode 重启时对待 rbw 中数据，会做两种策略来处理。

```
-rw-r--r-- 1 hdfs hdfs  89978980 12 月  21 16:33 blk_1084327838
-rw-r--r-- 1 hdfs hdfs  84523 12 月  21 16:33 blk_1084327838_1548.meta
-rw-r--r-- 1 hdfs hdfs  84523 12 月  21 16:33 blk_1084327839_1549.restart
```

在 DataNode 服务启动过程中，如有 Client 连向该节点写入新的 Block 副本，会在 rbw 目录中建立一种特殊的命名：blk_xxxx.restart，文件中的内容较为简单，是对过渡期时间的持久化，默认是 50s（由 ${dfs.datanode.restart.replica.expiration}配置），如果在过渡期内，副本状态仍然是 RBW。对于 rbw 目录中的其他副本，则将其初始化为 RWR 状态。RWR 通过 ReplicaWaitingToBeRecovered 实现。

4.3.4 RUR

副本正在恢复中（Replica is Under Recovery）。由 RWR 演变而来，若处于本状态，表明正在对一个已存在的副本进行恢复。所谓恢复，是指对当前副本的数据内容、generationStamp 重新定义，以和其他同属于一个 Block 下的副本数据保持一致。在 RWR 和 RUR 状态下，和副本有关的 numBytes、generationStamp 值都是活跃的，需要等待整个 recovery 过程完成才能确定。RUR 通过 ReplicaUnderRecovery 实现。

```
// 正在 recovery 的副本
LocalReplica original;
// recovery 过程中定义的新的 generationStamp
long recoveryId;
```

在 recovery 过程结束后，recoveryId 会作为新的 generationStamp 赋予副本，并且在发生超时进行新一轮 recovery 过程时，recoveryId 会更新。

4.3.5 Temporary

对应的数据目录是 current/BP-xxxx/tmp。此类状态的副本较为特殊，主要存储的是集群内部调度的数据。通常有两种情况会产生此类数据：

- 集群内的 Balance 操作。在执行集群级的负载均衡时，目标数据节点在接收源数据时会临时放入 tmp 目录，待全部成功接收后，会移入 finalized 目录。
- 副本数据补足。对 Block 执行副本数量补全时，同样也会先将接收到的数据临时放置在这里，待成功补全后，会移入 finalized 目录。

此类数据的状态为 TEMPORARY。处于此类状态的数据不可见，值得注意的是 tmp 目录中的数据在 DataNode 服务启动时会被直接删除。处于 TEMPORARY 状态的副本，会持续有数据流入，通过 LocalReplicaInPipeline实现。

4.3.6 副本状态小结

不同于 Block 在 Namenode 端的状态表示，每种副本状态都有各自的形态，状态处于在 DataNode

内存中维护，因此在实现上需要更加精准。为了保证副本数据的一致性，各副本状态也存在相互转换的情况。具体转换关系如图 4-7 所示。

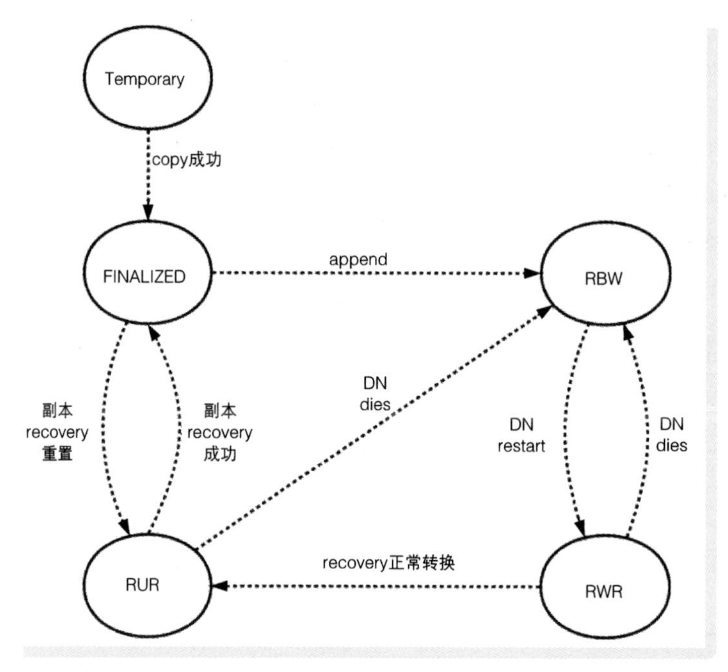

● 图 4-7　副本状态转换关系

初始状态更新 RBW 存在的情况：

- 正常的 Client 写入副本数据到 DataNode，都会变为 RBW 状态。

RBW 更新 RWR 存在的情况：

- DataNode 宕机后重启服务，符合恢复条件的副本会更新为 RWR 状态。

RWR 更新 RBW 存在的情况：

- 当前 DataNode 存在 RWR 状态的副本，节点宕机，因为仍在 rbw 目录中，可以认为状态仍为 RBW。

RWR 更新 RUR 存在的情况：

- 这是正常的副本 recovery 转换路径。

RUR 更新 Finalized 存在的情况：

- 对副本成功执行 recovery，副本数据移入 finalized 目录。

Finalized 更新 RBW 存在的情况：

- 当对副本执行 append 操作时，会对副本的长度做出改变，此时状态会返回 RBW。

RUR 更新 RBW 存在的情况：

- 当 DataNode 宕机时，处于 RUR 状态的副本会重新返回 RBW。

Temporary 更新 Finalized 存在的情况：

- balance 或补足副本成功后，状态会更新为 Finalized 状态。

从状态转换关系来看，RBW 是真正的“初始状态”。

4.4 Block 管理

随着集群维护的数据越来越多，慢慢地会发现出现一些“奇怪的”数据，如因磁盘损坏导致副本数据损坏、节点失联导致副本数不足等。当出现这些情况时，会直接影响数据是否可用，以及集群健壮性。对于 Block 的管理，有一个极重要的实现——BlockManager。

4.4.1 无效 Block

何为无效的 Block 数据？Namenode 在获得一个 Block 或一份副本数据时，发现其对应的 Block 并不存在于元数据中，对于这类数据的处理一般倾向直接删除 DataNode 上的副本。

通常以下场景存在产生无效 Block 的可能。

- 删除文件（INodeFile）操作。文件被删除后，其包含的 Block 都属于需要被删除的对象。
- 处理损坏（Corrupt）的副本。已损坏副本对应的 Block 如果不存在，此时会进入无效状态。
- 处理 Mis 的副本。通常这种副本的产生伴随着异常发生，如不属于任何文件。
- 存在冗余副本。冗余副本已超过正常副本数，适当清理可以释放资源。
- Block 上报。在常规上报和增量上报处理过程中，会对每个 Block 检查。

删除无效 Block 的逻辑主要有 3 步：①Namenode 收集需要处理的 Block；②对 DataNode 下发删除指令；③DataNode 执行完成后，向 Namenode 回复。

所有需要被处理的无效 Block 都存放在 BlockManager#InvalidateBlocks。这里维护了所有需要被处理 Block 与 DataNode 间的关系<DatanodeInfo，LightWeightHashSet>。

在下发删除指令这一动作后，DataNode 只接受来自 Active Namenode 的指令，且这一过程是伴随着心跳动作进行的，有效利用了现有接口资源。删除无效 Block 指令通过 DatanodeProtocol#DNA_INVALIDATE 完成。

DataNode 在收到需要删除的副本时，会首先将本地内存中维护的数据移除，随后调度 FsDataset AsyncDiskService 删除具体目录中的文件。

这一系列动作完成后，DataNode 会再次通知 Namenode（通过 IBR）。

4.4.2 损坏 Block

称其为损坏的副本（CorruptReplica）会更加合适。Client 对一个 Block 及其副本的更新完成后，其 Block Id、numBytes、generationStamp 都将固定下来，当 Namenode 获得一个副本数据后，发现其和 Block 维护的以下数据不一致，则认为该副本是损坏的。

- 副本当前真实 numBytes 和 Block 本身的 numBytes 不一致。
- 副本当前真实 generationStamp 和 Block 维护的 generationStamp 不一致。

对已经损坏的副本，会在 BlockManager#CorruptReplica 集中存放，CorruptReplica 会记录 Block 副本

数据及其所在 DataNode 间的关系。损坏副本的产生通常和存储介质故障及数据写入时异常有关，并在以下场景下会被检测出来。

- DataNode 常规上报 Block，以及不定期的 IBR。
- DataNode 对自身副本数据的常规检查，发现后向 Namenode 发送 BadBlock 请求。
- Client 访问到异常数据后，向 Namenode 发送 BadBlock 请求。
- Block Recovery 成功后向 Namenode 回复，此时会再次对副本校验。

处理 CorruptReplica 的逻辑主要在 BlockManager#markBlockAsCorrupt( ) 中。

```
// 如果对应的 Block 有足够有效的副本,将该 CorruptReplica 列为 InvalidateBlock 处理
if(hasEnoughLiveReplicas || hasMoreCorruptReplicas || corruptedDuringWrite) {
  invalidateBlock();
} else { // 如果有效的副本数不足,则更新 neededReplication 队列,对 Block 副本补足
  updateNeededReconstructions();
}
```

4.4.3 缺失与冗余 Block

对于一个多副本的分布式系统来说，维护数据的平衡是一项极其重要的工作，因为这直接关系到数据的高可用性。通俗的做法，将运行时 Block 的完整可用副本数（也可以称预期副本）尽量向 BlockInfo#replication 靠拢，低于该值的时候，称 Block 的副本缺失；反之，存在冗余副本。

HDFS 对于维护副本完整性有一套较为全面的检查机制。通常会在以下场景中对 Block 冗余性做检查：

- 在节点下线或节点宕机的情况下，会对该节点副本对应的 Block 进行检查。
- 完成对文件的写入工作时，会再一次检查文件上所有 Block。
- Namenode 的 HA 状态转为 Active 过程中，会对 Block 做一次全量 Block 检查。

在发现存在缺失或冗余的副本时，会在 BlockManager 中被调度与处理。

```
// 缺失副本的 Block
LowRedundancyBlocks neededReconstruction;
// 正在对副本扩容的 Block
PendingReconstructionBlocks pendingReconstruction;
// 存在冗余副本的 Block
ExcessRedundancyMap excessRedundancyMap;
```

为了不影响其他模块的正常运行，在处理这几部分数据时选择异步——RedundancyMonitor。

1. 对缺失副本的处理

因情景不一，对缺失副本的补足优先级也有所差别。例如，对缺失两副本的处理比缺失 1 副本的处理更迫切。HDFS 对缺失副本的 Block 划分为 5 个等级：

- P0：最高优先级的，如只有 1 个副本，或 0 个活跃的副本。
- P1：远低于预期值的，如副本数小于预期值 1/3。
- P2：缺乏足够数量副本的，如副本数高于预期值 1/3。

- P3：具有预期数量副本但是副本分布不均，如副本全部位于同机架，存在丢失数据的风险。
- P4：损坏（Corrput）的副本，如所有副本都已丢失的情况。

这些不同等级的数据会分属5个不同的队列，位于 LowRedundancyBlocks 中。处理这些数据分为两个阶段：①按照 P0→P4 的顺序，计算构建对 Block 复制的 Task 并移入 PendingReconstructionBlocks；②在下一次汇报心跳时，Namenode 向对应 DataNode 下发复制副本指令。流程如图 4-8 所示。

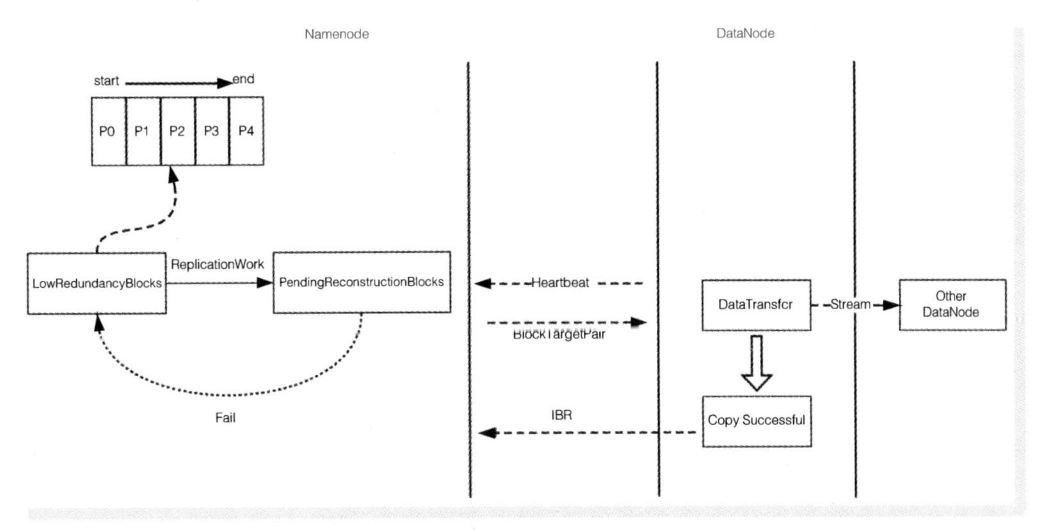

● 图 4-8　副本复制流程

对于处理流程，有4点需要注意：

- 为了避免给 DataNode 带来较大压力，每次计算并产生的 Task 总数不能超过集群中 DataNode 存活数的两倍。
- 在计算并产生 Task 的过程中，对于选择 Block 的哪个副本作为源，主要参考哪个副本最新上报，以及节点是否健康。
- 整个过程中，会有处理超时时间，若大于这个时间，在 PendingReconstructionBlocks 中的 Block 会被重新移入 LowRedundancyBlocks，等待下次调度。
- 数据传输的过程和写数据流程相当，只是在成为 Finalized 状态前会先将数据存放在 tmp 目录，完成后会通过 IBR 通知 Namenode 代表数据复制完成。

还有一种缺少副本的情况，这类副本被称为状态延时。例如，当发生 Failover 时，一些 Block 的副本没有来得及上报，此时这类副本是一种"假 missiong"的副本，通常 Namenode 会将其作为临时不可用的状态，且也需要复制，但和前面介绍的不同，一旦 DataNode 汇报完整，这些副本就会恢复正常。

2. 对冗余副本的处理

副本冗余是指当前某个 Block 的副本数超过预期值。副本冗余主要跟以下场景有关：

- 人为设定副本数。例如，Block 原先副本数是3，后经调整为2，此时有1个冗余副本。
- 处于 Decommission 状态的数据节点重新上线。在节点下线过程中，会先复制节点上的副本，当取消下线后会多出冗余副本。

- 新增加的 Block 在内存中的信息丢失。由于某些原因，Block 的信息在 BlockManager 中不存在，如向 blocksMap 增加 Block 时会检查，这种现象主要是因为集群内影响。

对冗余副本的处理，通常的做法是选择冗余的副本而后删除，这样做的目的是减少对存储资源的占用。由于多个副本间存储的位置不同，因此选择哪个副本被删除至关重要。例如，Block 存在 4 个副本，其中 3 个位于同一机架，此时应该选择删除同一机架上的其中一个副本会更加合理。选择待删除副本流程如图 4-9 所示。

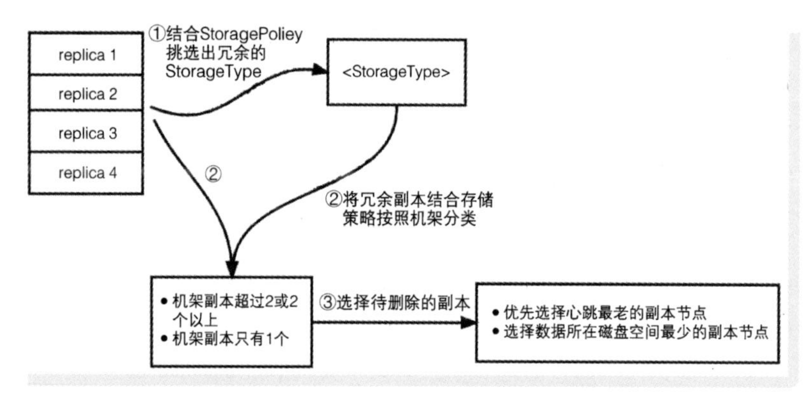

● 图 4-9　冗余副本待删除选择流程

选择待删除副本后，会统一放入 InvalidateBlocks 和 excessRedundancyMap 中，做统一的删除流程。需要指出的是，真正执行删除的动作是由 DataNode 完成的，为了避免 DataNode 执行时存在较大压力，Namenode 每次批量处理 InvalidateBlocks 中的数据不会超过当前存活节点数×0.32，指令发给 DataNode 时，每次删除副本的数量不能超过 1000。待 DataNode 完成删除动作后，会将 excessRedundancyMap 中的数据移除。以上流程重点关注 BlockManager#processExtraRedundancyBlock( ) 方法中的逻辑。

4.4.4 Block Recovery

对 Block 的 Recovery 发生在写数据过程中，由于某些非正常的原因，造成 Block 未能达到完成状态。例如，写数据发生 DataNode 节点突然宕机而后重启服务的情况，此时，需要使 Block 多个副本间达成一致状态。这就是这项工作的主要任务。

当 DataNode 宕机重启后，并不能对正处于 RBW 状态的副本马上进行 Recovery，通常会伴随着 Lease Recovery 一起。Lease 在工作的时候，有 1 个和 Recovery 相关的超时时间：hardLimit，代表 Client 长时间没有更新文件，默认 20 分钟。如果超过这个时间，Namenode 会自主执行 Lease Recovery 和 Block Recovery 的工作，由 LeaseManager#Monitor 定期检测并执行。

当某个文件达到触发 Lease Recovery 条件时，对 Recovery 处理的主要流程如下。

1）判断文件是否已被删除。如果被删除，直接删除和文件有关的 Lease。

2）获取文件的所有 Block，按顺序判断和记录已达到 COMPLETE 状态的 Block 索引 index。

```
BlockInfo curBlock = null;
   for(nrCompleteBlocks = 0; nrCompleteBlocks < nrBlocks; nrCompleteBlocks++) {
     curBlock = blocks[nrCompleteBlocks];
     if(! curBlock.isComplete())
       break;
   }
```

3）如果记录的 index 是文件最后一个 Block，说明对文件的写入操作已完成。对文件执行关闭操作，同时移除相关 Lease。

```
if(nrCompleteBlocks == nrBlocks) {
   finalizeINodeFileUnderConstruction(src, pendingFile,
       iip.getLatestSnapshotId(), false);
   }
```

4）判断文件最后两个 Block 之前的 Block 是否都处于 COMPLETE 状态。根据实现原理，只有文件最后两个 Block 才可以处于非 COMPLETE 状态，而且倒数第二个必须处于 COMMITTED 或 COMPLETE 状态。

5）下面针对文件最后两个 Block 做分类，见表 4-1。

表 4-1　Block Recovery 分类处理

倒数第二个 Block 状态	最后一个 Block 状态	操　　作
COMPLETE	COMPLETE	关闭文件
COMMITTED	COMMITTED	抛出异常，等待下次重试
COMPLETE 或 COMMITTED	UNDER_CONSTRUCTION	对最后一个 Block 执行 Recovery
	UNDER_RECOVERY	对最后一个 Block 执行新的 Recovery 周期

从表 4-1 可以看出，在对 Block 做 Recovery 时，只会发生在最后一个 Block。剩下的就是做 Block Recovery 的具体工作了，用于统一副本状态。这些待执行 Recovery 的 Block 会被加入到 PendingRecoveryBlocks 中。

6）更新 Block 状态。Block 状态被更新为 UNDER_RECOVERY，生成一个新的 blockRecoveryId，实际是作为 Block 的新 generationStamp。

7）选择多副本中的其中一个作为 primary 节点，用于和其他副本节点统一信息。具体选择哪个节点作为 primary？拥有最新心跳记录的节点。在该节点下一次心跳上报时，下发 Recovery 指令。

8）primary 收到 Recovery 指令后，会收集其他副本的数据，各副本节点会配合做一系列工作。主要流程如图 4-10 所示。

primary 在收集其他副本的数据时，会将副本有关的状态、numBytes、generationStamp 获取后统一对比，然后选取统一副本状态和统一 numBytes。具体见表 4-2。

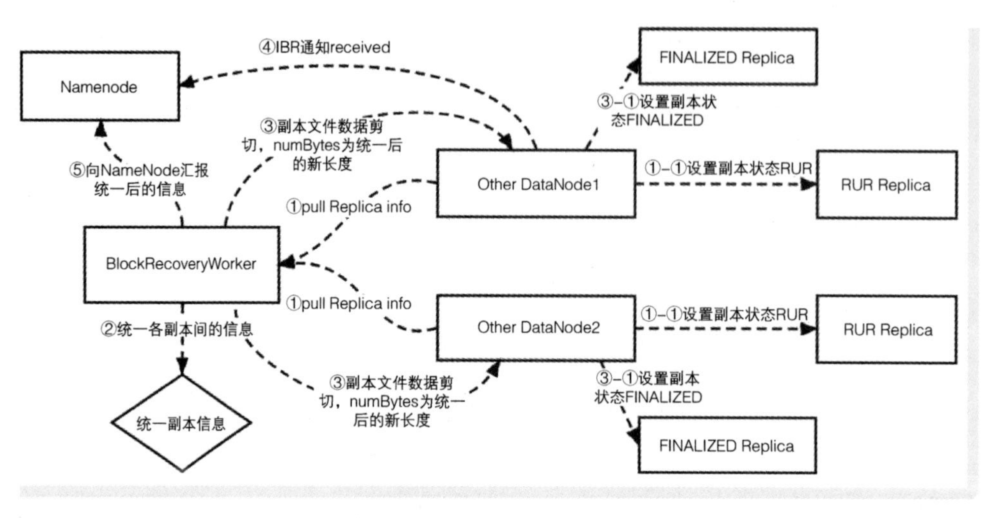

● 图 4-10　Block Recovery 主流程

表 4-2　副本统一长度取舍

副本状态	选取 numBytes
FINALIZED	取该副本长度
FINALIZED，RBW	取 FINALIZED 副本长度
RBW	取最小 RBW 副本长度
RBW，RWR	取最小 RBW 副本长度
FINALIZED，RBW，RWR	取 FINALIZED 副本长度
RWR	取最小 RWR 副本长度

在处理完成并得到统一的副本信息后，将统一后的 generationStamp、numBytes、存储位置通过 commitBlockSynchronization( ) 告知 Namenode。在 Block Recovery 处理流程中，副本会更新多个不同状态，最值得关注的是 RUR 会发生在这里，副本文件也会发生剪切操作，最终各副本间的状态会达到一致。

9）Namenode 在收到 primary 的回复后，会对 Block 在内存中的元数据信息做更新，并且会关闭文件，Lease Recovery 也会结束。

上面就是 Block Recovery 的主要原理和操作流程，最值得注意的是步骤 8)，其是真正统一各副本间一致性的过程。

4.5 副本策略

当生成一个新的 Block 时，副本的存储位置就很重要了，副本间存储的位置过近，会引起访问热点或网络拥塞。为了平衡访问，需要考虑当前集群间的负载及节点内多存储介质的资源使用情况。

4.5.1 位置策略

副本位置策略决定了副本在集群内的存储位置，由位置选择策略和存储策略共同决定。副本存储位置选择是否合适会对读写性能及数据高可用性造成影响。

1. 位置选择策略

HDFS 支持 6 种选择策略，在 3.2.3 节中介绍过默认策略；即 BlockPlacementPolicyDefault。下面介绍另外一种重要的策略类型——BlockPlacementPolicyRackFaultTolerant。使用这种策略的配置如下：

```
<property>
  <name>dfs.block.replicator.classname</name>
< value > org. apache. hadoop. hdfs. server. blockmanagement. BlockPlacementPolicyRackFault-
Tolerant</value>
</property>
```

大家知道默认策略可以实现机架级的容灾，使用这种策略的优势在于可以增强机架容灾。例如，Block 副本数据设置 3，可以让 3 副本数据分布在 3 个机架。3 副本存储位置如图 4-11 所示。

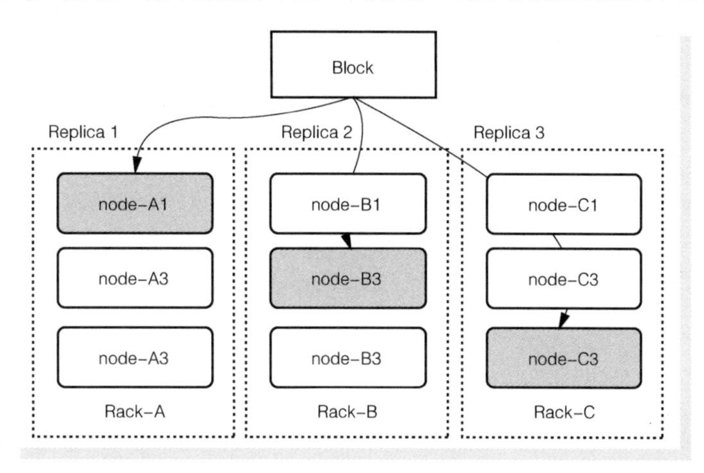

● 图 4-11　BlockPlacementPolicyRackFaultTolerant 策略的 3 副本存储位置

在实现上，会将副本均衡分布在各机架，按照如下原则。

1）如果副本数小于集群中的机架数量，则随机选择机架中的节点。

2）如果副本数大于集群中的机架数量，会遵循如下方法。

- 准确填充每个机架副本。
- 如果还有剩余副本数没有被安置，则为每个机架多放置 1 个副本，直到达到副本数量。

3）在第 2）步后，仍有剩余副本没有安置，其余副本平均放置在具有尚未放置副本的DataNode机器上。

4）如果第 3）步之后，仍然有剩余副本没有被安置，此时说明副本设置较多，爆出异常。

在正常使用时，通常前两个步骤较为常用，如果副本数设置较多，则影响写入性能。另外还有 4 种可选择策略：BlockPlacementPolicyWithNodeGroup（对应四级 Topology）、BlockPlacementPolicyWith-

UpgradeDomain、AvailableSpaceBlockPlacementPolicy 和 AvailableSpaceRackFaultTolerantBlockPlacementPolicy。

2. 存储策略

在 3.2.4 中介绍了 HDFS 支持的存储介质的类型，根据使用场景不同，这些类型可以组合形成不同的存储策略。目前 HDFS 支持多种存储策略：

- PROVIDED：第 1 副本存储类型 PROVIDED，其余副本存储类型 DISK。
- COLD：所有副本存储类型 ARCHIVE。
- WARM：第 1 副本存储类型 DISK，其余副本存储类型 ARCHIVE。
- HOT：所有副本存储类型 DISK。
- ONE_SSD：第 1 副本存储类型 SSD，其余副本存储类型 DISK。
- ALL_SSD：所有副本存储类型 SSD。
- ALL_NVDIMM：所有副本存储类型 NVDIMM。
- LAZY_PERSIST：第 1 副本存储类型 RAM_DISK，其余副本存储类型 DISK。

这些存储策略会在选择副本存储位置的时候配合过滤节点上的 FsVolume。在默认情况下，数据会被认定 HOT。在很多时候这些策略很有用。例如，不经常被访问到的数据，可以选择 COLD，能够有效降低存储成本。对于多种存储类型的组合使用，称为异构存储。

存储策略在使用的时候，需要开启对存储策略的支持 ${dfs.storage.policy.enabled}，还需要额外配置对某些目录或文件的支持。以下是设置存储策略的相关命令：

```
./bin/hdfs storagepolicies -setStoragePolicy -path /xxxx -policy ONE_SSD
```

设置存储策略后，新写入的数据就会按照对应存储类型构建副本。不过对已存在的数据会保持不变。

3. SPS（Storage Policy Satisfier）

SPS 是一个定期检测副本数据是否符合存储策略的工具。运行时会对已设置过存储策略的数据集进行扫描，并判断和放置的物理块之间的存储是否匹配，如果识别出某些文件需要移动，那么会调度这些块到对应的 DataNode 节点。在使用的时，有几个可选配置：

- dfs.storage.policy.satisfier.recheck.timeout.millis：检查 DataNode 处理块移动的超时时间。
- dfs.storage.policy.satisfier.self.retry.timeout.millis：在做块移动操作后，DataNode 上报数据的超时时间。如果失败，则重试。

启动 SPS 的运行，可以通过 HdfsAdmin API satisfyStoragePolicy()实现。值得注意的是，SPS 和 Mover 工具不能同时运行。

4.5.2 选盘（Volume）策略

几乎大多 Slave 节点上都有多磁盘卷，这更符合操作系统和硬件驱动的工作原理（通常操作系统都支持多硬件的并行工作），最主要可以并行处理多个 Client 对数据的读写。当需要生成一个新的副本文件时，首先要为其确定的是存放在哪个磁盘卷会更加合适。为此，HDFS 提供了两种可选择的策略：一是基于轮询的策略（Round Robin Volume Choosing Policy），二是基于可用空间的策略（Available

Space Volume Choosing Policy）。

1. 基于轮询的策略

“轮询”的逻辑就是从对象 1 按照顺序遍历到对象 n，然后再从头开始下一轮。轮询选盘策略也是基于这个逻辑，将新副本按照一定顺序投递到对应的磁盘卷。但和普通的轮询区别，这里会判断当前磁盘卷是否符合特定存储类型，如图 4-12 所示。

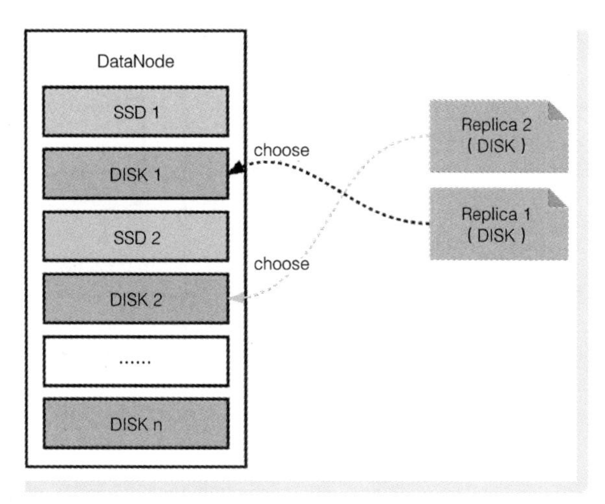

● 图 4-12　副本轮询选盘

这里的副本不会关联具体哪个 BlockPool。例如，有两个新副本 Replica 1 和 Replica 2，都需要存储到属于 DISK 的存储目录中，利用轮询选盘策略，会将 Replica 1 放置 DISK 1 所属目录，Replica 2 放置 DISK 2 所属目录，不同类型副本的处理以此类推。对于轮询策略，这里有一个很关键的变量，用于记录每次处理不同类型时所到达的磁盘卷的位置：

```
int[] curVolumes;
```

curVolumes 里面保存的数据如下。

- curVolumes［0］：处理 RAM_DISK 类型副本所到达的磁盘卷位置。
- curVolumes［1］：处理 SSD 类型副本所到达的磁盘卷位置。
- curVolumes［2］：处理 DISK 类型副本所到达的磁盘卷位置。
- curVolumes［3］：处理 ARCHIVE 类型副本所到达的磁盘卷位置。
- curVolumes［4］：处理 PROVIDED 类型副本所到达的磁盘卷位置。
- curVolumes［5］：处理 NVDIMM 类型副本所到达的磁盘卷位置。

需要注意的是，这里记录的所到达的磁盘卷位置是按照类型来排序的，并且这里记录的是一个内存状态，当 DataNode 重启后，位置会重置。

这种策略可以保证每个磁盘卷写入次数的平衡，但是无法保证写入数据量平衡。例如，在写数据过程中，在卷 1 上写入 5MB 的副本，在卷 2 上写入 128MB 的副本，卷 1 和卷 2 之间就会存在不平衡，久而久之这种现象会越发严重。

为了避免每个磁盘卷写得过满，可以预留一定容量的空间，默认 1GB。

2. 基于可用空间的策略

为了避免单节点内磁盘卷间存储的数据量不均衡，HDFS 增加了以可用空间使用率为参考因子的选盘策略。也就是在选择上，优先向可用空间更充足的磁盘卷倾斜，如图 4-13 所示。

相比较轮询策略，基于可用空间的策略要考虑的逻辑和因子会更多。主要分为两种场景：

1）各磁盘卷可用容量相差不大时，采用轮询选盘策略。这部分会对每个磁盘卷的可用容量分别判断，若空间最多的卷和最小的卷差值在一个阈值之内，说明整个数据节点较为均衡。默认阈值为 10GB。

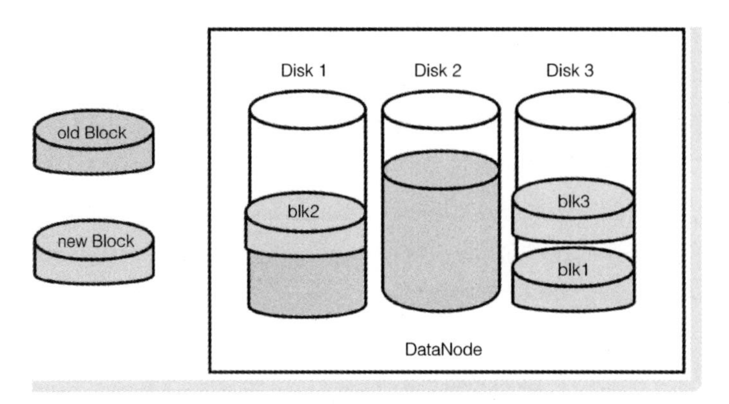

● 图 4-13　基于可用空间选盘效果

```
if (volumesWithSpaces.areAllVolumesWithinFreeSpaceThreshold()) {
    V volume = roundRobinPolicyBalanced.chooseVolume(volumes, replicaSize,
        storageId);
    return volume;
}
```

2）如果磁盘卷间存储的数据量不均衡。会将 DataNode 节点所有同存储类型的卷分为两部分：可用空间多的卷和可用空间少的卷（评判依据是可用空间最少的卷的可用容量+阈值）。然后计算出一个倾向因子，根据倾向因子来决定是在可用空间多的卷中选择还是在可用空间少的卷中选择。

```
    // 获得可用空间多的卷列表
    List<V> highAvailableVolumes = extractVolumesFromPairs(
        volumesWithSpaces.getVolumesWithHighAvailableSpace());
    // 获得可用空间少的卷列表
    List<V> lowAvailableVolumes = extractVolumesFromPairs(
        volumesWithSpaces.getVolumesWithLowAvailableSpace());
    // 计算倾向因子
float preferencePercentScaler =
        (highAvailableVolumes.size() * balancedPreferencePercent) +
        (lowAvailableVolumes.size() * (1 - balancedPreferencePercent));
    float scaledPreferencePercent =
        (highAvailableVolumes.size() * balancedPreferencePercent) /
        preferencePercentScaler;
// 可用空间少的卷不足以存储副本的数据量,或随机的概率比倾向因子小,会选择可用空间多的磁盘卷
if (mostAvailableAmongLowVolumes < replicaSize ||
        random.nextFloat() < scaledPreferencePercent) {
    volume = roundRobinPolicyHighAvailable.chooseVolume(
        highAvailableVolumes, replicaSize, storageId);
    } else { // 其余情况,在可用空间少的磁盘卷中选择
    volume = roundRobinPolicyLowAvailable.chooseVolume(
        lowAvailableVolumes, replicaSize, storageId);
}
```

从这里看出，可用空间的选盘策略仍是在轮询选盘策略的基础上，利用一定的倾向概率和随机性做判别。总体上是偏向于选择空闲较多的磁盘卷，以使各磁盘卷数据量处于较为均衡的状态。

4.5.3 选盘策略改进

基于可用空间的选盘策略在实际场景中使用较为广泛，但仍不够全面，不论哪种选盘策略都是基于软件层面的实现。DataNode 节点主要功能是承载对数据的读写，也就是对存储在磁盘卷上的副本文件的访问，文件访问过程中会涉及用户态运行、操作系统内核调度、磁盘驱动扫描等配合。Linux IO 访问栈如图 4-14 所示。

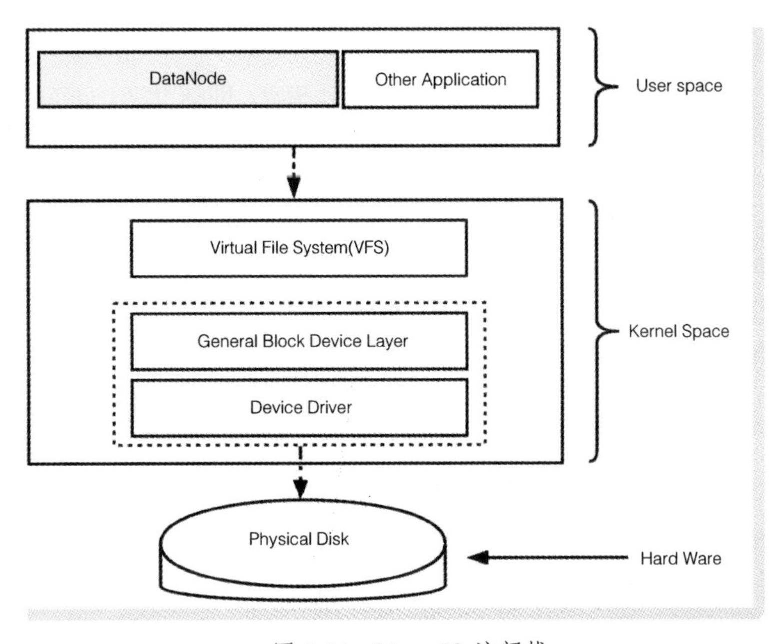

● 图 4-14　Linux IO 访问栈

在整个访问文件的链路中，操作系统对不同文件系统（一般是本地文件系统，如 Ext3、Ext4 等）抽象出一个统一的 API 接口 VFS；中间的驱动扫描器主要包含两层，一是为内核提供统一的 IO 操作接口，二是真正去和底层磁盘卷交互的 Driver；真正的数据存放在物理介质（Physical Disk）里面。在这个过程中，当对中间层的驱动扫描访问过大，或者底层物理介质压力过大时，就会提示访问磁盘卷 ioutil 过高或者 CPU 高涨的情况。这些情况的发生会导致访问副本的性能降低。然而，在目前所提供的选盘策略中，无法识别 DataNode 节点已存在压力的情况。在 AvailableSpaceVolumeChoosingPolicy 基础上，可以很方便地结合磁盘 ioutil 来达到更优的卷选择。主要实现思路及方法如下。

1）定期扫描各磁盘卷 ioutil 值，并计算当前 ioutil 比例值。

2）在 AvailableSpaceVolumeChoosingPolicy 现有基础上，设定一个 ioutil 阈值因子（建议小于 1.0），并分类处理。

- 当各磁盘卷可用空间差距不大时，将可选卷根据 ioutil 分为两组，即分为 ioutil 较高和 ioutil 较小列表，利用 ioutil 因子计算得到一个倾向因子，然后在 ioutil 较高和 ioutil 较小列表中轮询选择。

- 当各磁盘卷可用空间差距较大时，在已选定的可用空间多或可用空间少的列表中进一步实验上一步的方法过滤。

加入 ioutil 参考因子后，可以有效缓解数据写入对整个节点造成的系统瓶颈，加快副本数据写入性能。不过值得注意的是，获取磁盘卷的负载数据需要和操作系统交互、定期执行的频率，以及获取的方式仔细评估，以免对系统增加额外负担。

4.6 小结

本章对 Block 做了较为全面的介绍，包括 Block 及副本构成、Block 状态、副本状态、Block 处于各种场景的管理和副本存储位置的策略等。HDFS 对 Block 在内存中的结构及实际副本的结构进行了精心的设计，以便于能够在整个集群的各个模块间很好地衔接与传递；在分布式环境下，数据写入流程复杂，设置多种不同的状态机制能够较好地保持数据一致性，这对于分布式文件系统来说，尤为重要；最后还需要考虑 Block 的具体存储位置的选择，一个好的处理策略对数据高可用性和读写性能有着重要的影响。

Block 在 HDFS 的方方面面都有体现，有效理解它对于理解 HDFS 有较大帮助。

通信与访问

网络通信是分布式系统中最底层的模块之一，直接支撑上层复杂的进程通信逻辑。HDFS 实现了一套较为轻量级的 RPC 通信架构，很好地将网络通信细节隐藏了起来，大大简化了分布式系统间的节点交互。基于此，HDFS 对数据的读写访问做了很多高效的处理，使得在访问集群时能够实现较高吞吐。流式访问也是 HDFS 的一大特点，可以很好地支持对数据批处理。

5.1 HDFS RPC

RPC（Remote Procedure Call）在 HDFS 中应用广泛，无论是来自 Client 的请求，或是集群间资源调度。它以 Protocol Buffers 为基础，可以实现轻量化的高效数据访问，以及持久化等功能。

5.1.1 Protocol Buffers 介绍

Protocol Buffers 是 Google 开源的用于序列化结构性数据的语言无关、平台无关、具有可拓展机制的数据存储格式。很适合做数据存储或 RPC 数据交换格式。目前提供了 Java、C++、C#、Dart、Go、Kotlin 和 Python 等语言支持，这也是 HDFS 支持多语言的基础。参考文档为https://developers.google.com/protocol-buffers/docs/overview。

1. Protocol Buffers 基本情况

Protocol Buffers 是一种非标准的格式。一个完整的使用流程分为 4 步：①安装 Protocol Bufffers 编译器；②编写具有特殊结构性数据或服务的定义源文件；③将被特殊定义过的源文件翻译成可使用的特定环境类文件；④加载和使用。

（1）安装 Protocol Buffers 编译器

这是使用 Protocol Buffers 的前提，有点类似 GCC 编译器或者 JVM 编译器。这一步操作并不复杂，根据需要，从链接（https://github.com/protocolbuffers/protobuf/releases）下载对应的版本安装即可。

这里提到的安装是一种较为普通的使用方法，有些插件如果支持自动化编译 Protocol Buffers 文件，还可以更为简单。如下是在 Java 中使用依赖的方式自动编译源文件：

```
<dependency>
  <groupId>com.google.protobuf</groupId>
  <artifactId>protobuf-java</artifactId>
  <version>[version]</version>
</dependency>
```

Protocol Buffers 最经典的版本是 2.5.x，目前已经支持到 3.x，功能上更强大。

（2）编写具有特殊结构性数据或服务的定义源文件

在使用 Protocol Buffers 的过程中，需要用到的结构属性、字段默认值、服务说明等都需要事先定义在一种特殊的.proto 文件中。例如，定义 Person.proto 文件：

```
syntax = "proto2";
message FsPerson {
  optional string name = 1;
  optional int32 id = 2;
  optional string email = 3;
  required SEX sex = 4;
}
enum SEX {
  MALE = 0;
  FEMALE = 1;
}
```

文件中的 message 表示一个结构性格式组合，可以用来封装具体数据。Protocol Buffers 支持多种定义类型，如 message、Oneof、Maps、Services、enum。除了这些基本的类型，还支持较为复杂的自定义类型。每种类型都有各自的默认值，如被定义为 string 的字段默认值是空值，bool 的默认值是 false。

可以在源文件中指定 syntax 是 proto2 或 proto3，以指定该文件被编译时采用的标准。当然，proto2 和 proto3 的版本有所区别，通常来说，proto3 具有更好的兼容性，不过也舍去了一些对性能有影响的属性。

（3）将被特殊定义过的源文件翻译成可使用的特定环境类文件

需要对上面的 Person.proto 文件进行编译，才能在特定的语言环境下适用。这里可以通过手动执行命令的方式：

```
// 指定将源文件经过编译后输出文件名为 Person.java,输出在 src/com/proto 目录下
protoc --java_out=src/com/proto src/proto/Person.proto
```

这里指定将 Person.proto 翻译成 Java 可识别的类文件。如果在某些插件支持自动化编译的情况下，可以指定如下标识实现自动化的输出：

```
// 指定输出目录
option java_package = "com.proto";
// 指定输出文件名
option java_outer_classname = "Persion";
// 是否实现 equals 和 hash 方法
option java_generate_equals_and_hash = true;
```

在编译过程中，编译器会对源文件中定义的内容进行解析。有一些固定的模板格式总是会被翻译

出来，以上面的 Person.proto 文件为例：

- 固定方法 registerAllExtensions( )。
- enum 会实现 Protocol Buffers 的 ProtocolMessageEnum，至少会有 index 和 value 属性。
- message 会继承 Protocol Buffers 的 GeneratedMessage，有对应的 Builder 接口和具体实现，如 FsPersonOrBuilder 继承 MessageOrBuilder，属性有对应的 getter、setter、clone 等。
- 提供数据序列化与反序列化的方法，如 writeTo、parseFrom。

其他不同的类型都有各自固定的输出模板。

(4) 加载和使用

源文件被编译后，即可在不同环境下被加载和“按需使用”。

```
FsPerson person = FsPerson.newBuilder().
        setId(123).
        setName("John Doe").
        setEmail("jdoe@example.com").
        setSex(SEX.FEMALE).
        build();
    FileOutputStream out = new FileOutputStream(arg1);
    person.writeTo(out);
```

正在使用的数据可以选择持久化或是作为某个中间状态呈现。从这里也可以看出，Protocol Buffers 对数据的构造是很紧凑的，封装和解析数据使用更加底层的编译机制也很高效，常用的功能点都能够自动化生成。

2. gRPC

gRPC 是 Google 开源的一个高性能、通用 RPC 框架，以 Protocol Buffers 为其 IDL（接口定义语言）和底层数据交换格式。可以在过程中实现服务负载均衡、跟踪、健康检查和身份认证检查，并且提供了数据中心内和跨数据中心连接请求，非常适用于分布式系统中。同其他 RPC 实现一样，只要在 Client 和 Server 端实现相同接口的不同处理逻辑，即可像在本地访问一样。服务交互如图 5-1 所示。

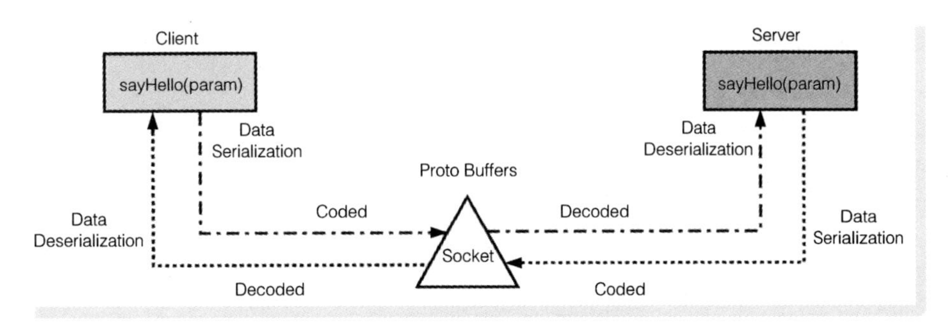

● 图 5-1　gRPC 的服务交互

Client 在正式向 Server 发送请求前，会对数据进行持久化处理，在数据经过网络的过程中，访问也会被编码，保证数据安全且尽量减少对网络资源的占用；访问到达 Server 前会被解码，待用到数据时，也会被反向序列化。之后 Server 端会对做具体的处理逻辑，返回过程中会做相同的编解码机制。

在Client访问Server的过程中，gRPC支持同步和异步，且可以多种方式完成交互：

1）一元RPC交互。是指Client发送单个请求，Server端返回单个响应。

2）服务端流式响应。类似一元RPC的方式，单次交互内Server端在响应结果的过程可以以流式的方式返回。在结果全部响应完成的时候，会将状态代码和可选状态消息发送给Client端。

3）客户端流式请求。类似一元RPC的方式，单次交互内Client可以多次向Server发送数据，Server端处理完成后响应一条结果信息，会将状态代码和可选状态消息发送给Client。

4）双向流式请求。对于这种交互机制，Server端可以选择发回响应或等待Client开始流式传递数据，可以说是双方“并行交互”。

在Client和Server的交互过程中，可以指定单次交互的超时或访问截止时间，不同语言的实现可能不同。Client和Server都可以做独立判断，随时可以终止和取消本次交互。

gRPC也是基于proto文件来实现的，是一种Service，对应的类型需要被定义的是一种rpc。例如：

```
syntax = "proto2";
// 指定在编译时,是否生成具有 service 类型的接口及实现
option java_generic_services=true;

message HelloRequest {
  required string greeting = 1;
}

message HelloResponse {
  required string reply = 1;
}
// 定义 rpc 接口集合
service HelloService {
  // 定义一个叫 sayHello 的 rpc 接口
  rpc sayHello(HelloRequest) returns (HelloResponse);
}
```

对proto文件编译后，会形成如下主要信息。

1）生成HelloRequest类实现及Builder，包括具体的构建方法。属性设置。

2）生成HelloResponse类实现及Builder，包括具体的构建方法。属性设置。

3）生成一系列和HelloService有关的抽象类及接口，具体如下。

- HelloService抽象类，继承protobuf.Service，实现默认的和方法调用有关的3个方法和自定义方法。

```
public static abstract class HelloService implements Service {
  public abstract void sayHello() {};
  public final void callMethod(){};
  public final Message getRequestPrototype(){};
  public final Message getResponsePrototype() {};
}
```

- newReflectiveService、newReflectiveBlockService方法。分别用于实现非阻塞和阻塞调用的默认实现。可用于Server端实现或调用。

- Stub、BlockingStub 实现。分别代表非阻塞和阻塞存根，主要用于 Client 端实现或调用。
- Interface、BlockingInterface 接口。分别代表非阻塞和阻塞定义的接口，可用于 Server 端自定义实现。

在对.proto 文件编译后，剩下的还需要自定义实现 Server 端处理细节和 Client 端发起访问的细节。以下是一个基本的 Server 端和 Client 端实现。

(1) gRPC 自定义 Server 端实现

在实际生产中，通常会实现自定义的 Server 端处理逻辑，因为默认的实现不太符合实际需求。自定义 Server 端实现分为两步：①实现 Server 端处理逻辑；②开启服务，等待 Client 访问。

```
// 实现 Server 端处理逻辑
private static class HelloServiceImpl implements HelloService.BlockingInterface {
       @Override
         public HelloResponse sayHello(RpcController controller, HelloRequest request)
throws ServiceException {
            // 自定义实现处理细节
            HelloResponse result = HelloResponse.newBuilder().setReply("Hello " + request.
getGreeting() + ", I am Java grpc server.").build();
            return result;
       }
   }
// 开启 Server 端服务,使用本地的 8080 端口
ServerBuilder.forPort(8080).addService(new
HelloServiceImpl()).build().start();
```

(2) 自定义 Client 端实现

同实现自定义 Server 端一样，实际生产中也需要实现 Client 访问。Client 端的实现较 Server 要简单，不过也需要分为两步：①Client 访问逻辑实现；②发起向 Server 访问请求。

```
public class RpcClient {
   // 通过 channel 与 Server 交互
   private ManagedChannel channel;
   // Client 使用到的存根(Stud)
   private HelloService.BlockingInterface blockingInterface;
   public RpcClient(String host, int port) {
       // 这里的 host 和 port 是指要连向 Server 端地址
       channel = ManagedChannelBuilder.forAddress(host,
port).usePlaintext().build();
       blockingInterface = HelloService.newBlockingStub(channel);
   }
   public String sayHello(String name) {
       HelloRequest request =
HelloRequest.newBuilder().setGreeting(name).build();
       // 通过 Stub 向 Server 发起请求
       blockingInterface.sayHello(null, request);
   }
}
```

Client 在和 Server 交互的过程中，gRPC 默认使用 Netty 作为底层网络维护。在访问过程中，连接具体的地址、方法信息等均由 BlockingRpcChannel/ManagedChannel 负责。同时还包括负载均衡、健康检查、调用链跟踪等。

5.1.2 RPC 架构

在 gRPC 轻量级等众多特点的基础上，HDFS 丰富了使用性和服务端逻辑处理，使其在整个 RPC 通信过程中得以更加高效。

1. RPC 接口

在 HDFS 系统中，对不同模块的访问会有对应的协议接口处理。目前 HDFS 已实现的协议接口包括：

- ClientProtocol：定义 Client 与 Namenode 节点交互的一系列接口。由 Client 发起访问，Namenode 响应操作，包括对文件读写相关操作、snapshot 操作、缓存相关操作等。
- DatanodeProtocol：定义 DataNode 与 Namenode 节点交互的一系列接口。由 DataNode 发起访问，Namenode 响应操作，其中也包括下发在 DataNode 上需要执行的命令，包括注册、heartbeat、Block 汇报等。
- DatanodeLifelineProtocol：定义 DataNode 与 Namenode 维持心跳感知的接口。由 DataNode 发起访问，专门开辟一条维护 DataNode 存活心跳的“路径”。
- NamenodeProtocol：定义 StandbyNamenode 与 ActiveNamenode 节点交互的一系列接口。由 Standby 发起访问，Active 负责响应，包括通知 Active 执行 checkpoint、滚动 edit 文件等。
- RefreshAuthorizationPolicyProtocol：定义刷新 Authorization 有关的接口，如刷新 ACL 策略。
- ReconfigurationProtocol：定义刷新 configuration 有关的接口。可以在无须重启节点服务的情况下，动态刷新配置并生效。
- RefreshUserMappingsProtocol：定义刷新和 User 有关的接口，如刷新 User 分组映射、更新 Super User 信息等。
- RefreshCallQueueProtocol：定义刷新 Client 和 Service 有关的 RPC 队列接口。
- GenericRefreshProtocol：定义在运行时刷新和身份有关的接口。
- GetUserMappingsProtocol：定义获取 User 和分组间映射有关的接口。
- HAServiceProtocol：定义和 HA 有关的接口，如 zkfc 定期从 Namenode 感知存活信息、执行 HA 切换等。
- InterDatanodeProtocol：定义 DataNode 与 DataNode 间交互接口，如在执行 Block Recovery 时会使用到。
- ClientDatanodeProtocol：定义 Client 与 DataNode 交互的接口。由 Client 发起访问，DataNode 负责响应，如手动触发 DataNode 上报 Block、执行节点间 Balance 等。
- QJournalProtocol：定义操作 JournalNode 或 Edit 有关的接口，如获取 Journal 状态、新生成一个事务、开启或结束一个 Edit 文件等。
- InterQJournalProtocol：定义 JournalNode 节点间数据同步的接口。

这些协议接口在整个分布式系统运行中起到至关重要的作用，每种接口都会实现对应的 RPC 的 Client 和 Server 处理逻辑。以 HAServiceProtocol 为例，Client 和 Server 实现结构如图 5-2 所示。

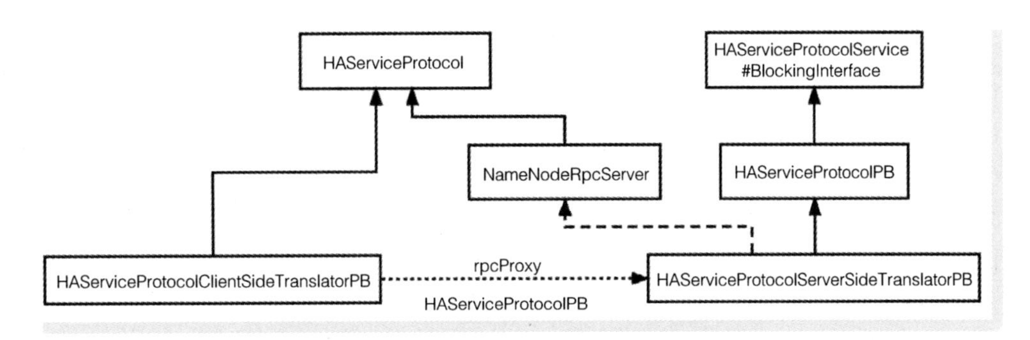

● 图 5-2　HAServiceProtocol 实现 Client 和 Server

HAServiceProtocol 定义了所有可被使用的接口，Server 端所有的细节均在 NameNodeRpcServer 中实现，Client 端访问逻辑在 HAServiceProtocolClientSideTranslatorPB 中处理。在 Client 访问 Server 的过程中，通过 rpc 代理的形式访问 HAServiceProtocolPB。目前所有的访问接口都是阻塞的。其他接口协议都是类似处理。

2. RPC Server 端实现

RPC Server 端在处理 Client 请求时，为了提升处理效率和高并发，采用 Reactor 设计模式来抽象出一个核心实现 ipc.Server。RPC Server 端处理架构如图 5-3 所示。

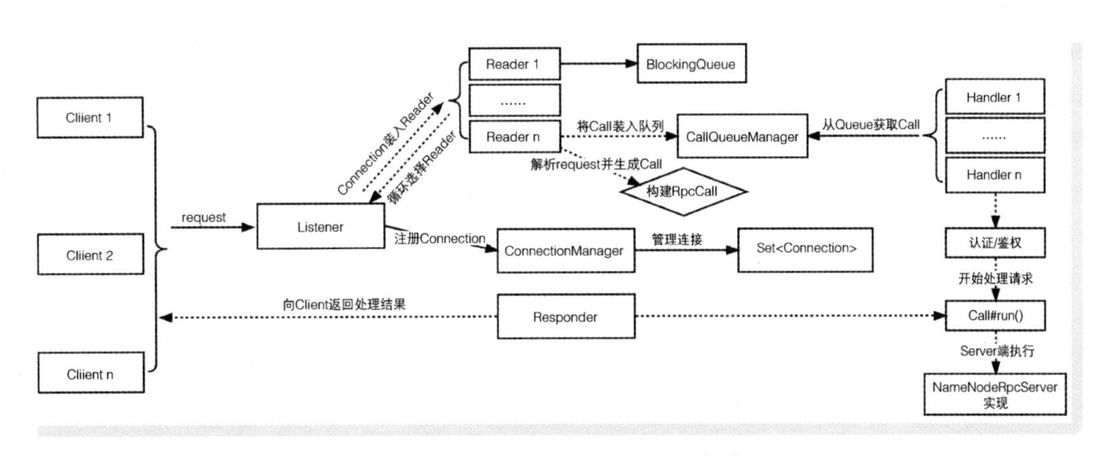

● 图 5-3　RPC Server 端处理架构

在整个 RPC Server 端架构中，有多个重要的线程及对象，各自负责不同角色及分工。

- Listener 线程：单线程，负责监听 Client 的请求，一旦产生 SelectionKey.OP_ACCEPT 事件，即会调用 doAccept( )方法对事件进行处理。主要是对 Client 请求构建 Connection，并顺序选择一个 Reader 进行下一步处理。

- Reader 线程：多线程，从请求头中提取 callId、retry、rpcKind 等具体协议接口，待执行 method 等信息，并构建 Call 放入 CallQueueManager 中的队列。
- ConnectionManager 对象：管理 Client 请求的连接，还负责对 Connection 的构建与清理。一个 ipc.Server 有 1 个 ConnectionManager。
- Connection 对象：包含 Client 访问时包含的 Socket、携带数据、具体请求的协议接口（protocol name）等信息。
- Call 对象：封装和 Client 相关的访问信息，包含 callId、retry 次数、rpcKind、clientId、各处理阶段耗时（ProcessingDetails）等。在 Reader 线程中创建，会在 Handler 线程中被执行。
- Handler 线程：多线程，从 ConnectionManager 队列中取出 Call 元素，对请求进行处理并将处理结果封装给 Call 中，最终交给 Responder 返回响应。
- Responder 线程：单线程，负责返回 Handler 处理的结果，并对 Client 请求过的 Connection 进行及时清理。如果 Client 的请求较多，会对结果进行异步返回。

对 Client 的请求做具体处理是由 Handler 来执行的，在此之前，已经获取本次所要访问的 protocol 和 method，但在处理时仍有一个较为细致的过程。这里有一些注意事项：

（1）RPC 实现方式

当前 HDFS 支持 3 种实现：①RPC_BUILTIN，这种目前主要用于测试；②RPC_WRITABLE，基于传统 Writable 序列化方式实现的协议；③RPC_PROTOCOL_BUFFER，基于 Protocol Buffers 实现的协议。默认是 RPC_PROTOCOL_BUFFER。

（2）protobuf 处理引擎（engine）

在 HDFS 中，每种接口协议都会对应一种处理引擎。这在 ipc.Server 初始化之初就已设置到 configuration 中，以<key，value>的方式存放，key 表示 rpc.engine.xxxx；value 表示 ProtobufRpcEngine1 或 ProtobufRpcEngine2。例如：

```
<property>
<name>
rpc.engine.org.apache.hadoop.hdfs.protocolPB.DatanodeProtocolPB
</name>
<value>org.apache.hadoop.ipc.ProtobufRpcEngine</value>
</property>
```

如果这里设置的 enging 是 ProtobufRpcEngine，在初始化 Server 时，就会选择使用 ProtobufRpcEngine#Server，在解析 Call 时也会采用相关的调度方法。

（3）执行具体处理逻辑

当 Handler 获得一个 Call 元素后即会对其封装的请求做处理。首先会有个鉴权过程，鉴权通过后会进入 Call#run()，之后会进入 Server#call()，最后进入具体引擎中。如果进入 ProtobufRpcEngine，会执行如下关键部分：

```
RpcWritable processCall(RPC.Server server,
  String connectionProtocolName, RpcWritable.Buffer request,
```

```
    String methodName, ProtoClassProtoImpl protocolImpl) throws Exception {
  BlockingService service = (BlockingService) protocolImpl.protocolImpl;
  // 解析和执行方法有关的信息
  MethodDescriptor methodDescriptor = service.getDescriptorForType()
      .findMethodByName(methodName);
  // 解析请求参数
  Message prototype = service.getRequestPrototype(methodDescriptor);
  Message param = request.getValue(prototype);
  Call currentCall = Server.getCurCall().get();
  // 进入具体 Server 实现类中执行具体逻辑,例如 NameNodeRpcServer 中某个方法
  Message result = service.callBlockingMethod(methodDescriptor, null, param);
  return RpcWritable.wrap(result);
}
```

Call#run()执行完成后，Responder 线程会将本次处理的结果返回给对应的 Client。

5.1.3 非幂等访问

在分布式环境中，有时 Client 在请求 Server 过程中会存在重试的可能，这种情况通常发生在不可预知的情况下，如网络不稳定导致双方交互超时。由于分布式系统在每时每刻都存在数据变化，前后请求的时机对应最后返回的结果可能有偏差，这种情况是需要避免的。类似这种问题都属于是非幂等访问。

在 HDFS 中，非幂等重复请求会给集群和应用带来潜在问题：

1）Client 重复访问导致收到的结果不符预期，以及上层应用失败。例如，在调用 create 接口创建文件时，Client 发生一次请求后发现长时间未能返回（Server 端还在处理中），此时又再次发送请求（Server 已将第 1 次请求处理完成），同时收到了 Server 端第二次请求处理的结果，由于 Server 端此前已经构建过文件，此时会收到一个异常信息。

2）集群的 Meta 信息被破坏。还是以连续请求两次构建文件为例。例如，中间有某个 Client 发起 Delete 操作，将该文件删除；此时 Server 还会对第 2 次请求重新构建文件，这种情况是很不应该的，集群 Meta 信息会发生紊乱。

为了避免非幂等请求给集群和使用带来的影响，HDFS 针对多数更新操作增加了防范机制。通过引入一个内部的 Cache 来存放同一个 Client 已执行过的请求调用结果，以此来优化非幂等重复访问带来的影响。

Server 端将非幂等访问定义为来自同一 Client 的多次请求应作为一次处理，通常这种请求具有相同的 CallId，但是具有相同的 CallId 还不能足以判断是否来自同一机器。因此，在实现上需要考虑 3 点：

- 多次请求具有的唯一性标识。当前 Server 端将<CallId+ClientId>组合起来当做非幂等请求的唯一标识。这里的 ClientId 通常是和 Client 机器有关的标识，如机器 Id。
- 确定需要处理的非幂等访问接口。对于更新操作来说，维护数据的一致性较为重要，因此对于重要的更新操作是需要处理的；对于读操作来说，无须过多干涉。
- 已执行请求结果保存的时效性。多数时候这些数据是被保留在内存中的，需要有过期时间限

制。失效由 ${dfs.namenode.retrycache.expirytime.millis} 确定，默认 10 分钟。

当应对一次非幂等访问时，就会生成一个新的 CacheEntry，用于记录本次非幂等具体信息。主要结构包括：

```
// 本次非幂等访问所处的状态,包括 INPROGRESS(初始状态)、SUCCESS(执行并返回成功)、FAILED(执行但返回失败)
byte state = INPROGRESS;
// 和 ClientId 相关的信息
long clientIdMsb;
long clientIdLsb;
// 本次请求的 CallId
int callId;
// 失效时间,过期会自动清理
long expirationTime;
```

Server 端产生的所有 CacheEntry 都会在 RetryCache 集中存放，由 LightWeightCache 管理，这种结构继承了很多 LightWeightGSet 的特性，因此性能较高。在使用上并不复杂，只需要对需要处理的核心逻辑添加注册即可。以 NameNodeRpcServer#create 为例：

```
// 判断是否已经有正在处理的非幂等请求,如果有,则等待处理结果
CacheEntryWithPayload cacheEntry = RetryCache.waitForCompletion(retryCache, null);
    // 如果此前已有非幂等请求,且已经成功处理并返回,则无须进入核心处理逻辑,直接返回即可
    if (cacheEntry != null && cacheEntry.isSuccess()) {
      return (HdfsFileStatus) cacheEntry.getPayload();
    }
try {
    // 核心处理逻辑
    } finally {
      // 本次执行成功,将 CacheEntry 的状态设置为 SUCCESS
      RetryCache.setState(cacheEntry, status != null, status);
    }
```

这里的 waitForCompletion 属于较为核心的处理非幂等访问的过程，在 Client 初始进入时，会首先重置一个 CacheEntry，加入过期时间：

```
new CacheEntryWithPayload(Server.getClientId(), Server.getCallId(),
        payload, System.nanoTime() + expirationTime);
```

之后如果有新的非幂等访问进入，则直接进入等待，直到前者已经处理完成。

```
while (mapEntry.state == CacheEntry.INPROGRESS) {
        try {
          // 进入等待
          mapEntry.wait();
        } catch (InterruptedException ie) {
        }
      }
```

这些机制能有效避免无效的请求处理，增加集群稳定性。在实际使用时，需要留意这里的失效时间。另外一个值得注意的地方是在发生 HA 时，原始 Active 上 RetryCache 信息并不会持久化；而当这

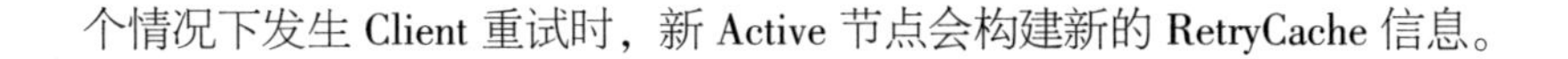

个情况下发生 Client 重试时，新 Active 节点会构建新的 RetryCache 信息。

5.2 文件写入

数据读写是文件系统支持的最基本能力之一。在 HDFS 这种大规模数据集中，既要支持多副本数据写入，又需要考虑性能的影响，保障稳定的数据写入甚至要比读更加重要。例如，用户新建文件 welcome.txt，并随后向其中存入部分数据：

```
Configuration conf = new Configuration();
FileSystem fs = FileSystem.get(conf);
Path file = new Path("welcome.txt");
FSDataOutputStream outStream = fs.create(file);
outStream.writeUTF("完成");
outStream.close();
```

本节主要介绍文件写入实现的细节。

5.2.1 数据包（packet）与 Pipeline

Client 在向 DataNode 读写数据的过程中，为了兼顾资源共享和数据传输效率，采用数据包（packet）的方式流转；pipeline 发生在 Client 写入数据或 Block 副本补足时，用于快速完成多节点同步数据的一种高效通道，在多副本同时更新数据时是一种不错的“桥接”方式。

1. packet

通常在实际使用过程中会将 Block 设置得比较大，否则一次传输数十 MB 甚至更大的数据时会存在风险，如数据在传输过程中造成网络拥塞。因此，在写入数据的过程中将数据以单位更小的“段”传输会是更好的选择。这个“段”在 HDFS 中称为 packet，默认 64kB（由 ${dfs.client-write-packet-size 配置}），不能超过 16MB（由 ${dfs.data.transfer.max.packet.size 配置}）。packet 和 Block 的关系如图 5-4 所示。

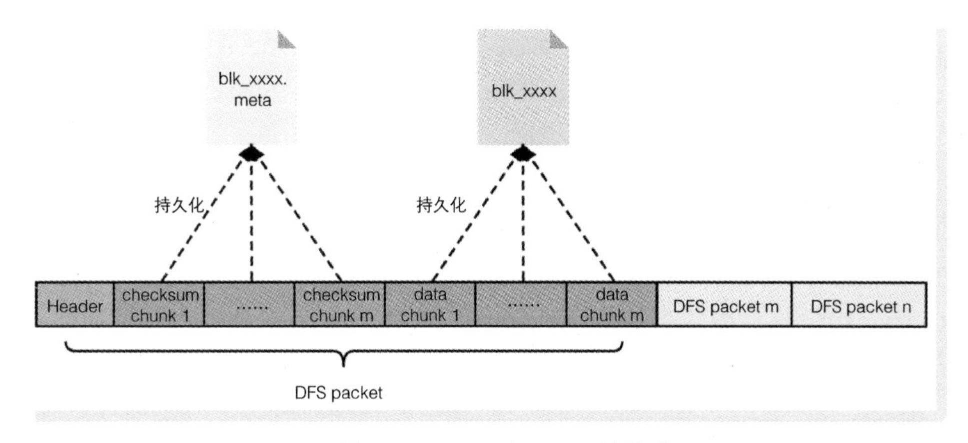

● 图 5-4 packet 与 Block 的关系

Client 在向 DataNode 发送数据时以 packet 为单位。packet 主要包含两部分内容：

（1）packet header

每个 packet 都有一个 header 信息。用于描述该 packet 所携带的数据长度、变长、标识位等。Packet Header 结构如图 5-5 所示。

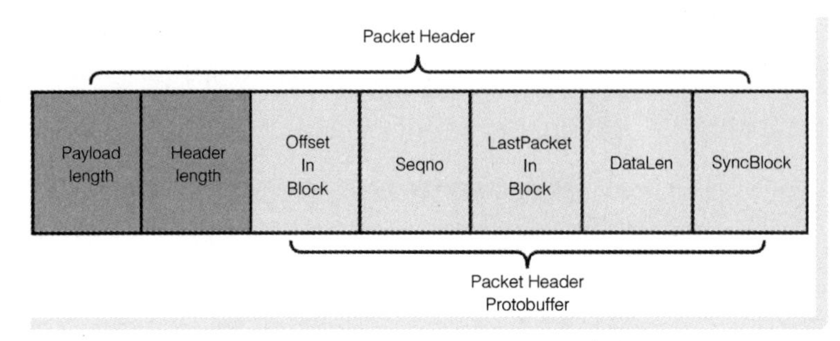

● 图 5-5 Packet Header 基本结构

整个 header 主要包括 3 部分对 packet 的描述：

1）Payload length。主要描述 check sum 数据长度和 check data 数据长度。

2）Header length。主要描述紧随其后的 packet header 数据的长度。

3）Packet Header Protobuffer 数据。这是一段极其重要的被格式化的 proto 数据，其主要属性包括：

- Offset In Block：packet 在其所在 Block 中的偏移量，单位是 Byte。
- Seqno：packet 包含的序列号。
- LastPacket In Block：判断是否是 Block 的最后一个 Packet。
- DataLen：实际数据长度，单位是 Byte。
- SyncBlock：判断 packet 数据是否强制刷写到磁盘。

packet header 除了描述一系列基本信息外，还会在 chunk 解析时做基本的校验工作。例如，判断 Seqno 是否符合标准，根据 LastPacket In Block 刷写数据至磁盘等。

（2）packet chunk/data

一个 packet 包含多个 chunk，packet 中的 chunk 负责存储固定格式和大小的用户数据，为了保障在网络传输过程中的准确性，Client 会在发送数据前将 chunk 生成对应的校验和，随着主数据一同发送，然后 DataNode 会做解析并判断。

1）chunk data。封装 Client 传输的数据，默认大小 512 Byte，由 ${dfs.bytes-per-checksum}配置。这部分数据会被持久化到 block_xxx 文件中。

2）chunk sum。对 chunk data 按照一定策略生成的校验数据，这些策略包含：

```
NULL  (CHECKSUM_NULL, 0), // id=0, 校验和长度=0
CRC32 (CHECKSUM_CRC32, 4),  // id=1, 校验和长度=4
CRC32C(CHECKSUM_CRC32C, 4),  // id=2, 校验和长度=4
DEFAULT(CHECKSUM_DEFAULT, 0),  // id=3, 校验和长度=0
MIXED (CHECKSUM_MIXED, 0);  // id=4, 校验和长度=0
```

在这些校验策略中，较为常用的是 CRC32 和 CRC32C（默认）。通常一个 packet 中的 chunk sum 都会使用相同的策略处理，但并不意味着一个 Block 中的所有 packet 都具有相同的 chunk sum 长度，对于这一点需要理解。

所有的 chunk sum 都会按顺序被持久化到 blk_xxxx.meta 文件中，这里仍然会按 packet 为单位。chunk sum 在 block_xxxx.meta 中的存储格式如图 5-6 所示。

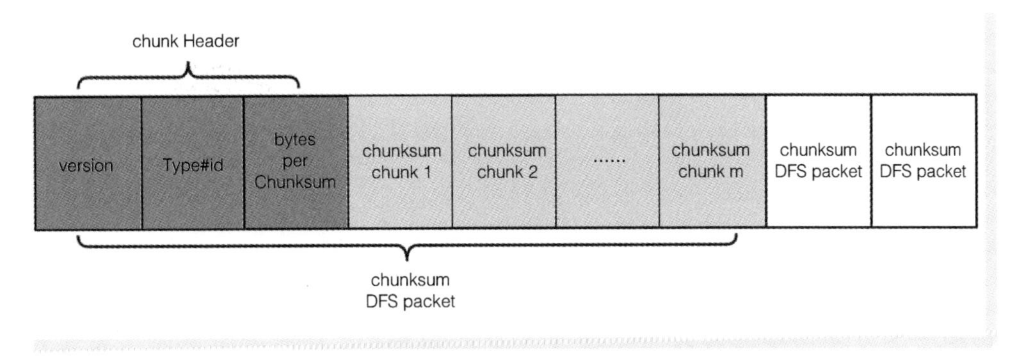

● 图 5-6　chunk sum 与 block meta 文件的关系

packet 对应的 chunk sum 数据会包含两部分：header 和 chunk sum 数据。

header 是对 chunk sum 的基本信息描述：①version，当前使用的版本，默认是 1；②Type#id，对 chunk data 做校验时所使用的策略；③bytesPerChunksum，chunk sum 对应的 chunk data 的大小，单位为 Byte。

2. pipeline

在分布式环境下实现多副本文件的写入，通常有两种方法：其一是选择 1 个节点接收所有数据后，以此节点为基点传递给其余副本所在节点；其二是首先将副本所在的节点间建立“桥接”串联起来，其中 1 个节点收到一部分数据后随即将这部分数据顺序传递给其他节点，每个接收节点会返回“确认”，发送节点会收到“确认”。这种方法被称为流水线（pipeline）式数据写入。

HDFS 就是使用 pipeline 来实现多副本数据的同步更新。通常实现 pipeline 会有 3 个过程：①实现多节点间建立 pipeline 通道；②数据在 pipeline 中传输；③pipeline 通道关闭。下面介绍在 HDFS 中处理 pipeline 的主要过程，以 3 副本构建为例。

（1）实现多节点建立 pipeline 通道

在 Client 发送数据前，在副本所在节点建立一条可以传输数据的通道是必要的前提。这一流程由 Client 发起，通过两点串联的形式，直达最后一个副本所在节点。两节点间的构建通道方法分为两步：①和目标节点建立网络通信，获取到和目标节点间用于数据传输和回复的 DataOutputStream 与 DataInputStream；②告知目标节点关于数据传输过程中所需的相关信息，如 Block、更多的目标节点等，通过 Sender#writeBlock()实现。

```
public void writeBlock(final ExtendedBlock blk, // 当前正被构建的 Block
    final StorageType storageType, // 下一副本存储类型
    final Token<BlockTokenIdentifier> blockToken,// Block Token Identifier
```

```
    final String clientName, // client 节点信息
    final DatanodeInfo[] targets, // 剩余需要被放入 pipeline 中的目标节点
    final StorageType[] targetStorageTypes, // 剩余副本数据的存储类型
    final DatanodeInfo source, // 源数据所在节点,从 Client 出发时,设置为 null
    final BlockConstructionStage stage, // 当前通道所处状态 BlockConstructionStage
    final int pipelineSize, // pipeline 内节点数量
    final long minBytesRcvd, // Block 当前的 numBytes
    final long maxBytesRcvd, // 已发送过的数据大小
    final long latestGenerationStamp, // 新生成的 generationStamp
    DataChecksum requestedChecksum, // 为 packet 生成校验和的 DataChecksum
    final CachingStrategy cachingStrategy, // 为读写操作设置的缓存策略,CachingStrategy
    final boolean allowLazyPersist, // Block 数据是否延迟持久化
    final boolean pinning,
    final boolean[] targetPinnings, // 当 favoredNode 存在时,是否需要验证
    final String storageId, // 下一副本所在节点被选中的 FsVolume 标识
    final String[] targetStorageIds) // 剩余目标节点被选中的 FsVolume 标识
```

当 targets 大于 0 时，说明还有剩余目标节点待加入 pipeline 中，此时将更新 targets，将本地节点移除，并继续向下一个目标节点发送构建网络通道请求：

```
if (targets.length > 0) {
  // mirrorOut 已经和下一目标节点成功建立网络传输的 DataOutPutStream
  new Sender(mirrorOut).writeBlock(......);
}
```

直到最后一个 DataNode 节点加入 pipeline，通道才算构建完成。在通道构建阶段中，Client 负责维护 stage（通道状态）被赋予 PIPELINE_SETUP_CREATE，待全部 DataNode 加入 pipeline 后，stage 变更为 DATA_STREAMING，代表已经可以开始传输数据。这个阶段要达成的目标主要是建立一条可通信的“桥接”。

（2）通过 pipeline 传输数据

这个过程比较关键，需要保证数据在传输过程中的准确性和 pipeline 畅通。数据在 Client 端构建完成，按序以 packet 为单位发送到 pipeline 中的第 1 个 DataNode 节点，各节点接收到数据后会传递到之后的节点，每个节点负责校验接收到的数据并持久化到正确的 Block 文件中。为了确认数据准确到达下游节点并被处理，上游节点需要等待所有下游节点的“确认”。pipeline 数据传输示意如图 5-7 所示。

作为数据源端，Client 会首先组织好 packet 数据，待发送的多个 packet 经过排序后会逐个通过 DataOutputStream 发送 pipeline 中的第 1 个 DataNode 节点。DataNode 节点接收到数据后会直接发给下游的节点，下游节点处理完成后，会向上游发送一个“确认” ack。ack 会包含下游处理的结果，其主要封装体是 PipelineAck，主要结构如下。

- Seqno：已处理过的 packet Seqno。
- AllReply：下游节点处理数据的结果。
- DownstreamAckTimeNanos：下游所有节点处理 packet 所需的耗时时长。

下游节点为了返回的效率，会将 PipelineAck 先持久化为 Protobuf 数据。返回的结果状态非常丰

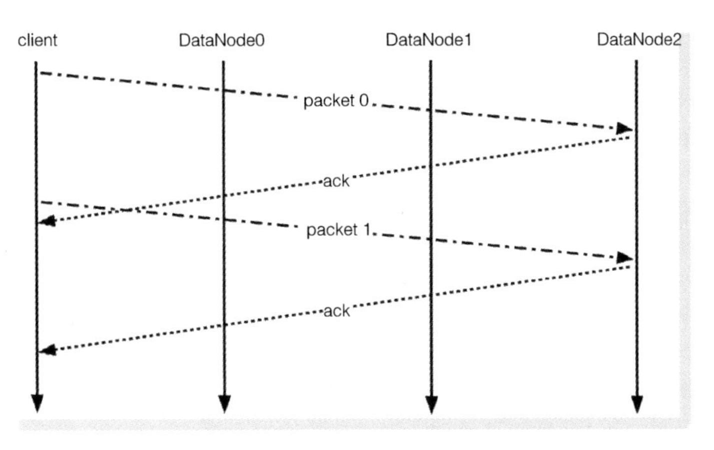

● 图 5-7　pipeline 数据传输示意图

富，涉及多种场景的处理结果，包含 SUCCESS、ERROR、ERROR_CHECKSUM、ERROR_INVALID、ERROR_EXISTS、ERROR_ACCESS_TOKEN、CHECKSUM_OK、ERROR_UPSUPPORTED、OOB_RESERVED1、OOB_RESERVED2、OOB_RESERVED3、IN_PROGRESS 和 ERROR_BLOCK_PINNED。

作为第 1 个接收数据的 DataNode 节点，会等待所有下游节点的“确认”，最后将结果告知 Client。为了提升数据传输的效率，Client 端通常会使用 buffer 存储已经准备好的 packet，且会在等待 DataNode 返回“确认”的过程中，按顺序发送剩余的一部分 packet 数据，因为数据在网络中传输的代价会高于节点在本地处理的速度。但作为本地处理来说，DataNode 仍需要逐个准确处理接收到的 packet。

（3）pipeline 通道关闭

Block 的最后一个 packet 处理完成后，随即进入 pipeline 关闭阶段。在关闭前，需要保证上游节点收到下游返回的 ack，然后两两节点间会断开数据输入输出流通道，通常情况下 pipeline 断开的顺序和数据接收的顺序相反，但是并非绝对。

Client 在发送完最后一个 packet 后，stage 会变为 PIPELINE_CLOSE，代表和 Block 相关的 packet 都已经传递到 pipeline 中，此时会进入等待所有 packet 的确认。随后又将进入下一个 Block 的处理周期。

5.2.2　数据写入

文件写入是整个 HDFS 最为核心的功能之一。因为其涉及的模块众多，流程也较为复杂，下面作者将整体流程拆分为三个部分介绍，尽可能做到详尽简洁。

1. 文件元数据生成

向 Namenode 请求生成一条和文件相关的元数据是数据写入的前提。由 Client 发起，意在告诉 NameNode 新创建的文件具有哪些属性，这些属性内容都会被维护在 meta 中。通常和文件关联的属性有：

```
String src, // 文件路径及名称
FsPermission masked, // 所属权限
String clientName,  //client 名称
EnumSetWritable<CreateFlag> flag, // 和 Create 有关的表示,默认 CreateFlag#CREATE
```

```
boolean createParent,  // 是否一起创建父级目录,如果父级目录不存在
short replication,  // 副本数量
long blockSize,  // Block 文件能存储的数据量上限
CryptoProtocolVersion[] supportedVersions, // 支持的版本号
String storagePolicy // 存储策略
```

这些属性在 Client 端有一些基本及默认的配置项，由 DfsClientConf 和 HdfsClientConfigKeys 维护。向 Namenode 申请生成元数据时，需要调用 ClientProtocol#create()，目前访问 Namenode 的绝大多数接口协议都由 NameNodeRpcServer 实现。Namenode 在收到具体信息后，会做两件事：

1）在内存维护的元数据 Tree 结构中创建一个合适的叶子节点，并将这一动作生成一条 Transaction 记录添加到正在维护的 edit 文件中。

2）为该 Client 生成一条 Lease 信息。对于同一文件的更新操作，HDFS 规定同一时间只允许 1 个 Client 访问，构建 Lease 的作用就是实现这个目的，并且 Lease 会在该 Client 写数据期间会一直存在（异常情况会在 5.2.3 节中介绍），对文件更新完成后会被释放。

2. Server 处理逻辑

当请求及 packet 到达 DataNode 后，验证数据完整性，及时确认数据处理成功等细节十分重要，细节处理通常是一款分布式存储系统是否优秀的重要标志。DataNode 对来自 Client 的数据写入请求处理逻辑如图 5-8 所示。

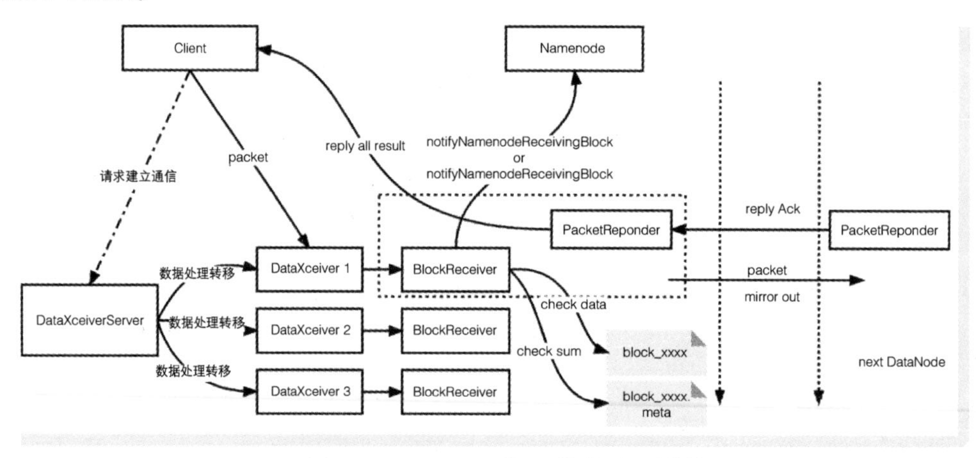

● 图 5-8　DataNode 处理数据写入逻辑

Client 和 pipeline 之间传输数据仍然是借助底层 socket 实现的，Server 为了实现处理高效数据，DataXceiverServer 通过以异步的形式接收各 Client 的连接请求，并将可以被处理的请求封装为 Peer（BasicInetPeer 或 NioInetPeer）后转交给 DataXceiver 独立处理各自管理的 Client 传递的数据。Peer 主要是对两个节点间网络传输的通道进行维护：

```
Socket socket;  // Client 连接 DataNode 间 socket
OutputStream out;  // DataNode 返回数据通道
InputStream in;  // DataNode 接收数据通道
boolean isLocal;  // Client 和 DataNode 是否是同一节点
```

需要说明的是，这里指的 Client 有可能是数据源端也有可能是 pipeline 中的某个上游节点。只要 Peer 维护的 socket 没有关闭，说明 Client 端仍有 packet 在传输，DataXceiver 会循环等待，直至 Block 的最后一个 packet 或发生异常。DataXceiver 具有举足轻重的地位，负责 Client 和DataNode间所有的 stream 请求和处理，包括 READ_BLOCK、WRITE_BLOCK、REPLACE_BLOCK、COPY_BLOCK、BLOCK_CHECKSUM、BLOCK_GROUP_CHECKSUM、TRANSFER_BLOCK、REQUEST_SHORT_CIRCUIT_FDS 和 RELEASE_SHORT_CIRCUIT_FDS 和 REQUEST_SHORT_CIRCUIT_SHM。其中和写数据相关比较重要的是 BlockReceiver 接收 Block 相关的 packet 数据。下面将对这部分进行重点介绍。

当 DataNode 成功加入 pipeline 后，BlockReceiver 即会被初始化。在初始化阶段，会做 3 件事情：

1）在内存中构建 Block 对应的副本及状态（RBW）并加入到 ReplicaMap 结构。此时会确定副本所在的 FsVolume 及副本的基本属性。

2）告知 Namenode 已经在 DataNode 本地开始接收 Block 相关的数据。

```
// 如果通道状态是 PIPELINE_SETUP_CREATE
// 构建副本及状态
replicaHandler = datanode.data.createRbw(storageType, storageId,block, allowLazyPersist);
// 通过 IBR 告知 Namenode
datanode.notifyNamenodeReceivingBlock(block, replicaHandler.getReplica().getStorageUuid
());
```

3）向 blk_xxxx.meta 文件写入必要的头文件。

```
// 创建新副本时,写入必要的 chunk Header
if (isCreate) {
    BlockMetadataHeader.writeHeader(checksumOut, diskChecksum);
}
```

对于接收下游节点的“确认”消息和向上游返回“确认”，是由另外一个异步线程——PacketResponder 来协调处理的，它的生命周期会和 BlockReceiver 绑定在一起。PacketReponder 会持续等待下游节点返回的“确认”，当收到下游节点的“确认”后，会将本地处理的结果返回给上游。在接收下游返回“确认”的过程中，需要按照顺序串行处理，一旦发现 Seqno 不正确，将会等待。

在接收上游节点或 Client 下发数据时，也是以循环等待的形式处理当前 Block 的所有 packet 数据：

```
// BlockReceiver#receiveBlock(),接收直到最后一个 packet
while (receivePacket() >= 0) {}
```

进入 receivePacket()，可以看到每次接收上游节点下发的数据也是以 packet 为单位，对应解析 pipeline 中的数据会由 PacketReceiver 去执行，PacketReceiver 会将通道中的数据细分为 Header、chunk sum 和 chunk data 等。之后会对解析到的数据做一些基础性的判断，如 OffsetInBlock 是否重传、chunk data 长度是否正确、Seqno 是否正确等。同时，会将 packet 数据直接下发给下游节点：

```
    // 如果存在下游节点
    if (mirrorOut != null && !mirrorError) {
        // 将 packet 下发给下游节点
        packetReceiver.mirrorPacketTo(mirrorOut);
```

```
        mirrorOut.flush();
        // 跟踪 pipeline 中最后一个 DataNode 延迟
        trackSendPacketToLastNodeInPipeline(duration);
    }
```

下面将对接收到的 packet 进行本地持久化。在对数据持久化的过程中，会进过一系列判断和处理，主要流程如下。

1）如果是 Block 的最后一个 packet，直接将数据刷盘即可。

2）对接收到的 chunk sum 和 chunk data 进行 CRC 校验，查看是否存在数据传输损坏。如果数据损坏，随后向上游节点返回的“确认”结果为 ERROR_CHECKSUM。

3）和本地已持久化过的副本数据进行对比。对比过程需要满足如下条件。

- 当前 packet 的 OffsetInBlock 需大于已持久化过的所有 packet。
- 当前 packet 的 OffsetInBlock 必须与已持久化过的 packet 位置对齐。
- 当前是 Block 的最后一个 packet，且不完整，需要读入预先已存入的数据并重新计算 CRC 值。

4）将 packet 写入对应文件的常规做法是，先将 chunk data 按顺序写入 blk_xxx 文件，随后再将 chunk sum 按顺序写入 blk_xxxx.meta 文件。为了保证数据不滞留缓冲区，必要的 flushOrSync 是不可省略的。

5）如果对 packet 持久化执行成功，将会在随后向上游节点“确认”——SUCCESS。

6）当 Block 的最后一个 packet 到达时，PacketResponder 在向上游节点返回“确认”前，会做 3 件事情：

- 将当前副本状态更新为 FINALIZED。
- 告知 Namenode 已经接收完成和 Block 有关的所有 packet 数据。通过 notifyNamenodeReceivedBlock( ) 实现。
- 清理必要的资源，如 PacketResponder 和 Peer。

以上是主要的处理流程。在现实场景中，如果 DataNode 服务即将停止工作，而此时又正在处理 packet 的写入，那么将如何“确认”告知上游节点呢？HDFS 已经充分考虑到了这一点，当这种现象发生时，DataNode 会在执行 shutdown 的过程中向所有 Peer 发送 OOB，状态为 OOB_RESTART。

上面介绍的是对 Block 数据的主处理逻辑，除此之外，还有一些前后关联的细节值得了解，包括构建 pipeline 通道、关闭本节点与上下游间的通道、关闭 BlockReceiver 等，均在 DataXcerver#writeBlock( ) 中进行处理。

3. Client 处理逻辑

在文件写入过程中，Client 扮演“主角”角色之一，其主要有两个作用：①源端以 Block 级别准备数据；②以 packet 为单位的数据发送机制。这里有几个重要的 Stream 实现值得关注，如图 5-9 所示。

当 Client 请求 Namenode 构建元数据后，会生成一个 FSDataOutputStream（通过 pipeline 通道中第 1 个节点建立），用于向 pipeline 发送数据的上层实现，PositionCache 起到承上启下的作用，此外还额外负责数据统计工作。DFSOutputStream 真正承担起了和 pipeline 的通信。整个数据收发过程被设计得既巧妙又高效，主要原理如图 5-10 所示。

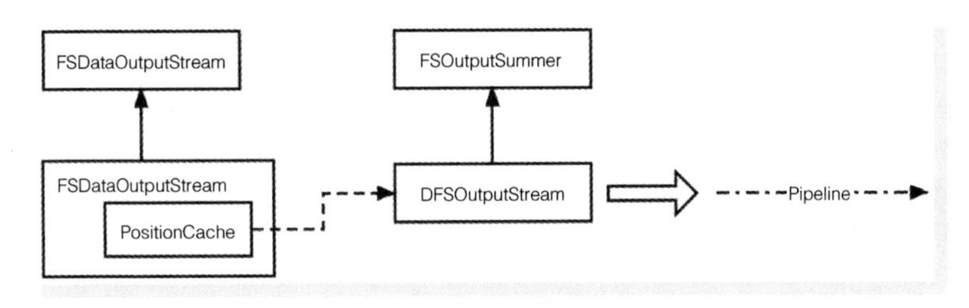

● 图 5-9 Client 写数据的重点 Stream 关系

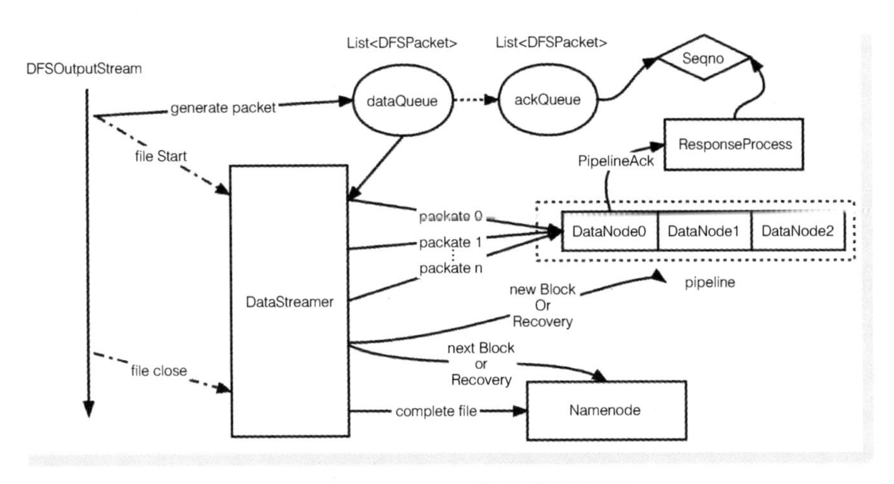

● 图 5-10 Client 收发数据原理

对即将要存储的数据，Client 需要将其归纳到具体的 Block 和副本位置。如何理解？Client 在发送数据前，需要先获得发送的目标节点及存储信息，之后在 pipeline 已完整的情况下，按序发送。这一重要过程由异步执行的 DataStreamer 负责完成，DataStreamer 的主要作用有以下几个。

（1） 向 Namenode 申请新 Block 基本信息及维护 pipeline

当 stage（pipeline 通道状态）是 PIPELINE_SETUP_CREATE 时，说明此时处于新的数据写周期，需要申请一个新的 Block 来承载新写入的数据，且需要为新写入构建一条新的 pipeline：

```
if (stage == BlockConstructionStage.PIPELINE_SETUP_CREATE) {
  // 构建新 pipeline
  setPipeline(nextBlockOutputStream());
  // 更新 pipeline 状态为 DATA_STREAMING
  initDataStreaming();
}
```

首先要做的就是向 Namenode 申请一个新的 Block 信息及副本存储节点位置，由于不能总是一次就能够获取到，故这里会采用一定重试次数：

```
DFSOutputStream#addBlock():
    while (true) {
      try {
```

```
        // 调用 ClientProtocol#addBlock()向 Namenode 申请
        return dfsClient.namenode.addBlock(src, dfsClient.clientName, prevBlock,
            excludedNodes, fileId, favoredNodes, allocFlags);
      } catch (RemoteException e) {
      ......
      // 重试完所有次数,如果仍然失败,退出
      if (retries == 0) {
          throw e;
      } else {
          //  默认重试 5 次, ${locateFollowingBlock.retries}
          --retries;
      ......
          // 获取失败后,睡眠一定时长
          Thread.sleep(sleeptime);
          sleeptime = calculateDelayForNextRetry(sleeptime, maxSleepTime);
      }
    }
  }
```

在向 Namenode 申请新的 Block 时，会携带以往故障或效率不高的 DataNode 节点，Namenode 获取到这些信息后，就会在选择策略中将这些节点不作为首要选择项。

成功获取到的 Block 会包含副本数据有关的重要信息，如副本所在节点、存储类型、磁盘位置等，这些副本在返回时是有顺序的。之后 Client 会尝试和返回的第 1 个副本节点组建 pipeline，这里仍然会有 1 次重试机会：

```
DataStreamer#createBlockOutputStream()
int refetchEncryptionKey = 1;
while (true) {
    try {
        ......
        // 构建 socket
        s = createSocketForPipeline(nodes[0], nodes.length, dfsClient);
        // 获取和第 1 个 DataNode 节点的 OutputStream
        OutputStream unbufOut = NetUtils.getOutputStream(s, writeTimeout);
        // 获取和第 1 个 DataNode 节点的 InputStream
        InputStream unbufIn = NetUtils.getInputStream(s, readTimeout);
        // 向第 1 个 DataNode 发生写 Block 命令
        new Sender(out).writeBlock(......);
    } catch (IOException ie) {
      ......
      // 重试
      refetchEncryptionKey--;
  }
}
```

如果 Client 在向第 1 个节点构建 pipeline 的过程中发生故障或不可预期的异常，会将该节点记录到 excludedNode 中，下次向 Namenode 申请新 Block 时就会作为过滤节点。同时也会告知 Namenode 抛弃

新生成的 Block，随后会再次申请一个新 Block：

```
do {
  // 过滤 DataNode 节点
  DatanodeInfo[] excluded = getExcludedNodes();
  lb = locateFollowingBlock(excluded.length > 0 ? excluded : null, oldBlock);
  // 和第 1 个 DataNode 建立连接
  success = createBlockOutputStream(nodes, nextStorageTypes, nextStorageIDs, 0L, false);
  // 如果建立 pipeline 失败
  if (!success) {
    // 告诉 Namenode 抛弃刚新生成的 Block
    dfsClient.namenode.abandonBlock(block.getCurrentBlock(),
        stat.getFileId(), src, dfsClient.clientName);
    // 记录到过滤集合
    excludedNodes.put(badNode, badNode);
  }
} while (!success && --count >= 0); // 重试 3 次
```

一旦所需的新 Block 和 pipeline 准备就绪，就可以进入下一步传输数据了。此时 pipeline 的状态在 initDataStreaming( ) 中设置为 DATA_STREAMING。

（2）作为源端以 packet 为单位向 pipeline 发送数据并维护数据完整

在整个数据生产和消费过程中，这两者可以并行，均以 packet 为单位。其中生产由 DFSOutputStream 负责，消费由 DataStreamer 负责。DFSOutputStream 有几个关键的 buf，用于存放当前 packet 所包含的 chunk：

```
// 生成 CRC 的类型实例
DataChecksum sum;
// 未被生成校验和的 buf 数据
byte buf[];
// 已经生成的 check sum
byte checksum[];
```

生产 packet 的工作流为 FSOutputSummer#write( )→writ1( )→DFSOutputStream#writeChunk( )。这个过程中会将需要存储的数据经过 CRC 处理，最终流入 DataStreamer#dataQueue。需要注意的是，有时 packet 不一定等 buf 中的 chunk 填满才会被发送，通常满足 4 种情况之一即可：①packet中 buf 数据填满；②DataStreamer 记录到的针对当前 Block 已发送的 byte 数量满足 Block size；③packet 中所允许的 chunk 数量达到上限；④对当前生产的数据做 flush 时。

DataStreamer 会一直监控 dataQueue，一旦有新的数据进入就可以选择向 pipeline 发送。在向 pipeline 发送 packet 时，根据作用不同，分为 3 种类型：

- 常规 packet。通常在整个数据写入操作中时发生最多，用于对业务数据的主体封装。
- 心跳 packet。当 DataStreamer 发现没有产生新数据时，Client 会间隔向 pipeline 发送心跳，以保持 pipeline 的通畅。心跳包不包含具体数据，Seqno 通常被设置为-1。
- 构成 Block 的最后一个 packet。DataNode 收到这种数据，通常会做一些资源释放。

为了加快数据传输速度，Client 不必等待上一个 packet 的“确认”也可以发送下一个 packet，但是有一个限流措施，以免下游来不及处理：如果当前 dataQueue 数量+ackQueue 数量大于 80，则不能再生产更多 packet 放入 dataQueue。除了心跳包外，其余两类被发送到 pipeline 中的 packet 都需要“确认”被下游节点完整处理。同 pipeline 中其他节点一样，Client 也是使用异步接收“确认”——ResponseProcessor。如果是构成 Block 的最后一个 packet，则需要等待所有已经发送的 packet 的“确认”：

```
if (one.isLastPacketInBlock()) {
  // 等待所有 packet 的“确认”
  waitForAllAcks();
  if(shouldStop()) {
    continue;
  }
}
```

当 dataQueue 中的某个 packet 元素被使用后，会将其移入 ackQueue 中，ackQueue 用于识别待“确认”packet。

一旦当前 Block 的最后一个 packet 也被下游所有节点顺利存储，说明当前 Block 已经成功被保存为了多个副本数据。接下来会做 3 件事情：

- pipeline 状态更新为 PIPELINE_CLOSE。
- 对已经处理过的 Block 做资源清理，包括关闭 ResponseProcessor，关闭和下游节点的 Stream，以及关闭 pipeline。
- pipeline 状态更新为 PIPELINE_SETUP_CREATE。

至此，如果有剩余数据需要写入，会进入一个新的 Block 处理周期。

当一个文件所要存储的数据被全部写入到各 DataNode 节点，此刻需要做额外的收尾工作，主要包括：

- 向 Namenode 申请解除 Lease。
- 检查 DataStreamer 中是否还存在未被处理的 Exception。
- 再次将 DFSOutputStream 中残存的数据 flush。
- 告知 Namenode 对文件做 complete 整理。
- 清理 DataStreamer 中剩余未被处理的资源，如关闭 socket。

这一过程发生在 DFSOutputStream#closeImpl( ) 中。

5.2.3 Lease 管理与 pipeline Recovery

在文件写入过程中，有一点是必须要考虑的，那就是是否允许多用户同时对一个文件更新？对于使用 HDFS 来说，答案是否定的。此外受制于所处的环境影响，如两节点间网络不稳定、节点负载高等，会造成 pipeline 传输数据不够通畅，如何解决这些问题是考验分布式系统是否健壮的关键。

1. Lease 管理

Lease 在维系整个文件写入过程中起到极其重要的作用，可以确保一个文件在同一时刻只对单 Client 授予写入权限。多数时候需要 Client 和 Namenode 共同参与，原理如图 5-11 所示。

Lease 通常存在于文件写入的整个过程，由 Client 发起申请，Namenode 负责创建并维护。

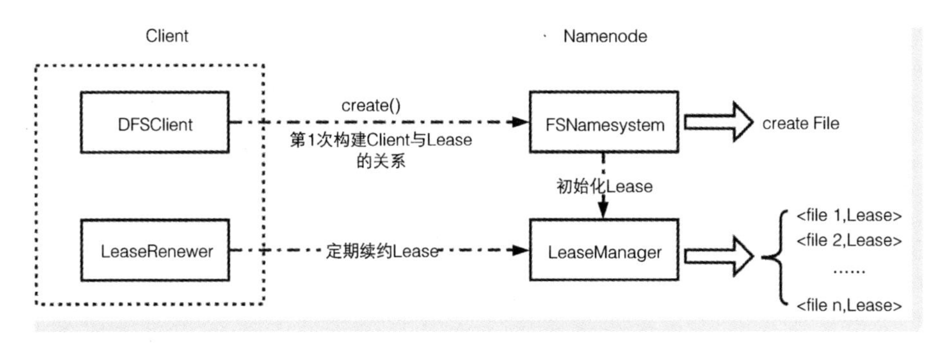

● 图 5-11　Client 与 Lease 的关系

Namenode 会为每个正在访问的 Client 构建一个 Lease，主要结构如下：

```
// 用户名
String holder;
// 最新续约 Lease 的时间
long lastUpdate;
// 当前用户正在更新的文件
HashSet<Long> files;
```

所有 Client 的 Lease 在 LeaseManager 中统一管理，为了便于查找，LeaseManager 将 File 与 Lease 的关系进行映射。

```
// <文件 id, Lease>
TreeMap<Long, Lease> leasesById;
```

当 Namenode 为某个 Client 构建了与文件之间的关系后，相当于该 Client 持有对文件的"锁定"，其他用户即使知道文件路径，也无权对文件进行更新。在 HDFS 中，Lease 拥有完整的生命周期：

1）Lease 初始。Lease 初始构建是在 Client 向 Namenode 申请创建文件过程中一起完成的。

2）Lease 续约。Lease 被创建后默认会有两个有效期时间来束缚：

- softLimit：默认 60 秒，超过这个时间，其他用户有权限拥有对文件做更新操作。
- hardLimit：默认 20 分钟，一旦超过这个时间，Namenode 会对文件未完成的 Block 做 Recovery。

为了避免 Lease 失效，Client 在文件写入期间需要定期向 Namenode 续约，以便维持对文件的"持有"。在 DFSClient 中有一个异步工作的线程——LeaseRenewer 来做此工作。

3）Lease 释放。当文件写完或必须要清理时，及时释放是一个良好的习惯。通常存在 3 种情况会对 Lease 释放：①文件写完，Client 主动调用 close 关闭；②softLimit 超时，其他用户有权限关闭文件对应的 Lease；③hardLimit 超时。

Lease Recovery 和 Block Recovery 的原理已经在 4.4.4 节中介绍。

2. pipeline Recovery

文件写入过程中最重要的是保障数据传输通道正常，这里可以理解为 pipeline 持续传输的稳定性。一旦通道中的某些节点故障导致数据不能正常传递下去，应该及时挽救，挽救的过程通常称为 pipeline Recovery。

pipeline 中下游节点返回“确认”过程中，上游节点会进一步分析这些结果，一旦存在异常的节点，会记录到 errorState（由 ResponseProcessor 处理）。DataStreamer 向 pipeline 发送完一个 packet，即将发送下一个时，首要的工作是检查各 DataNode 是否存在 I/O 异常（主要是根据 errorState 记录的信息判断）：

```
while (!streamerClosed && dfsClient.clientRunning) {
  // 检查 DataNode 是否存在任何 I/O 异常
  boolean doSleep = processDatanodeOrExternalError();
}
```

一旦存在异常的 DataNode 在 pipeline 中，必然影响后续数据传输效率。接下来会做 3 件事情：①关闭当前 pipeline；②等待“确认”的 packet 重新加入待发送的集合；③对 pipeline 做 Recovery。

```
private boolean processDatanodeOrExternalError() throws IOException {
  ......
  // 关闭和下游节点间 stream
  closeStream();
  ......
  // 对未接收到的 packet 做重传处理
  synchronized (dataQueue) {
      dataQueue.addAll(0, ackQueue);
      ackQueue.clear();
      packetSendTime.clear();
  }
  ......
  // pipeline Recovery
  setupPipelineForAppendOrRecovery();
}
```

这里的 setupPipelineForAppendOrRecovery()就是重置 pipeline 及其相关操作。在这里主要做了 3 件事情：

1）移除当前 pipeline 中异常的 DataNode。这里要做的是从异常节点开始后的所有故障节点都从 pipeline 中移除。例如，pipeline 包含的节点是［D0→D1→D2］，其中 D1 节点故障，D0 和 D2 正常，正确的做法是将 D1 和 D2 节点从 pipeline 中全部移除，因为即使数据到达 D0，也无法顺利传递给 D2。

2）申请新的数据节点加入 pipeline。当 pipeline 中可用节点不多时，补充一定数量的新节点重新加入是一个必不可少的选项。但不是任何情况下都需要增加新节点，需要根据不同的策略：

- CONDITION_DEFAULT：当 Block 副本数设置 3 个以上，且当前 pipeline 中可用节点数≤（副本数/2）时，需要补充新节点。
- CONDITION_FALSE：任何情况下都无须补充新节点。
- CONDITION_TRUE：任何情况下都需要补充新节点加入 pipeline。

这里默认选项是 CONDITION_DEFAULT。当满足增加新节点条件时，会有 3 次从 Namenode 申请新节点的重试机会，每次申请 1 个数据节点。

```
int tried=0
while(tried<3) {
```

```
    ......
    // 从 Namenode 申请 1 个新节点。exclude 用于过滤故障节点
    lb = dfsClient.namenode.getAdditionalDatanode(
      src, stat.getFileId(), block.getCurrentBlock(), nodes, storageIDs,
      exclude.toArray(new DatanodeInfo[exclude.size()]),
      1, dfsClient.clientName);
    ......
    // 更新 pipeline 中的新节点(此时并未创建通道)
    setPipeline(lb);
    ......
    // 向新节点同步复制必要的数据
    transfer(src, targets, targetStorageTypes, targetStorageIDs,
              lb.getBlockToken());
}
```

当向 Namenode 成功申请 1 个新节点后，出现一个新的问题，即已发出并得到“确认”的 packet 如何在新节点上可被访问？这里的做法是从 pipeline 中选择一个正常的节点作为数据源，向新节点同步一份已发送过的完整数据，具体选择哪个节点作为源和 tried 有关，以［tried%正常节点数量］的值作为 index。

同步数据的主要原理：Client 向源节点发送一个 TRANSFER_BLOCK 的指令，并携带目标节点信息；源节点接收后，使用 stream 的形式将已经接收到的 packet 信息依次发送到目标节点。

需要指出的是，只要成功补足 1 个新节点到 pipeline，重试即会退出。由此可知，在写文件过程中发生异常的情况下，会满足 Block 最低副本数量要求，但不一定总是会满足期望的副本数量。

3）重建 pipeline。在完成以上两步操作后，仍需构建全新的 pipeline 通道以便于能够顺利地传递剩余待发送的 packet。这个过程仍然需要做 3 件事情：

- 为 Block 申请一个新的 generationStamp 和 Token。调用 Namenode 的 ClientProtocol#updateBlock-ForPipeline( )实现。目前在 HDFS 中涉及 Block 更新的操作都需要同步更新 generationStamp。
- Client 和包括新加入节点在内的所有下游节点建立数据传输 stream，也就是建立全新的 pipeline。
- Client 告知 Namenode 有关 Block 一些更新过的最新信息。这里最重要的是新副本所在位置。调用 Namenode 的 ClientProtocol#updatePipeline( )实现，Namenode 收到信息后会将其持久化。

当 pipeline Recovery 完成后，DataStreamer 会继续传输剩余的 packet 到下游节点。在这种情况下存在重传的可能，即下游节点获取到数据进行校验时发现数据已经在此前接收过，这时本地不会继续持久化，而是直接传递给更下游的节点。

5.3 数据访问

读是一种对已完成文件或正在写的有效数据做“反序列化”的操作，和写文件有着类似但反向处理流程，如 Stream 访问、数据校验等。不过，HDFS 支持比较灵活的数据获取方式，支持顺序读，也可以从文件中某个 offset 开始。这里以顺序读取文件 welcome.txt 为例：

```
Configuration conf = new Configuration();
FileSystem fs = FileSystem.get(conf);
Path file = new Path("/welcome.txt");
FSDataInputStream inStream = fs.open(file);
int dataBytes = inStream.read();
IOUtils.copyBytes(inStream, System.out, 4096, false);
inStream.close();
```

本节主要介绍文件读取实现的细节。

5.3.1 文件读剖析

同写数据一样，Client 作为发起者，也是整个流程的主要推动者，和 Namenode、DataNode 均有交互。无论读写，Client 端都是以 Block 作为管理单元，节点间以 packet 作为数据传输单元。

对于已经存在的文件来说，是可以允许多个用户同时访问并读数据的。一个常规的工作流程：①从Namenode 获取到文件对应的 Block 所在位置；②向副本所在节点发起请求并等待接收返回的结果；③DataNode 根据请求参数过滤并返回数据。

1. Block 元数据获取

访问文件的前提就是需要知道组成的 Block 副本的位置在哪里。HDFS 提供了 ClientProtocol#getBlockLocations( ) 获得相关数据：

```
LocatedBlocks getBlockLocations(String src, long offset, long length)
      throws IOException;
```

这里 src 指待访问的文件；offset 指获取数据的起始位置；length 是期望获取的数据长度。返回值是和文件有关且符合长度的多个 Block 集合。Namenode 获得请求参数后，通过 FSDirectory 按顺序依次截取文件的 Block，如图 5-12 所示。

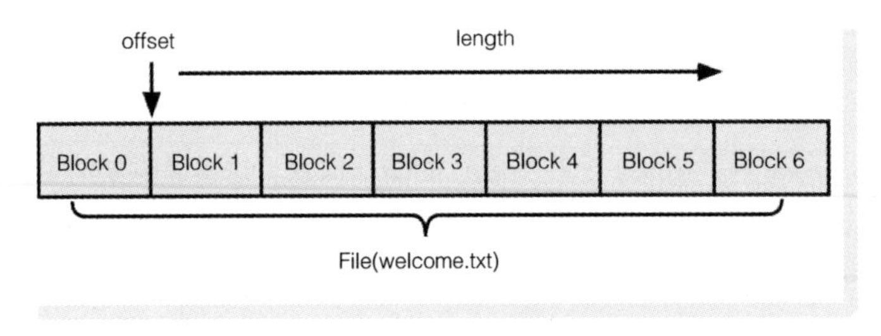

● 图 5-12 截取 Block 位置信息顺序

在返回的结果中，顺序和 Block1 ~ Block5 保持一致。通常 Block 的多个副本会存在不同的节点，Namenode 也会尽可能将可用副本返回，在选择具体 Block 的副本位置时，有一些策略：

- 舍弃标注为 Corrupt 的副本。
- 舍弃磁盘损坏的副本。
- 舍弃非 LIVE 的节点。
- 尽量舍弃处于正在维护中或正在进入维护状态的节点（IN_MAINTENANCE，ENTERING_MA-

INTENANCE)。

过滤到符合条件的副本及节点后，接下来有一步关键的处理——对单 Block 内的副本节点位置排序。主要原理是将 Client 的 host 临时添加到 NetTopology 中，依次判断和各副本间的网络距离。这个过程要结合特定对比器（ServiceComparator 或 StaleAndSlowCompator)，排序规则如下。

- 正常节点按照距离远近顺序。
- 节点处于下线过程中，将排后。
- 节点正在进入维护状态，将进一步排后。
- 如果启用过期节点，且节点符合过期状态，再排后。
- 如果启用慢节点，且节点符合慢节点状态，排最后。

根据排序后的顺序选择节点，可以有效提升 Client 与目标节点间的通信效率及数据获取速度，同时提升用户对产品的使用体验。

Client 在向 Namenode 请求文件有关的 Block 位置信息时，总是批量获取的，因为一个文件在很大的情况下会有较多的 Block，返回大量集合会占用较多的网络资源，响应不够友好。默认情况下，Client 每次请求 length = 10 * 128MB （由 ${dfs.client.read.prefetch.size} 确定)，最后服务端会换算成具体的 Block 数量。

2. Client 处理逻辑

同写数据一样，Client 读数据在实现上仍有几个值得关注的 Stream，如图 5-13 所示。

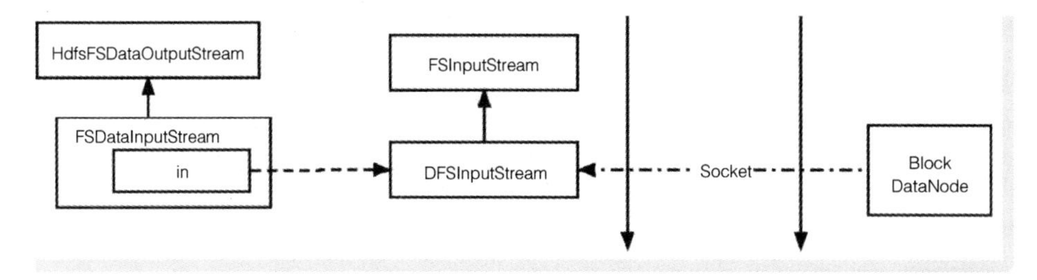

● 图 5-13　Client 读数据重点 Stream 关系

在读数据发生期间，FSDataInputStream 作为上层实现，为用户提供必要的调用接口；DFSInputStream 作为中间转换，直接和 Block 所在的数据节点通信，此外还负责对过往数据统计，这也是绝大多数时候 Client 要做的。Client 读数工作原理如图 5-14 所示。

DFSInputStream 目前提供了两种 buff 处理返回的数据：byte [ ] 或 ByteBuffer。

```
// 通过 byte[]处理 packet
public synchronized int read(@Nonnull final byte buf[], int off, int len)
      throws IOException {
  ......
}
// 通过 ByteBuffer 处理 packet
  public synchronized int read(final ByteBuffer buf) throws IOException {
      ......
}
```

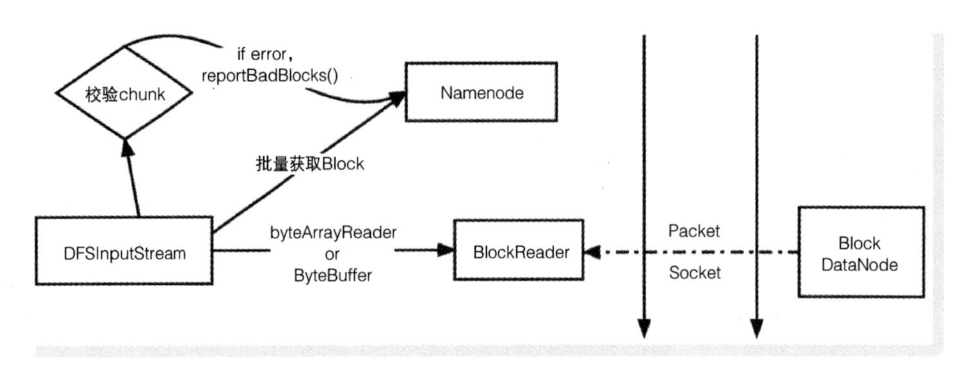

● 图 5-14 Client 处理读数据流程

作为核心存在，其有一些较为重要的属性：

```
// 当前正在访问的 Block 副本所在 DataNode 节点
DatanodeInfo currentNode;
// 当前正在处理的 Block
LocatedBlock currentLocatedBlock;
// 当前处理到文件所在的位置
long pos;
// 解析 & 校验返回的 packet
BlockReader blockReader;
// 从 Namenode 获取到的 Block 元数据
LocatedBlocks locatedBlocks;
// 访问过程中遇到的故障节点
ConcurrentHashMap<DatanodeInfo, DatanodeInfo> deadNodes;
```

currentXXX 保存当前正在处理的 Block 有关的信息，在对新的 Block 解析前会更新。整个数据解析从 readWithStrategy( ) 开始，历经 3 个过程：

（1）确定正确的副本访问位置并建立连接

成功从 Namenode 获得 Block 元数据后，在 3 种情况下会更新或替换副本：

- 初始访问文件时。此时会优先选择从 Namenode 获取到的第 1 个 Block 的第 1 个副本（因为第 1 个副本距离 Client 最近）。
- 接收完当前 Block 副本的所有数据后。会顺序选择下一个 Block 的第 1 个副本作为目标访问地。

```
// pos > blockEnd 标识当前 Block 的数据已经读完
// currentNode=null 表示初始访问
if (pos > blockEnd || currentNode == null) {
  currentNode = blockSeekTo(pos);
}
```

- 解析数据过程中发生故障。此时会分两种情况：①出现 IO 访问异常，仍然选择当前副本节点重试访问；②遇到副本损坏，选择当前 Block 的第 2 副本或更靠后的副本。

```
private synchronized int readBuffer(ReaderStrategy reader, int len,
                                    CorruptedBlocks corruptedBlocks)
```

```
    throws IOException {
    try {
      return reader.readFromBlock(blockReader, len);
    } catch (ChecksumException ce) {
      // 校验错误
      retryCurrentNode = false;
    }  catch (IOException e) {
      // IO 异常
    }
    if (retryCurrentNode) {
      // 当前副本节点重试
      sourceFound = seekToBlockSource(pos);
    } else {
      // 说明当前节点不可访问,加入 deadNodes
      addToLocalDeadNodes(currentNode);
      // 选择新副本节点重试
      sourceFound = seekToNewSource(pos);
    }
  }
```

每次选择新的副本访问节点后，Client 会与之建立连接，以便可以进行接下来的通信。建立通信的过程就是创建适当的 BlockReader。BlockReader 可以理解为指向副本数据的“通道”，由于访问数据的 Client 可能在任何地方，如 Client 和副本在同一节点，所以两者距离很近，使用公共网络可能不是一个最好的访问方式。根据 Client 和目标节点是否在同一位置，BlockReader 有 4 种可选访问方式：

- BlockReaderLocal：本地短路读取。当 Client 和副本在同一位置时，绕开 HDFS RPC 访问，直接从本地文件系统读取数据，性能最佳。
- BlockReaderLocalLegacy：旧版本的 BlockReaderLocal。
- BlockReaderRemote：基于 TCP 网络或 domain socket 访问副本数据。
- ExternalBlockReader：拓展实现，基于可插入的 ReplicaAccessor 读取副本数据。

每种实现都基于相同的接口——BlockReader。在具体实现上，有一定优先级策略：

- 如果开启短路读和允许本地读，构建 BlockReaderLock 或 BlockReaderLocalLegacy。
- 如果有配置 domain_socket，构建基于 domain socket 的 BlockReaderRemote。
- 其他情况，构建基于 TCP 网络的 BlockReaderRemote。

这里省略了和 Linux 有关的内容，感兴趣的读者请自行查阅相关资料。

以 BlockReaderRemote 为例，通过 BlockReaderRemote#newBlockReader( ) 实例化过程可以看出，在对数据解析前有非常关键的两步需要完成：①维护和副本节点间的 OutputStream 和 InputStream；②向目标节点发送 READ_BLOCK 预置指令。和写数据有着相似的流程。

```
// 向副本所在节点发送 READ_BLOCK 指令
new Sender(out).readBlock(block, blockToken, clientName, startOffset, len, verifyChecksum,
cachingStrategy);
```

（2） BlockReader 解析返回的数据

数据从 DataNode 到达 Client，会经历两个转换阶段，如图 5-15 所示。

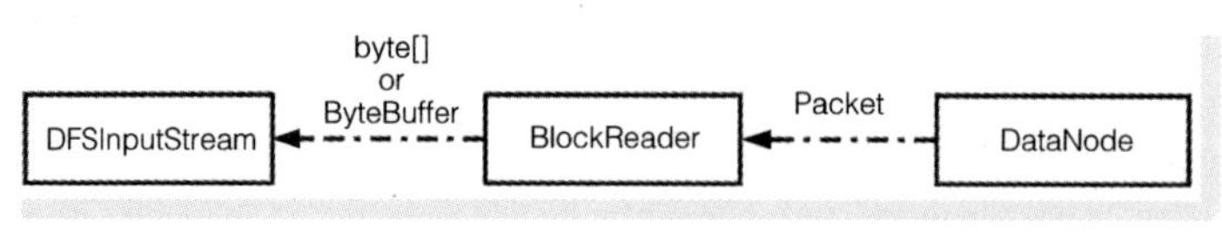

● 图 5-15　数据转换阶段

其中，BlockReader 处于链路中的核心位置，负责对 DataNode 返回的 packet 进行解析 & 校验。为了减少中间环节的非必要转换，BlockReader 对数据的封装和下游节点返回时保持一致的处理单元。以下是一些重要的属性：

```
// 解析返回的 packet
PacketReceiver packetReceiver;
// 以 ByteBuffer 作为数据封装
ByteBuffer curDataSlice;
// 解析校验和工具
DataChecksum checksum;
// 最新的 Seqno
long lastSeqNo;
```

解析数据过程中，最重要的就是对下游节点返回的 packet 进行处理。和写数据时 Client 操作相反，这里按照顺序包括两部分：①解析 Packet 携带的 Header 部分；②对主体内容进行校验，检查是否有误（这一步非常关键）。

```
private void readNextPacket() throws IOException {
  // 从 InputStream 读取返回结果
  packetReceiver.receiveNextPacket(in);
  // 解析 Header 部分
  PacketHeader curHeader = packetReceiver.getHeader();
  // 解析主体数据
  curDataSlice = packetReceiver.getDataSlice();
  if (curHeader.getDataLen() > 0) {
  // 获取当前 packet 的 Seqno
  lastSeqNo = curHeader.getSeqno();
  // 对主体内容校验
  if (verifyChecksum && curDataSlice.remaining() > 0) {
        checksum.verifyChunkedSums(curDataSlice,
            packetReceiver.getChecksumSlice(),
            filename, curHeader.getOffsetInBlock());
      }
    }
}
```

从下游节点读取的有效数据会被临时存放在 curDataSlice 中，这里的数据可被上层按照自己的意愿按顺序拿走，一旦旧数据被全部拿完，会继续处理下一个 packet，直到当前 Block 的数据都被读完。每次上层拿走一定的数量后，offset 和 pos 会更新，在向 Namenode 请求新一批量的 Block 集时会一起携带。

不可否认的是，在解析数据过程中，不可避免地会遇到异常，有两种异常值得注意：

- ChecksumException：发生这类异常通常表明下游节点发回的副本损坏，导致校验不通过。该副本会随后告知 Namenode。
- IOException：这类异常表明和下游节点的连通性不好，如下游节点突然宕机、网络连接超时等。该节点随后会被放入 deadNodes 中，作为可疑节点。

(3) 清理与上报坏块

上层接口每次从 BlockReader 拿取一批数据时，都会检查数据和节点是否损坏或故障。一旦发现存在损坏的副本，会及时告知 Namenode：

```
// blocks 代表校验时损坏的副本
namenode.reportBadBlocks(blocks);
```

Client 在读文件过程中会记录两种特殊节点：死节点（dead nodes）和可疑节点（suspect nodes）。这两种节点由 DFSClient#ClientContext#DeadNodeDetector 维护：

```
// 管理死节点
Map<String, DatanodeInfo> deadNodes;
// 管理可疑节点
Map<DFSInputStream, HashSet<DatanodeInfo>> suspectAndDeadNodes;
```

上述两类节只是一种临时状态，因为作为远程访问来说，总是存在“误判”的成分，因此需要定期校验这些节点是否依然存活。校验的方法是调用 ClientDatanodeProtocol#getDatanodeInfo()，一旦成功返回，说明节点正常，就会从对应集合将该节点移除。

3. Server 处理逻辑

Server 端处理逻辑是和具体 BlockReader 实现相适配的，这里仍然以 BlockReaderRemote 为例。DataNode接收到 READ_BLOCK 指令后，会为 Client 创建一个独立的 DataXceiver（和写文件一致），并调用 readBlock()。因数据均已保存到存储介质，主要的工作就是根据 Client 的需要扫描文件内容按序返回即可。主要原理如图 5-16 所示。

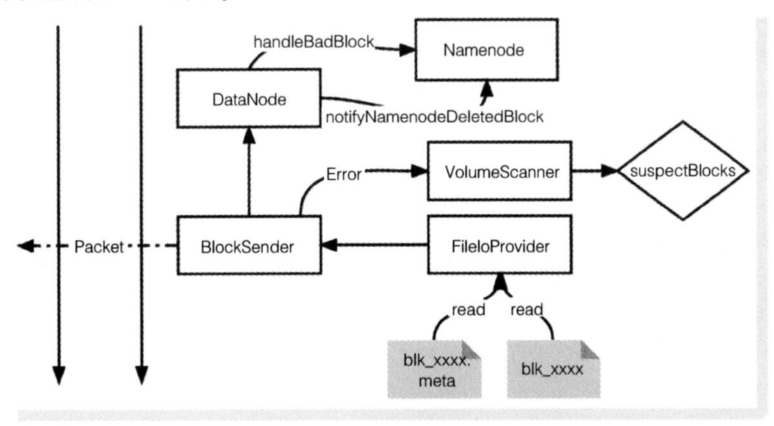

● 图 5-16　DataNode 处理流程

真正在本地寻找副本文件并向上游 Client 发送 Packet 是由 BlockSender 来执行的。当 Client 请求的数据在以下两类副本中时，在选择时会做不同处理：

- 副本状态处于 RBW。进入等待 3 秒，随后确定当前副本可读的数据长度。
- 副本状态处于 FINALIZED。获取副本数据长度，并进入接下来的处理。

在扫描文件前还有一些必要的检查，包括 generationStamp 和 replicaVisibleLength 是否匹配、meta 文件是否存在等。若发现 meta 文件不存在，会及时通知 Namenode，同时本地会更新内存和清理：

```
// storageUuid 是 FsVolume 所在 id
datanode.notifyNamenodeDeletedBlock(block, replica.getStorageUuid());
// 更新 ReplicaMap,并随后删除副本文件
datanode.data.invalidate(block.getBlockPoolId(),
            new Block[] {block.getLocalBlock()});
```

在 HDFS 中，读写文件主要是依靠 FileIoProvider。它可以执行众多和文件 IO 相关的操作：OPEN、EXISTS、LIST、DELETE、MOVE、MKDIRS、TRANSFER、SYNC、FADVISE、READ、WRITE、FLUSH 和 NATIVE_COPY。同时还提供以钩子注入的方式剖析性能及故障检测。不过在生产环境下，不建议长期使用，在启用时会损耗一定性能。

BlockSender 扫描副本文件内容时，按顺序分 4 步：①生成返回的 packet Handler；②扫描前计算 ByteBuffer 长度。计算公式为（chunkSize + checksumSize）* maxChunksPerPacket。chunkSize 和 checksumSize 与具体 DataChecksum 有关，默认情况下 chunkSize = 512，checksumSize = 4，maxChunkPerPacket 不会超过 4096；③扫描 blk_xxxx.meta 文件，获取 chunk sum 数据；④扫描 blk_xxxx 文件，获取 chunk data 数据。若流程很顺利，会将数据源源不断地发给 Client，直到扫描完本地副本文件或出现异常。

```
private int sendPacket(ByteBuffer pkt, int maxChunks, OutputStream out,
      boolean transferTo, DataTransferThrottler throttler) throws IOException {
    // 构建 Packet Header
  int headerLen = writePacketHeader(pkt, dataLen, packetLen);
......
  // 扫描 chunk sum 部分
  if (checksumSize > 0 && ris.getChecksumIn() != null) {
    readChecksum(buf, checksumOff, checksumDataLen);
  }
  ......
  // 扫描 chunk data 部分
if (!transferTo) {
  ris.readDataFully(buf, dataOff, dataLen);
  // 返回前如果需要校验,先行处理
  if (verifyChecksum) {
    verifyChecksum(buf, dataOff, dataLen, numChunks, checksumOff);
  }
}
// 返回数据
out.write(buf, headerOff, dataOff + dataLen - headerOff);
}
```

在这个过程中，难免会遇到异常的情况，如由于本地系统内核自身的问题导致短暂不能访问文件的情况。此时会将副本作为可疑文件处理，随后启动 BlockScanner 检查。

```
// 放入 VolumeScanner#suspectBlocks 和 VolumeScanner#recentSuspectBlocks
// 随后启动 VolumeScanner 扫描线程对 block 检查
datanode.getBlockScanner().markSuspectBlock(
  ris.getVolumeRef().getVolume().getStorageID(), block);
```

在正常情况下，Client 会做好校验并向 Namenode 汇报坏块，然而如果是 meta 文件损坏或磁盘错误类的异常（EIO），DataNode 应该主动告知 Namenode，这能增强分布式系统健壮性，具体实现请查看 datanode.handleBadBlock( )。

5.3.2 short-circuit

前面介绍的读文件流程基于 network socket 的方式，这种方式会占用公共网络资源。当 Client 和副本位于同一节点上时，若能将通信仅限于本机内，可以想象读数据速度肯定会更快。目前 HDFS 就支持这种交互方式——short-circuit。

1. UNIX domain socket

UNIX domain socket 是一种 IPC（Inter-Process Communication，进程间通信）socket，是 POSIX 操作系统的标准组件，用于实现同一主机上的进程间通信。这种交互方式不使用底层网络协议，主要通信过程发生在操作系统内核。UNIX domain socket 使用本机文件系统作为其地址空间，进程在交互过程中会打开相同的 socket 进行通信，可以实现 SOCKET_STREAM（用于面向流的 socket）和 SOCKET_DGRAM（用于面向数据报的 socket），通信时通常会比 network socket 快，因为不需要网络协议栈、计算校验和、维护序号和应答等。此外进程间还可以基于文件描述符通信，文件描述符只有在授权的前提下才能访问，安全性可以得到保证，另外这种文件描述符是只读（这部分不会做过多介绍，有兴趣的读者可以自行研究）。

2. short-circuit 原理

基于 UNIX domain socket，HDFS 实现了较为安全的节点内读文件流程，在使用时需要用到以下配置：

```
<property>
  <name>dfs.domain.socket.path</name>
  <value>/var/run/hadoop-hdfs/dn._PORT</value>
</property>
<property>
  <name>dfs.client.read.shortcircuit</name>
  <value>true</value>
</property>
```

short-circuit 和正常读文件的流程一致，都使用相同的文件访问接口。不同之处在于对 BlockReader 的初始化，这里选择使用 BlockReaderLocal 访问副本文件。如果 dfs.client.use.legacy.blockreader.local = true，会继续沿用过时的 BlockReaderLocalLegacy。在实现上，short-circuit 主要基于共享内存的模式提升整个流程的处理效率，内存模型机制如图 5-17 所示。

这里介绍的内存模型均发生在单节点内。图中提到的 DomainSocket 用于对 UNIX domain socket 功

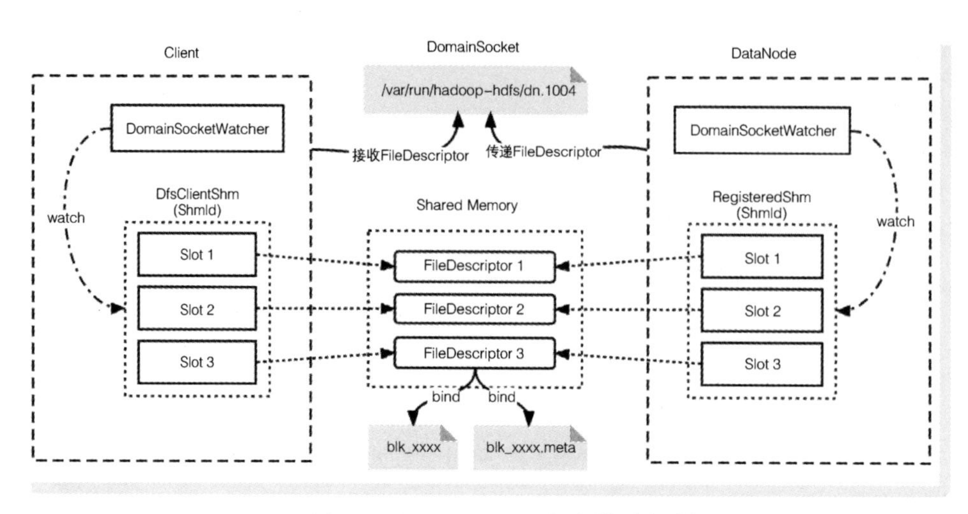

● 图 5-17　short-circuit 内存模型机制

能的封装，在整个流程中用到最多的是对 FileDescriptor 的传递和引用，目前社区最新版已将 dfs.domain.sock.path 指定的文件和 DataNode 端口结合，安全性更好。结合内存模型，有必要对 short-circuit 主要处理流程做一下梳理：

（1） BlockReaderLocal 初始化

这个阶段主要做的是对内存模型初始化，包含 3 个步骤：

1） Shared Memory 初始化。对共享内存的维护以 Client 为单位，由 Client 发起申请，DataNode 完成内存创建，并最终在两边共同确认。申请接口如下：

```
// Client 发起申请
new Sender(out).requestShortCircuitShm(clientName);

// Server 创建内存
shmInfo = datanode.shortCircuitRegistry.createNewMemorySegment(clientName, sock);
```

创建共享内存的过程主要是通过 mmap 申请一块还没有被使用的内存区域，默认大小 8192 Byte。成功后会得到每块共享内存唯一的 Id，以及该区域对应的引用——FileDescriptor，随后 Server 通过 DomainSocket将其传递给 Client，传递过程如下：

```
// 返回共享内存 Id
ShortCircuitShmResponseProto.newBuilder().setStatus(SUCCESS).
    setId(PBHelperClient.convert(shmInfo.getShmId())).build().
    writeDelimitedTo(socketOut);
// 通过 DomainSocket 传递 FileDescriptor
  byte buf[] = new byte[] { (byte)0 };
  FileDescriptor shmFdArray[] =
      new FileDescriptor[] {shmInfo.getFileStream().getFD()};
  sock.sendFileDescriptors(shmFdArray, buf, 0, buf.length);
```

知道共享内存的信息后，Client 和 DataNode 都可以及时准确知道底层文件及状态的变化。共享内存基本结构如下：

```
ShortCircuitShm {
  // 共享内存 id,随机生成
  ShmId shmId;
  // 共享内存起始内存地址
  long baseAddress;
  // 内存映射长度
  int mmappedLength;
  // 包含的 Slot 集
  Slot slots[];
}
```

除了以上基本信息，Client 和 Server 还需额外做一些处理，如及时监控共享内存变化以及清理：

```
// Client 维护的共享内存
public class DfsClientShm extends ShortCircuitShm
      implements DomainSocketWatcher.Handler {
  public boolean handle(DomainSocket sock) {
      // 清理工作
      ......
  }
}
// DataNode 维护的共享内存
public class RegisteredShm extends ShortCircuitShm
    implements DomainSocketWatcher.Handler {
  // client 信息
  String clientName;
  public boolean handle(DomainSocket sock) {
    // 移除内存
    ......
  }
}
```

这个过程发生在 Client 初次访问本地文件的时候，一旦 Shared Memory 初始完成，在之后访问本机其他副本时，都会直接进入下一步。

2）申请 Slot。当 Client 对某个 Block 发起访问时，会首先在本地构建与之对应的 Slot。Slot 会维护当前正在访问或过去一段时间访问过的副本，这种关系会在 DfsClientShm 中占据一个属于自己的位置。

```
Slot {
  // 共享内存中的地址
  long slotAddress;
  // block 信息
  ExtendedBlockId blockId;
}
```

如果这一过程失败，会随即释放掉 Slot。

3）ShortCircuitReplica 初始化。Slot 在 Client 初始化后，还不能真正算完成，因为这种关系还需要得到 Server 端的共同维护。接下来 Client 需要携带 Slot 获取对副本在内存中的引用：

```
new Sender(out).requestShortCircuitFds(block, token, slotId, 1,
        failureInjector.getSupportsReceiptVerification());
```

DataNode 在接下来会在 RegisteredShm 中插入一个位置用于维护和 Client 一致的 Slot。在得到 Block 信息之后，DataNode 需要做的就是打开 blk_xxxx 和 blk_xxxx.meta 文件，并保留在内存中的引用。随机也使用 DomainSocket 将这种引用传递给 Client。Client 在收到 FileDescriptor 后，结合 Block、Slot 构建 ShortCircuitReplica，以便于在接下来对数据的读取。一个 ShortCircuitReplica 创建完成后，会被缓存起来，即使使用完成也不会被马上清理，默认会被引用两次。

（2）Block 数据读取

和其他 BlockReader 实现一样，使用 short-circuit 时会调用统一的 read 接口。不同之处在于，这里已经不再需要通过 network stream 的形式了，直接通过 FileChannel 访问文件即可。整个读数据过程不再与 DataNode 交互，直到遇到异常或访问结束。由于这里是直接通过系统内核交互数据的，BlockReadLocal 在读取数据过程中，会优先使用堆外内存做中间 buff，减少数据转换次数。

（3）资源释放

在访问任务结束时，需要对资源做必要的关闭。主要涉及如下资源的关闭：

1）Slot 释放。当引用次数降为 0 时，ShortCircuitReplica 会开启关闭流程，这里包括：①释放在读数据过程中使用的堆外内存资源；②启动 SlotReleaser 线程异步执行释放 Slot。主要是在 DfsClientShm 移除 Slot 占用的位置。随后也会告知 DataNode 达到 Server 端清理 Slot 的条件。

```
// 告知 DataNode 清理 Slot
new Sender(out).releaseShortCircuitFds(slot.getSlotId());
```

2）共享内存释放。当某个共享内存区域中的 Slot 全部被释放或者 DomainSocket 被关闭时，说明不再需要共享内存。此时 DomainSocketWatcher 感应到后，会通知 DfsClientShm 和 RegisteredShm 执行 handle( )，释放所有的 Slot 和所管理的 mmap。通常来说，这个过程由 Client 发起。

从 short-circuit 流程来看，只有在初始化和资源释放阶段才会使用到网络协议，中间数据访问过程均以进程间交互为主。

5.3.3 读写策略改进

当前，无论读写均是由 Client 发起申请的，Namenode 或 DataNode 参考集群当下最新负载来返回较优的处理结果。但这种负载因子更多的是结合软件层面，存在一些可改进点。下面分别对读写策略提出部分可改进点。

1. 多系统因子提升读策略

在读文件过程中，Client 总是需要先从 Namenode 获取 Block 各副本的位置，Namenode 会结合各副本节点当下负载情况排序（主要是线程数使用、存活度、下线或维护状态）决定，负载小者靠前。如果 Namenode 取得各数据节点更多系统因子，如 IO util、CPU 使用率，并加入到排序因子中，Client 读数据会更加高效。主要原理包括两个阶段：

（1）DataNode 收集本节点系统使用负载并上报 Namenode

- 采集系统负载数据。为了减小对本机的影响，可以异步定期的方式执行收集脚本，如分钟级别。可以将本机整体 IO util、CPU 使用率作为采集指标。
- 上报负载数据。在 DataNode 发送心跳包时，可结合当下上报接口，携带新的数据一起，这里要少量修改 DataNodeProtocol#sendHeartbeat( )。

（2）Namenode 返回副本集结果前增加排序规则

- 节点间线程数差额在 5%（阈值自定义）内，IO util 越小，排序越靠前。
- 在 IO util 相同的情况下，CPU 使用率越低，排序越靠前。
- IO util 高于 90%或 CPU 使用率高于 90%，排在存活副本较后的位置。

2. 并行写策略

当前多副本写入采用串行的方式，如果数据节点存在异常，如 Pipeline 故障、网络不稳定，则会影响数据写入效率。选择采用并行传输 packet 的方式，可以更高效地传递数据到达副本所在节点，提升节点响应效率。原理如图 5-18 所示。

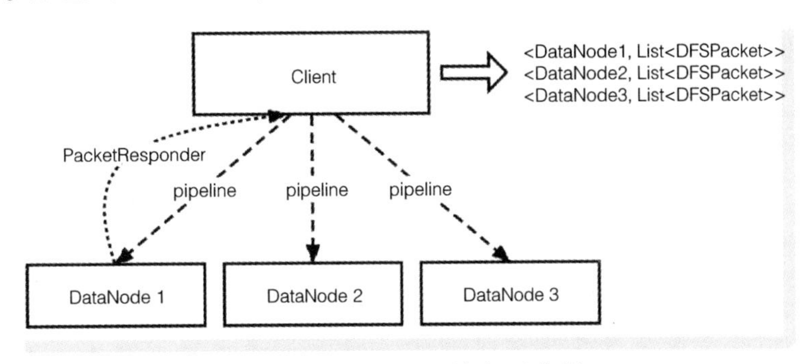

● 图 5-18　Client 并行写数据

在并行写数据流程中，Client 会和每个数据节点建立 Pipeline，DataNode 也会将自己对 packet 处理的结果直接返回给 Client，这有利于 Client 更快地了解到写数据的性能以及是否申请新节点或 Recovery。需要指出的是，Client 需要分别维护每个 DataNode 返回的 Response。这项改进项适用于比较稳定的集群，或者网络较好的环境。

5.4 小结

本章对 HDFS 数据访问模块做了较为细致的介绍。主要包含 3 部分，以 Protobuf Buffers 为代表的 RPC 机制保证了底层的数据流转的高效性，对存储系统来说，“数据流动”是灵魂，写文件是一个复杂的过程，需要始终保证同一时刻只允许一个 Client 有效访问，此外还需考虑写入效率、packet 传递 & 校验、异常情况下的数据恢复；读文件流程同样精彩，包括副本选择、数据校验及异常块汇报等，HDFS 也提供了诸如 short-circuit 这种更高效的访问机制。

HA 和 QJM

对于 Master-Slave 架构的分布式系统来说，具备优秀的 Master 高可用（High Availability）特性是极其重要的，这样可以使其即使在遇到故障的情况下，也能多数时候保持服务可用。当前 HDFS 系统拥有较为完整的 HA 保障方案，通过多个运行时主备 Namenode 实现热切换，事务日志持久化在共享的 QJM（Quorum Journal Manager）集群，实现对过往更新操作的一致性记录。

6.1 HA 发展路径

在 HDFS 的发展历程中，随着技术架构的迭代升级，针对 HA 的设计和实现经历了 3 个阶段。

1. HA 1.0

在 HDFS 1.0 时代，系统架构相对较为简单，主要包含 4 个核心部分：Namenode、Secondary Namenode、DataNode 和 DFSClient。其中，Namenode 提供元数据管理和处理业务请求；Secondary Namenode 以冷备的形式存在，为 Namenode 分担部分压力，主要执行 Checkpoint 工作。在这种架构体系下，Namenode 以单点的形式运行，一旦系统集群出现故障，可用性是致命的，如图 6-1 所示。

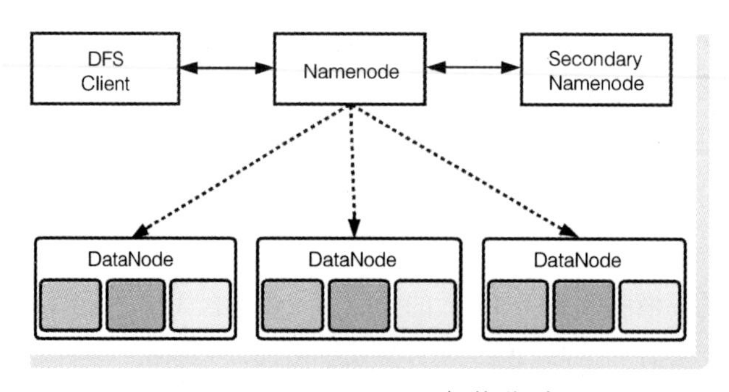

● 图 6-1　HDFS 1.0 架构体系

2. HA Using QJM

HA 1.0 架构最大的不足是单点，不具备热切换能力。为了解决这些问题，Apache 社区从 HDFS 2.0

版本开始，推出以 HA Using QJM 为代表的解决方案，如图 6-2 所示。

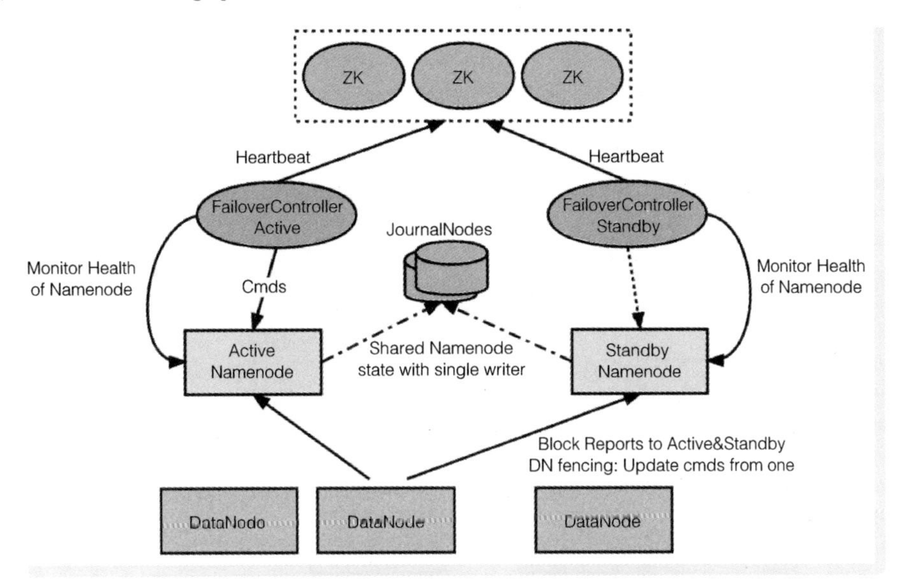

● 图 6-2　HA Using QJM 解决方案

在 HA Using QJM 方案中，涉及的核心部分包括：

- Active Namenode：对外提供在线读写服务，并将 Client 请求过来的更新操作通过 Edit Log 的形式持久化至共享存储系统（QJM）。此外，还为 Standby Namenode 即时同步数据提供支持。
- Standby Namenode：与 Active Namenode 相互形成热备，并及时从 QJM 中拉取 Edit Log 数据更新内存，以便尽可能和 Active Namenode 维护的数据保持一致。
- JournalNode Cluster（JournalNodes）：Active Namenode 与 Standby Namenode 之间共享 Edit Log 的一致性存储系统，在 HA 体系架构中具有重要作用。借助 JournalNode 集群，Active 和 Standby 间可以尽可能快地达成一致的数据状态。
- ZKFailoverController（FailoverController）：一种独立运行的进程，其作用主要对 Namenode 主备切换进行控制，是实现 HA 热切换的重要保障。通常情况下，Active Namenode 和 Standby Namenode 分别有各自的 FailoverController 进程维护。
- Zookeeper（ZK）：为 ZKFailoverController 实现自主选择提供统一的协调服务（对这部分感兴趣的读者，可以自行查阅资料）。

在 HA Using QJM 架构下，Active Namenode 和 Standby Namenode 会各部署一个节点以应对故障。DataNode 运行时会分别向两个 Namenode 上报 Block 数据和发送心跳，不过需要指出的是，它只会执行 Active Namenode 下发的指令。

自 HA Using QJM 实现后，就一直被视为 HDFS HA 默认方案，具备较强的高可用能力。

3. HA With Multiple Standby Namenodes

当集群规模越来越大时，难免会遇到两个 Namenode 都发生故障的情况，这时需要更强的高可用能力保障集群稳定运行。从 HDFS 2.x 后更高版本开始，在 HA Using QJM 基础上可以支持多 Standby Namenode 部署，如图 6-3 所示。

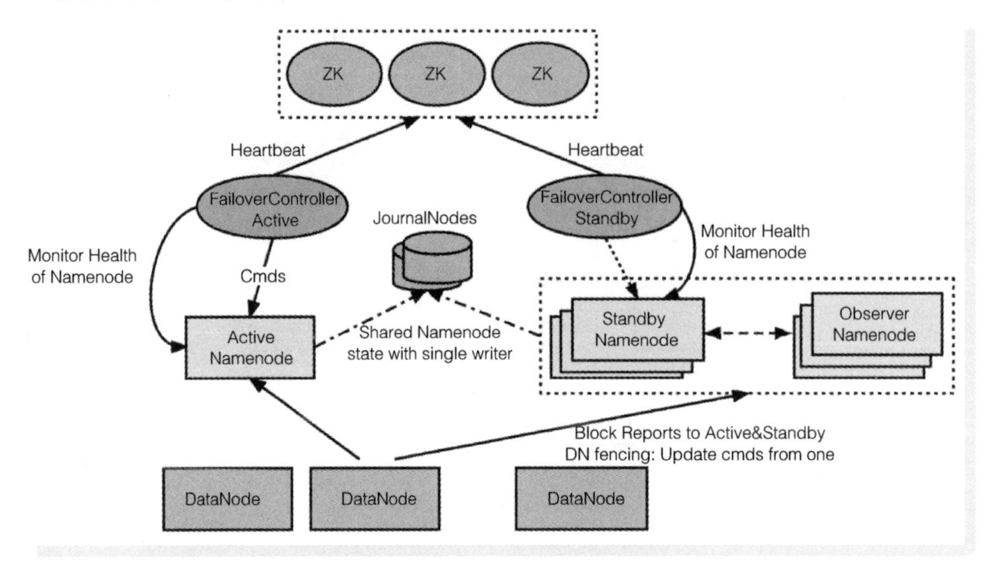

• 图 6-3　多 Standby Namenode 部署

在新架构下，最亮眼的是可以同时运行多个 Standby Namenode 节点，这部分主要包含两种类型的服务节点：

- Standby Namenode：作用和 HA Using QJM 中介绍的一致，与 Active Namenode 互为热备。需要指出的是，系统可以同时运行多个 Standby Namenode 节点。
- Observer Namenode：属于 Standby 范畴，运行时和 Standby Namenode 可以互相转换角色。以 Pull 的方式从 QJM 拉取 Edit Log，最大的作用是支持 Client 对数据读写分离，减轻 Active Namenode 处理请求的压力，也支持同时运行多个节点。

基于多 Standby Namenode 的解决方案，可以支持较大大规模的集群运行。这里有两个值得关注的 jira：支持多 Namenode 方案（https://issues.apache.org/jira/browse/HDFS-6440）；基于 Standby 节点的一致性读取（https://issues.apache.org/jira/browse/HDFS-12943）。

6.2 Quorum Journal Manager

HA 的一个前提是集群运行期间 Active Namenode 和 Standby Namenode 能够尽快达成数据一致，在实现 QJM 之前，推荐的做法是通过 NAS（Network-Attached Storage）提供共享存储 Edit Log 的介质，但这种共享存储架构存在部署复杂、硬件限制的弊端。这在一定程度上给集群带来不稳定因素，迫切需要设计一种新的更加简洁的存储方式。新架构设计需要满足以下特点：

- 没有特定硬件的要求。能够基于普通的商业硬件即可，如和 HDFS 集群节点混部或具有一样的硬件特点。

- 注重依赖在软件层实现 Edit Log 持久化机制。
- 具有轻量独立集群特点。作为 HA 解决方案的一部分，也需要具备高可用。
- 持久化共享数据时保持数据的高可用，并且具有良好的数据容错性。
- 具有较好的使用性。提供易于使用的访问接口，并和 HDFS 体系融合，如配置、安全、Metrics/logging 等。

以上这些就是 QJM 的主要特点。

6.2.1 分布式一致性原理

上节介绍了共享存储 Edit Log 数据的系统具有高可用特性，这是如何保证的？答案就是共识算法。共识算法主要用于分布式场景中，解决如何对某个值达成一致的问题。JournalNode Cluster 在工作时通常由多个节点组成，为了达到数据高可用的目的，采用和 Paxos 类似的共识机制来完成数据写入。

1. Basic-Paxos 共识原理

Basic-Paxos 是一种非常经典的共识算法，它有比较突出的特点，能够容忍网络丢包，时钟漂移，节点宕机等故障。整个共识系统中的节点分为 3 种角色：Proposer、Acceptor 和 Learner。它们的具体职责如下。

- Proposer：向系统提交提案（Proposal），提案信息包括编号和提议的具体内容。
- Acceptor：收到 Proposer 提交的提案后，负责对提案进行投票，决定是否可被接受（或批准）。
- Learner：不参与提案，也不参与决策，只是单纯学习已经达成共识的提案。

从提案被提交到决策 & 学习，会经历一个较为复杂的过程。共识流程如图 6-4 所示。

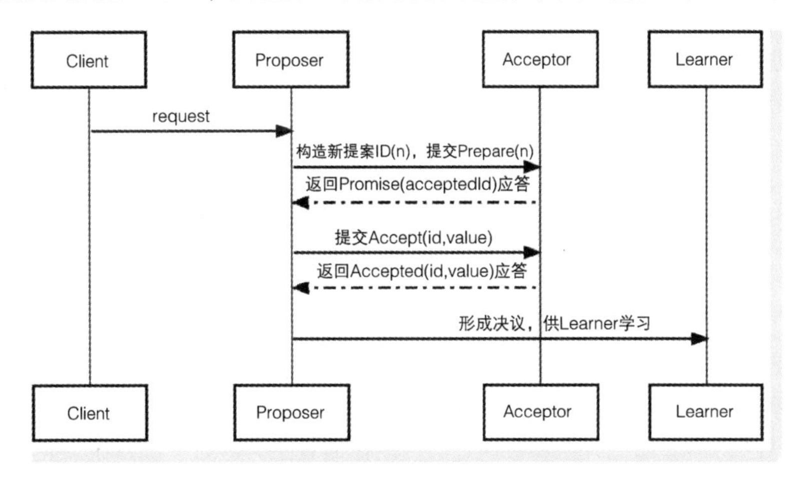

● 图 6-4　Basic-Paxos 共识流程

使用 Paxos 算法的分布式系统里，每个节点都是平等的，并且都可以承担其中一种或多种角色。从提案被提出，到最终的批准，会经历两个阶段：

（1）Prepare 阶段

1）Client 向其中一个 Proposer 发起初始请求。

2）Proposer 构建一个新提案，携带全局唯一的编号 n，将 Prepare（n）提交给所有的 Acceptor（或至少包含多数 Acceptor 的节点集合）。

3）Acceptor 收到提案后，会给予 Proposer 应答。回应内容包括：

- 不再接受比提案 ID 小于或等于 n 的 Prepare 请求。
- 不再接受比提案 ID 小于或等于 n 的 Accept 请求。

4）当 Proposer 收到多数 Acceptor 的应答后，可以开始“批准”过程。这里的多数是指至少包含所有 Acceptor 数量的一半以上。

（2）决策批准阶段

1）Proposer 从应答结果中找出最大的 id 和提案内容组成 Accept（id，value）提交给所有的 Acceptor（或多数节点）。如果应答结果返回的 id 为空，则随意构建一个 id。

2）Acceptor 收到请求后，在不违背前面应答的前提下，接收并持久化当前提案 id 和附带的内容。如果违背，即收到的提案并不是当前收到过的最大的 id，那么允许不对此 Accept 做出回应。

3）当 Proposer 收到大多数 Acceptor 的应答（Accepted）后，形成共识决议。

4）将形成共识的决议发送给 Learner 记录学习。

一旦提案形成共识，提案内容将不会丢失、也不可改变。在 Paxos 算法理论中，Proposer、Acceptor 和 Learner 都可以多节点的形式存在。值得注意的是，为了总是希望达到“多数”，Acceptor 的数量通常为奇数个节点。Basic-Paxos 的价值在于开拓分布式共识算法的思路，实际工程实现会基于衍生版本，如 Multi-Paxos、Fast-Paxos。

这里介绍了 Basic-Paxos 的主要原理，想对 Paxos 了解更多的读者可以查阅 *Paxos Made Simple*。在 HDFS 中，Paxos 思想在 HA 和 Edit Log 持久化体现较为明显。

2. Quorum 机制

在分布式存储系统中，通常采用多个冗余副本来达到数据高可用。为了使所有副本数据的一致性得到保证，最极端的做法是采用 WARO（Write All Read One）。当 Client 请求更新数据时，只有当所有副本都更新成功，本次更新操作才能算成功，否则视为失败。WARO 的特点如下。

- 写操作脆弱。只要有一个副本更新失败，即被视为失败。
- 读操作很容易。只要副本写入成功，通过任意一个副本都可读到正确的数据。例如，若有 n 个副本，即使 n-1 个节点宕机，剩余的 1 个副本仍能提供读服务。

WARO 最大程度地保证了读服务的可用性，但在一定程度牺牲了更新服务。在更新操作频繁的场景下并不是最佳选择。Quorum 机制应运而生了。

Quorum 是一种用来保证数据冗余和最终一致性的投票算法。假如一份数据需要 V 个副本，每个写操作最少需要保证成功完成 V_w 个副本才可以读，每个读操作需要最少读取 V_r 个副本才能得到数据最新状态。那么 Quorum 应满足如下限制。

- $V_w+V_r>V$。
- $V_w>V/2$。

第一条规则保证一份数据不会被同时读写，当写操作发生时，必须要获得 V_w 个成功冗余副本的许可；当读操作发生时，必须获得 V_r 个正常的副本许可，否则操作失败。

第二条规则是对写操作的进一步约束，必须满足副本数量成功一步以上才算成功；同时保证了数据的串行化更新，同一份数据不会同时被两个写操作处理。

假如分布式系统要求 5 个副本，$V_w=3$，$V_r=3$。初始数据为（V_1、V_1、V_1、V_1、V_1），经历一次写操作，成功完成对 3 个副本的更新，此时认为本次更新操作是成功的。数据变成（V_2、V_2、V_2、V_1、V_1），因为所有副本中的绝大多数已经更新了数据状态，读数据时只需要读 3 个副本，就一定能够读到 V_2。

Quorum 是更新服务和读服务之间的一个折中。该算法具有如下优点：①适合写操作频繁的分布式系统。该算法可以在多数副本完成的情况下返回，剩下的副本在系统内部同步即可保证所有副本的数据状态；②控制读写的 V_w，V_r 可调节。V_w 越大，则 V_r 越小，这时分布式系统的读开销就越小；反之写开销越小。

在 HDFS 内部，Active Namenode 和 Standby Namenode 借鉴了 Quorum 对 Edit Log 的持久化和保持数据的一致。

6.2.2 Edit 共享存储系统

JournalNode Cluster 是一种可独立部署运行的轻量级文件存储系统，目前在 HDFS 中最主要的作用是维护好 Edit Log 的持久化工作。

1. 架构设计

一套运行的 JournalNode Cluster 通常会部署单数个独立平等的 JournalNode 节点，并且可以为多个 HDFS 集群提供服务。其架构如图 6-5 所示。

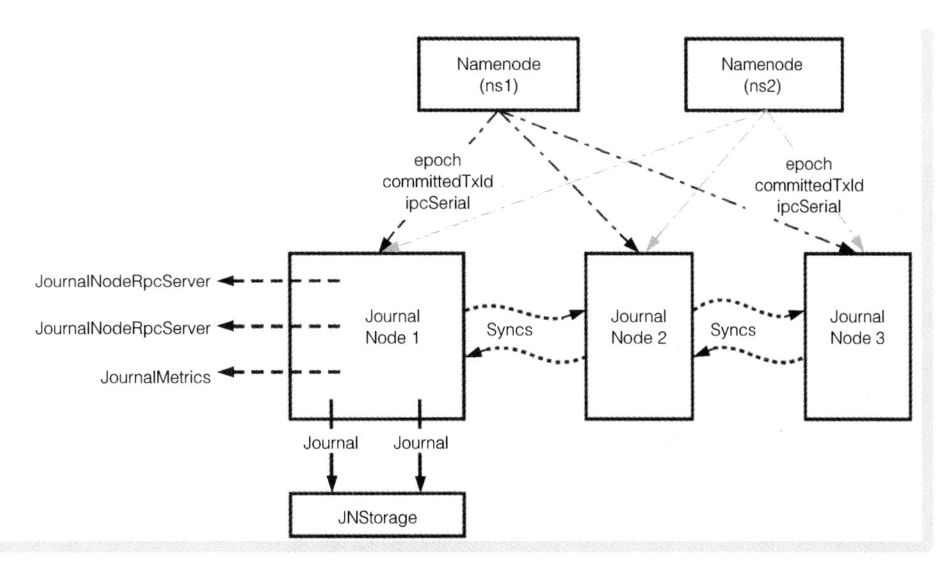

● 图 6-5 JournalNode Cluster 架构

每个 JournalNode 都是一个独立的 JVM 进程，主要包含如下模块。

- JournalNodeRpcServer：提供对外或对内访问的 Rpc 接口，如 startLogSegment、finalizeLogSegment

和 journal 等。实现上和 NameNodeRpcServer 一致。

- JournalNodehttpServer：提供 http 接口，如同步 Edit Log 文件。
- JournalMetrics：记录访问 JournalNode 时的数据，如写入 txns 数、写入 txns 大小等。
- Journal：负责对具体 Namespace 的数据维护，Namenode 读写 Edit Log 时，通过 JournalId 和 nameServiceId 找到具体的 Journal。JournalNode 通过 Map<String，Journal>集合进行管理。
- JNStorage：为所有 Journal 提供共享存储 Edit Log 的位置，通过 {dfs.journalnode.edits.dir} 配置。

在这些模块中，较为重要的是 Journal。除了负责处理来自具体 Namespace 的请求外，还会记录一些重要的数据，如 Segment、epoch 和事务 txid 等。每个 Journal 都有唯一的 JournalId，通常和 Namespace Id 对应。

单 JournalNode 维护的 Edit Log 数据都存储在一个共享的目录下，但会用多个目录做逻辑区分不同的 Namespace。JNStorage 管理的数据结构如下：

```
hz-test
  current
    edits_0000000000002xxxxx9-0000000000002xxxxx0
    edits_0000000000002xxxxx1-0000000000002xxxxx2
    edits_inprogress_0000000000002xxxxx3
    last-promised-epoch
    last-writer-epoch
    paxos
    VERSION
  edits.sync
  in_use.lock
hz-test1
  ......
```

在这里，hz-test 和 hz-test1 分属两个不同的 Journal Id，每个 Journal 具有一致的数据结构。edits.sync 目录主要是在对 Edit Log 恢复时用到，edits_xxxx_xxxx 代表已经归档的数据，edits_inprogress_xxxx 代表当前数据可以被持久化的文件，last-promised-epoch 和 last-writer-epoch 管理和 Epoch 有关的内容。可以看出，JournalNode 对数据的管理和 Namenode，DataNode 都有着类似的管理结构，这有利于 HDFS 对数据的统一化管理。

2. Edit log Segment

正在运行的集群随时会遇到用户的读写访问，这意味着事务记录流入 JournalNode 的数量和速度都非常大，而这些记录需要被很快地持久化到各个 Edit Log 文件中，使用小文件处理是一个不错的选择，这些一个个小文件从生成到归档的过程都由 Segment 控制。

（1） Edit Log 文件生成

调用 startLogSegment( )会开启一个新的 Edit Log Segment，通常由 Active Namenode 触发，指定 Segment 对应的 start txid，并在 JNStorage 中生成一个名为 edits_inprogress_startTxId 的文件，该文件会记录本 Segment 周期内生成的所有事务数据。和 Segment 有关的重要结构如下：

```
// 指向写入 Segment 的文件流
EditLogOutputStream curSegment;
```

```
// Segment 对应的起始 txId
long curSegmentTxId;
```

(2) 事务记录填充

Active Namenode 调用 jounal( )会携带组织好的数据和 segmentTxId，Journal 持久化数据前，会和 curSegmentTxId 进行对比，满足要求后将记录持久化到 Edit Log 文件。同时还会更新读写对应的 txId。

(3) Edit Log 文件归档

为避免一个文件过大，需要调用 finalizeLogSegment( )结束 Segment 周期。这个过程中，edits_inprogress_startTxId 文件会更新为 edits_startTxId_endTxid 文件，关闭 curSegment 流，curSegmentTxId 会设置初始值。

一个 Segment 总是会以 OP_START_LOG_SEGMENT 开始，以 OP_END_LOG_SEGMENT 结束。

3. Epoch 的理解

事务记录对于任何一个分布式系统来说，都是极其重要的，必须清晰地知道事务的源头。在 HDFS 中，Active Namenode 或 Standby Namenode 状态随时会发生变化，而事务只会产生于 Active 节点。因此，对于来自于 Standby 的事务记录请求，Journal 在任何时候都应该拒绝。如何做到？通过Epoch 编号实现。Epoch 包含 3 重保护：

- lastPromisedEpoch：Namenode 每发生一次 HA 状态变化，Active Namenode 都会重新生成一个新的 epoch 编号，并将这个变化告知所有的 JournalNode。这个编号是一个自增的数字，并被持久化到 last-promised-epoch 文件。
- lastWriterEpoch：开始有新的事务数据到达 Journal 后，lastWriterEpoch 会更新，和 lastPromisedEpoch 不同的是，lastWriterEpoch 可以确定事务来自同一 Namenode。这个编号也是一个自增的数字，并被持久化到 last-writer-epoch 文件。
- currentEpochIpcSerial：Active Namenode 每次向 JournalNode 请求，都会携带和 RPC 有关的一个自增编号，这个编号必须大于当前 currentEpochIpcSerial，如果小于，则说明当前请求滞后，无须处理。待 Segment 周期结束后，currentEpochIpcSerial 会更新为初始值。

以上 3 部分数据在每个 Journal 中都会存在，且互为独立维护。Namenode 向 JournalNode 请求时，会携带这 3 部分数据，以保证请求是来自最新的 Active Namenode。这就是 Paxos 多数派原则。

4. 数据同步

前面讲过，利用 Quorum 更新数据时，不必等所有的节点都操作成功才认定成功。这势必存在一些节点上的数据在某些时刻落后于其他节点的情况，这种情况可以在集群内自行查找并补足剩余缺失的数据。JournalNodeSyncer 解决了 JournalNode Cluster 内 Edit Log 数据缺失的问题，它采用定期执行的方式，使每个 Journal 负责各自的数据检查。以下是关键部分：

```
while(shouldSync) {
        try {
        ......
        // 开始同步 journal
```

```
        syncJournals();
    } catch (Throwable t) {
      ......
    }
    try {
      // 默认 2 分钟执行 1 次
      Thread.sleep(journalSyncInterval);
    } catch (InterruptedException e) {
      ......
    }
  }
```

进入 syncJournals( )的命令如下：

```
private void syncJournals() {
  syncWithJournalAtIndex(journalNodeIndexForSync);
  journalNodeIndexForSync = (journalNodeIndexForSync + 1) % numOtherJNs;
}
```

从检查机制可以看出，每 2 分钟就会和另外一个 Journal 进行对比。这里是以文件为单位对比，当存在 Edit Log 差异时，通过 http 的方式从另外一个节点上下载。这个过程中，会通过 HTTP 协议将远程下载的 Log 文件临时放在 edits.sync 目录，随后移入正常的目录。

5. 读写位置

JournalNode 维护的 Journal 具有一定事务可见性，各自持久化的事务数量及结构不一，因此每个 Journal 提供的可读写数据会有所不同。主要通过以下结构做区分，以免读写事务过程中出现紊乱：

- lastReadableTxId：当前 Journal 提供可读事务的最大 txid。
- highestWrittenTxId：当前 Journal 已持久化过的最大 txid。

这两种数据的更新通常发生在新事务被持久化或 Journal 初始化时。

6.2.3 QJM 架构设计

QJM（Quorum Journal Manager）的实现依赖于 JournalNode Cluster，主要作用是严格维护好 HDFS 集群运行过程中生产的事务。主要遵循如下原则。

- 更新操作主要由最新的 Acitve Namenode 触发，JournalNode 只会处理最新的请求（Paxos 思想）。
- 更新操作向所有 JournalNode 节点发送请求，无须等待所有节点都执行成功，满足多于 1/2 节点执行成功即可（Quorum 机制）。
- 任何与事务有关的 JournalNode 交互的访问都极其重要。

基于以上原则，HDFS 实现了符合自身特点的 QJM 架构，如图 6-6 所示。

在 HA 模式下，Active Namenode 负责实时将事务推送（push）给 JournalNode Cluster，Standby Namenode或 Observer 定期拉取（pull）Edit Log 文件。不同角色的 Namenode 都通过 FSEditLog 与 JournalNode 交互。

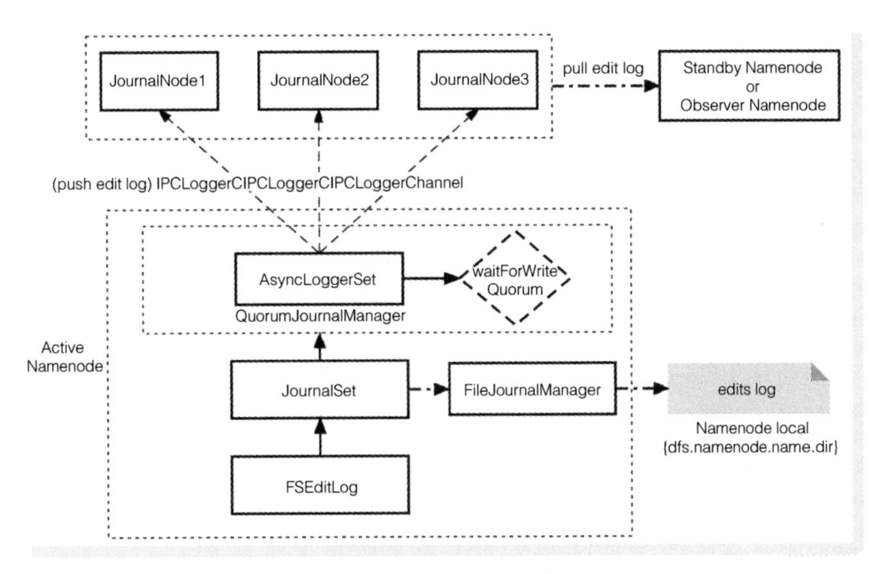

● 图 6-6 QJM 架构

FSEditLog 作为 Namenode 与 JournalNode 间的桥梁，具有一些重要的属性：

- State：当前 FSEditLog 所处的状态。具有包括 UNINITIALIZED，初始状态；BETWEEN_LOG_SEGMENTS，允许 FSEditLog 执行写操作；IN_SEGMENT，开启一个新的 Segment；OPEN_FOR_READING，允许 FSEditLog 执行读操作；CLOSE，FSEditLog 资源被清理。
- JournalSet：负责对 JournalManager 集合的管理。包含两种已实现的 JournalManager，分别为 FileJournalManager，对本地目录 Edit log 维护；QuorumJournalManager，与远程 JouranlNode 交互。
- txid：已提交过的事务 txid。
- synctxid：成功完成持久化过的 txid。
- curSegmentTxId：一个新 Segment 的起始 txid。
- editsDirs：需要存储 Edit Log 的路径 URI，包括 Namenode 本地持久化目录和访问远程 JournalNode 路径的地址。
- sharedEditsDirs：主要指远程 JournalNode 持久化 Edit Log 的路径 URI。通常 Standby Namenode 拉取 Edit Log 文件时会用到。

FSEditLog 的状态和 Namenode 有一定关系，当 Namenode 切换为 Active 时，会初始化和 FSEditLog 有关的信息：

```
void startActiveServices() throws IOException {
        ......
          // 更新 State 状态
          editLog.initJournalsForWrite();
          // 申请新的 Epoch & Edit log recovery
          editLog.recoverUnclosedStreams();
        ......
          // 更新 txid
```

```
        editLog.setNextTxId(nextTxId);
        // edits_inprogress_starttxid 归档
        getFSImage().editLog.openForWrite(getEffectiveLayoutVersion());
}
```

这个过程最主要的作用是让 Active Namenode 成为“多数派”的角色。更新 State 为 BETWEEN_LOG_SEGMENTS，申请新 Epoch，更新最新的 txid，完结处于写入状态的 Edit Log 文件，开启新 Segment 周期。自此，Namenode 就有权执行下面的工作了。

1. 事务持久化

事务的产生主要来自 Client 发起的更新操作，如创建新文件、移动目录到新位置、重置副本数等，包含的操作类型较多。单次 Client 请求期间，产生的事务类型及数量不一，但是都必须在返回前持久化到 Edit Log，持久化的顺序和事务产生的先后有关。

对于单次请求产生的事务，持久化会涉及两个过程：

（1）log edit

事务在持久化到 log 文件前，需要在 Namenode 端对数据进行一定格式的编辑。编辑的过程是相对事务的串行处理，且需要保障线程安全，这就保证了不同 Client 操作产生事务的有序性。入口为 FSEditLog#logEdit()。

```
void logEdit(final FSEditLogOp op) {
  // 线程安全,只允许对一个事务组织
  synchronized (this) {
    // 如果 FSEditLog 正在对未完成事务 sync,需要等待
    waitIfAutoSyncScheduled();
    // 开启当前事务
    beginTransaction(op);
    // 事务主要组织过程
    doEditTransaction(op);
  }
}
```

FSEditLog 作为单例被很多 RPC 中的 Handler 线程访问，每个线程要在事务被同步前对在本次更新操作过程中所生产过的事务独立记录，以避免在 log flush 时出现偏差。

```
// 维护当前线程的最大 txid
ThreadLocal<TransactionId> myTransactionId = new ThreadLocal<TransactionId>()
private static class TransactionId {
  public long txid;
}
```

开启事务的过程比较简单，主要作用是全局 txid 自增 1，为当前线程维护的 myTransactionId 赋予最新的 txid，并将这个值填补到事务对象 FSEditLogOp 中。

doEditTransaction()是整个编辑过程中的重点，主要作用是将 FSEditLogOp 携带的属性数据存入两个 EditLogOutputStream 中。这两个 Stream 均有各自的作用：

- EditLogFileOutputStream：暂存流入 Namenode 本地 Edit Log 的数据。

- QuorumOutputStream：数据被推送到 JournalNode 前暂存结构。

两个 Stream 均使用 EditsDoubleBuffer 管理实际的属性数据，新接收的数据必须比过往的事务 txid 值大，且会将事务数据进行 Checksum 加密。如果待持久化的事务数据较多，超过 EditsDoubleBuffer 所允许的大小，那么在接下来会很快执行 log sync，无须等到额外的触发。

endTransaction()用于做收尾工作，统计本次编辑所用耗时、事务数量等。

这里的流程是处理单条事务的 edit 过程，不同 Handler 生成的事务间可交叉处理，不影响在加载 edit log 时对事务的回放。log edit 的过程总是发生在一个 Segment 周期内。

（2）log sync

Handler 处理 Client 请求的过程中，对中间生成的所有事务均按序经过 edit 后，会主动触发将暂存的多条数据持久化到本地和远程对应的目录。

```
// Handler 线程未经持久化的最大 txid
logSync(myTransactionId.get().txid);
// 对事务持久化到 log
protected void logSync(long mytxid) {
  // 事务太小,不处理
  if (mytxid <= synctxid) {
    return;
  }
  ......
  // 数据推送到本地或远程
  logStream.flush();
}
```

这个过程会经过多次检查，过滤掉不合格的 txid、过小的事务，直到等待最后被持久化的事务 txid 不比 myTransactionId 的值小。logStream#flush()会将暂存的数据推送到两个位置：Namenode 本地和远程 JournalNode。本地采用 File 流的形式，若推送到远程过程会稍复杂一些。下面主要介绍将数据推送到远程 JournalNode 的过程。

数据推送给远程是通过 AsyncLoggerSet 异步访问 JournalNode 的方式实现的。AsyncLoggerSet 维护了多个访问 JournalNode 的 IPCLoggerChannel（访问 JournalNode 客户端）实体，在 FSEditLog 初始化过程中一起构建。

```
// 通过 AsyncLoggerSet 推送数据到远程
QuorumCall<AsyncLogger, Void> qcall = loggers.sendEdits(
    segmentTxId, firstTxToFlush,
    numReadyTxns, data);
// 等待 JournalNode 返回的结果
loggers.waitForWriteQuorum(qcall, writeTimeoutMs, "sendEdits");
```

这里每个 IPCLoggerChannel 分别会异步调用 JournalNodeRpcServer#journal()，并携带 QuorumOutputStream 暂存的数据。随后 waitForWriteQuorum()会等待并处理 JournalNode 返回，等待过程中会判断 JournalNode 返回成功的数量：

```
// 等待 JournalNode 返回
try {
```

```
q.waitFor(
    loggers.size(), // either all respond
    majority, // or we get a majority successes
    majority, // or we get a majority failures,
    timeoutMs, operationName);
} catch (InterruptedException e) {
} catch (TimeoutException e) {
}
// 执行成功是否小于 (loggers.size() / 2 + 1)
if (q.countSuccesses() < majority) {
  q.rethrowException("Got too many exceptions to achieve quorum
    size " +  getMajorityString());
}
```

JournalNode 执行完成后，看成功者数量是否大于 (loggers.size() / 2) + 1，如果大多数节点执行失败，会抛出异常；反之会继续处理剩余的数据，并会更新 synctxid。对于 Namenode 与 JournalNode 的交互，HDFS 认为应该很严谨，因此对于大多数交互，如果多数 JournalNode 执行失败，Namenode 进程会很快退出。

IPCLoggerChannel 与 JournalNode 交互时，总会携带必要的信息，用于标识自己总是正确的“访问者”：①journalId，集群所属的 namespace；②nameServiceId，集群所属的 nameService；③epoch，当前 Namenode 持有的最新 Epoch 值；④ipcSerial，和 RPC 请求有关的自增标识；⑤committedTxId，已提交过的 txid。

JournalNode 收到数据后，会做一些必要的检查，随后会将事务数据直接存入本地 edit log 文件，过程和 Namenode 本地持久化类似。

值得注意的是，执行 log sync 时，不需要持有 FSNamesystemLock，因此对于 Client 单次生成的多条事务记录不一定总是在一个 Segment 对应的 edit log 文件中，有可能会分属不同的文件。对于 HDFS 中事务的理解，可以看作是“支持行级但不支持事务回滚”的特殊实现。

2. Standby 更新

Standby Namenode 运行时需要尽可能与 Active Namenode 维护的元数据保持一致，这样做的好处可以提供读写分离，并且在 HA 切换时，更新数据状态的代价更低。这一过程是通过 EditLogTailer 异步实现的，定期从 JournalNode 拉取 edit log 文件并回放事务。Observer Namenode 本质是 Standby 节点，采用相同的机制更新元数据。

Standby 更新 Edit Log 的另外一个作用是重置开启一个新的 Segment，由 Standby Namenode 触发，Active Namenode 调用 finalizeLogSegment() 告知 JournalNode 将 edits_inprogress_startTxId 文件归档。随后调用 startLogSegment() 开启新 Segment 的写入周期。这样可以防止一个文件写入太多的事务。

6.2.4 Edit Recovery

上文介绍过，HDFS 采用以 Segment 的形式保存事务，Segment 持久化数据后对应一个 Edit Log 文件。这个过程中，Active Namenode 统一控制所有 JournalNode 上 Segment 的开始和结束。多数时候各个

JournalNode上已完结的Edit Log会保持一致，这样一来，主要存在事务差异只会存在于各节点inprogress状态的Segment中。当Namenode状态变成Active时，需要保证多数JournalNode上的Edit Log数据一致，此时要做的就是向各个节点确认最后一个Segment，以达到最新状态。这个过程称为Edit Recovery。

整个过程由Namenode发起和主导，以某个拥有最佳数据源的JournalNode为参考，其余节点自主负责同步Edit Log文件的解决思路。主要包括两个阶段：

1. Prepare Recovery

这个阶段主要目的有两个：①挑选出拥有最全事务数据的JournalNode节点；②清理过往执行Recovery的旧数据。

（1）确定最后一个Segment的起始txid

在执行Recovery期间，需要保证所有JournalNode不接受历史请求，构建新Epoch就成为不得不做的一项工作。JournalNode更新lastPromisedEpoch的值后，会返回本地最后一个Edit Log文件的FirstTxId。Namenode在得到多数节点返回的结果后，会挑选最新的FirstTxId。

```
// 构建新 Epoch
Map<AsyncLogger, NewEpochResponseProto> resps = createNewUniqueEpoch();
......
// 对比最新的 SegmentTxId
long mostRecentSegmentTxId = Long.MIN_VALUE;
for (NewEpochResponseProto r : resps.values()) {
  if (r.hasLastSegmentTxId()) {
    mostRecentSegmentTxId = Math.max(mostRecentSegmentTxId,
      r.getLastSegmentTxId());
  }
}
```

（2）确定同步数据的最佳JournalNode

Namenode分别向所有JournalNode发请求获取以mostRecentSegmentTxId为起始txId的Segment信息，JournalNode如果存在符合条件的文件，返回以下主要内容：

```
lastCommittedTxId;
SegmentState: {
  startTxId;// Segment 起始 txid
  endTxId;  // Segment 最后一个 txid
  isInProgress;  // 是否处于写入状态
}
```

在得到大多数节点的成功反馈后，Namenode根据SegmentState找到事务数最全的JournalNode，并以该节点为参考，组成下载Edit Log文件的HTTP地址。

```
// 向所有 JournalNode 获取 Segment 信息
QuorumCall<AsyncLogger,PrepareRecoveryResponseProto> prepare =
loggers.prepareRecovery(segmentTxId);
// 选取最佳的 JournalNode
Entry<AsyncLogger, PrepareRecoveryResponseProto> bestEntry =
```

```
Collections.max(prepareResponses.entrySet(),
SegmentRecoveryComparator.INSTANCE);
// 下载 Edit Log 文件的 http 地址
URL syncFromUrl = bestLogger.buildURLToFetchLogs(segmentTxId);
```

这里的 HTTP 对应的实现是 GetJournalEditServlet。

（3）Journal 清理过往 Recovery 产生旧数据

在上一步中，JournalNode 在返回结果前，有个问题需要思考。如果在此之前，发送过历史 Recovery，旧数据如何处理？目前的做法是，检查是否存在 edits_inprogress__SegmentTxId.epoch = Epoch 文件，如果存在，则将文件名变成 edits_inprogress_SegmentTxId。

2. Accept Recovery

在确定了下载 Edit Log 文件的 JournalNode 和 HTTP 地址后，剩下的就是各个 JournalNode 节点接受并通过 HTTP 下载即可。仍然是 Namenode 发起下载指令，执行者会做两个阶段工作。

（1）本地构建 Paxos 协议文件

JournalNode 在执行过程中也是满足 Poxos 协议的，这部分如何保证执行的是最新的 Recovery 请求是一个值得考虑的问题。JournalNode 通过创建两个和 Paxos 有关的持久化文件确保正常。

文件 1 路径及名称为/current/paxos/SegmentTxId。文件内容如下。

- Epoch：最新 Epoch 值。
- SegmentTxId：正在处理的 Segment 起始 TxId。

文件 2 路径及名称为/current/edits_inprogress__SegmentTxId.epoch = Epoch 值。该文件用于从远程下载过程用到的临时数据记录文件。

（2）下载 Edit Log 并校验

通过统一的 TransferFsImage 下载远处 JournalNode 的 Edit Log 文件，先临时放在文件 2 中，这个过程会使用 MD5 校验。如果正常下载成功，则将文件 2 名称更新为 edits_inprogress_SegmentTxId；如果失败，则删除已经下载的文件。

对于文件 1，其会在多个时间点被处理，执行 startLogSegment 或 finalizeLogSegment 较为常见。

6.3 HA 原理

HA（High Availability）是 HDFS 支持的一个重要特性，可以有效解决 Active Namenode 遇到故障时，将可用的 Standby 节点变成新的 Active 状态的问题，使集群能够正常工作。目前支持冷切换和热切换两种方式。冷切换通过手动触发，缺点是不能够及时恢复集群。实际生产中以应用热切换为主，通过自主检查 Namenode 健康状态、Zookeeper 维护 Active 信息、多种 Namenode 隔离方法，可以做到自动感应故障发生并实现自主切换。伴随有 ZKFC 运行进程的 Namenode 都会参与选举。

6.3.1 ZKFC 解析

ZKFC（ZK Failover Controller）是 HDFS 中少有的“有灵气”的组件，是 HA 热切换的主要实现

者。当工作时，与Namenode（主要是Active和Standby节点）一对一搭配合作。其实现机制如图6-7所示。

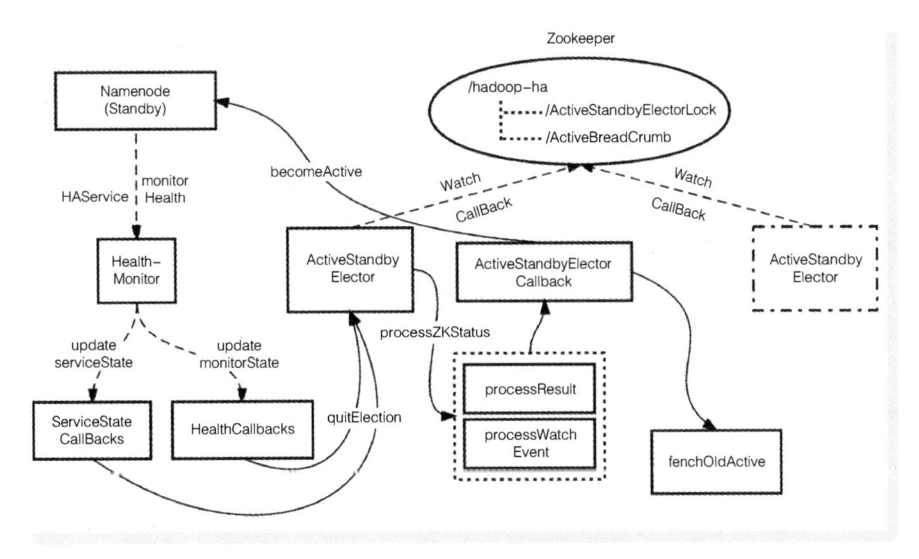

● 图6-7　ZKFC实现机制

ZKFC的默认实现者是DFSZKFailoverController，运行时需要独立开启一个JVM进程，并且需要和Namenode位于同一节点，这样做的好处是能够“近距离”了解Namenode的健康状态。ZKFC主要由以下几个部分组成。

- HealthMonitor：负责及时获取本地Namenode的监控状态，辅助ActiveStandbyElector做决策参考。
- ActiveStandbyElector：根据HealthMonitor获得的最新数据，根据一定策略决定是否进行Namenode隔离和HA状态更新。
- NNHAServiceTarget：作为HAServiceProtocol的代理，负责与本地Namenode交互。
- Zookeeper：监听Active和Standby Namenode的HA变化，一旦HA状态发生变化，ActiveStandby-Elector会及时处理。

在ZKFC运行时，这几部分融合比较深入，任何一方都不可或缺。为满足HA的切换条件，会经历两个处理过程。

1. HealthMonitor监听本地Namenode状态

在监听Namenode状态时，HealthMonitor采用一对一的方式，即对本地运行的Namenode服务负责。这里会采用异步线程定期和本地Namenode进程通信，调用HAServiceProtocol#getServiceStatus()和monitorHealth()获取HAServiceStatus，默认1秒一次。在和本地Namenode通信时，总是会存在失败的可能，因此需要根据调用过程是否顺畅来判断服务是否仍在运行，这里使用状态标记：①INITIALIZING，HealthMonitor仍在初始化过程；②SERVICE_NOT_RESPONDING，服务端无响应；③SERVICE_HEALTHY，Namenode服务访问正常且健康；④SERVICE_UNHEALTHY，Namenode服务运行正常但不健康；⑤HEALTH_MONITOR_FAILED，HealthMonitor 自身遇到故障。接下来是对两种状态的处理。

（1）更新 Namenode 最新 HA 状态

这部分内容较为重要，会经历下面的处理逻辑。

lastServiceState 会维护两部分内容：①记录本 Namenode 回传的最新状态 {INITIALIZING、ACTIVE、STANDBY、OBSERVER、STOPPING}；②记录 Namenode 返回 readToBecomeActive，用于标识是否可以对本节点执行 Active 转变。

调用 ServiceStateCallBacks 做一部分前置处理。这里存在一些触发条件，主要是用 ZKFC 维护的 HA 状态（serviceState）和当前 Namenode 的真实状态做对比，判断策略如下。

- serviceState 处于初始状态：正常情况，返回等待处理下一次。若在上一次的处理过程中遇到异常（糟糕）状态下退出选举的情况，则需要重新检查是否有参与选举的必要（recheckElectability()）。
- lastServiceState 是 OBSERVER：更新 serviceState = OBSERVER，同时强制退出选举。因为 Observer 节点目前还不具备 HA 切换的特点。
- serviceState 和 lastServiceState 状态一致：说明连续两次获取到的 Namenode 状态无变化，此时 Namenode 处于稳定状态，无须处理。
- serviceState 和 lastServiceState 状态不一致：说明本地 Namenode 发生过 HA 切换，对于 ZKFC 来说，这种情况属于不稳定（糟糕）的状态；需要强制退出选举，并且需要将 serviceState 更新为初始状态（INITIALIZING）。

这里需要对 serviceState 和 lastServiceState 做说明：两者被赋予具有相同范围的状态值，但 serviceState 是 ZKFC 自身对本地 Namenode 的定义，当 Active 和 Standby 状态切换变化时；lastServiceState 记录的是 HealthMonitor 直接从 Namenode 返回的状态。

（2）更新 Namenode 服务健康状态

从 Namenode 获取状态过程是否顺畅，也是一个值得注意的地方，不同的反馈在一定程度上反映出 Namenode 节点是否健康。也需要通过 lastHealthState 记录每次调用的监控状态，同时也需要再次判断是否有参与选举的必要。

2. Zookeeper 状态变化及策略处理

ZKFC 除了及时知道本地 Namenode 状态外，还需要了解其余 Namenode 节点是否存活，这样做的目的是在任何满足选举的情况下进行更新。这是如何做到的？答案就是利用 Zookeeper 的分布式锁。当对 ZKFC 执行-formatZK 格式化时，会创建初始的 znode 及目录，即/hadoop-ha/nameServiceId。某个 Namenode 被选举成为 Active 时，会创建两个子 znode。

- ActiveStandbyElectorLock：临时 znode。表示创建本节点成功，意味着谁属于 Active。znode 会保存 Active 节点信息。
- ActiveBreadCrumb：永久 znode。防止 Active 状态的 Namenode 在非正常状态退出后再次恢复导致“脑裂”。znode 会保存 Active 节点信息。

和这部分直接相关的是 ActiveStandbyElector，在整个 ZKFC 中起“发动机”作用。下面介绍一些有关的核心作用及处理方法。

（1）选举有关的重要方法

1）joinElection()：ZKFC参与选举。核心是在Zookeeper上竞争创建ActiveStandbyElectorLock节点，并携带和Namenode有关的hostname、port、nameServiceId和nameNodeId。创建znode成功后，ActiveStandbyElector会感应到Zookeeper相关事件。

2）quitElection()：ZKFC主动退出选举。这意味着Namenode将会失去对Active角色的竞争，要做的就是断开和Zookeeper间的连接和对znode的监听。如果当前处于Active状态，还会删除ActiveBreadCrumb节点。退出选举的情况较为复杂，较为常见的场景：①ZKFC初始化失败；②来自正常的HA请求而放弃Active角色；③HealthMonitor获取Namenode状态过程中处于SERVICE_UNHEALTHY或SERVICE_NOT_RESPONDING，这意味着Namenode并不稳定；④Namenode处于Observer角色；⑤连续两次获取到的Namenode状态不一致。

（2）参与选举流程

Namenode要想成为Active，ZKFC参与选举是必要的，选举的过程根据当前Namenode角色和服务是否健康来判断是否需要参与Zookeeper分布式锁的竞争。为了始终保持在一个稳定的体系下运行，HDFS务必要做到如下保证。

- 集群运行良好，这里指的是从本地Namenode获取HA数据很顺畅。
- 只允许Active或Standby参与选举，其他角色或不可预知的状态需要退出选举。

参与选举是实现HA热切换过程中较为重要的一个环节，入口为recheckElectability()。流程如下。

1）lastHealthState是SERVICE_HEALTH，且serviceState是Active或Standby，此时允许尝试执行选举动作（joinElection）。

2）lastHealthState是SERVICE_UNHEALTHY或SERVICE_NOT_RESPONDING，说明此时Namenode服务不稳定，需要退出选举（quitElection）。退出选举意味着serviceState会被重置初始状态(INITIALIZING)。

那么在什么情况下会发生选举呢？主要有以下几种情况。

- 执行来自正常的HA请求而放弃Active角色，如执行HA命令。
- HealthMonitor从本地Namenode获取HA数据后，发现ZKFC曾经参与过选举，但是不成功。
- 更新lastHealthState后，需要再次检查是否有必要加入选举。

为了避免发生频繁的选举操作，连续两次选举间的间隔需大于1秒以上。当竞争成功Zookeeper锁后，会直接影响到事件监听。

（3）Zookeeper事件监听及处理

集群中某个Namenode的HA状态发生变化，其他Namenode服务会很快感知到。这主要归功于所有的ZKFC进程都始终连接Zookeeper并同步监听znode的变化。目前ZKFC会处理如下3类事件的发生。

1）来自watch的监听。主要对连接Zookeeper客户端状态和ActiveStandbyElectorLock节点变化监听，针对这两种变化，会有不同的处理策略。

① ZKFC连接Zookeeper状态发生变化，如客户端建立连接成功、关闭连接、连接过期等。

- 客户端建立连接成功：如果允许参与选举，此时会查看Zookeeper上是否存在ActiveStandby-

ElectorLock 节点，结果会以异步的方式进一步处理。

- 客户端关闭连接：暂时不做任何处理。
- 客户端连接过期：需要重新和 Zookeeper 建立连接。
- 客户端认证失败：不做处理。

② znode 节点发生变化。对于 ActiveStandbyElectorLock 节点来说，应该时刻关注其所在状态。

- znode 被删除。对于集群来说，已经处于“不可用”状态。客户端应该重新和 Zookeeper 建立连接，并尝试创建 ActiveStandbyElectorLock 节点。
- znode 数据发生变化。此时应该查看 ActiveStandbyElectorLock 节点是否存在，并进一步处理得到的结果。
- 其他情况：和 znode 数据发生变化处理一致。

对 watch 的监听，会在 ZKFC 运行期间多次被初始化，这是由于 watch 事件不会被多次触发。

2）对 StringCallback 异步处理。当 ZKFC 尝试参与选举时，创建 ActiveStandbyElectorLock 节点不会是一个单一的操作，其包含一系列的处理过程，这里采用异步回调方式。

- 创建 znode 成功。说明 ZKFC 竞争分布式锁成功，接下来要做的是将本地 Namenode 置为 Active，包括一系列操作；如果执行失败，此时需重新参与选举。
- znode 已存在。说明已有其他 Namenode 抢先成为 Active，此时要做的是将本地 Namenode 置为 Standby，包含一系列操作；同时重置对 ActiveStandbyElectorLock 的监听。

3）对 StatCallback 异步处理。同创建 ActiveStandbyElectorLock 一样，查看 znode 也应该严谨对待。

- znode 节点存在。此时仍然需要判断创建节点的客户端，如果是自己创建，则说明可以将本地 Namenode 置为 Active；否则置为 Standby。
- znode 节点不存在。执行参与选举流程。

（4）HA 状态切换

1）becomeActive 流程：通常将本地 Namenode 状态由 Standby 变更为 Active。

- 隔离旧 Active 节点。由于已经确定了新的 Active 节点，隔离当前处于 Active 节点是必要的操作，先以同步的方式获取到 ActiveBreadCrumb 节点上的数据，并格式化 & 调用对端节点的 HAServiceProtocol#transitionToStandby()，让其变成 Standby 状态。随后一步关键的操作就是隔离该节点，避免集群出现不一致的 HA 状态。目前支持多种实现。
- 生成 ActiveBreadCrumb 节点。如果 ActiveBreadCrumb 节点不存在，则需要新创建；如果已存在，更新 znode 对应数据即可。
- 调用本地 Namenode 更新 Active 服务。以上工作处理完后，剩下的就是通过 RPC 调用本地 NameNode 的 transitionToActive()，至此，新的 Active 节点初始化完成，集群完成一轮 HA 切换。

2）becomeStandby 流程：相比较切换为 Active，Namenode 切换 Standby 要简单得多，主要逻辑是调用本地 Namenode 的 transitionToStandby()。

在完成一系列逻辑处理后，serviceState 会更新为 Active 或 Standby。

6.3.2 HA 隔离机制

在 Namenode 变为 Active 的过程中，需要确保旧 Active 节点（强制）放弃行使主决策权限，同时使访问 QJM 的“多数派”能够正常易位（这里体现了 Paxos 思想）。目前一共有 3 种方式可供选择，通过 ${dfs.ha.fencing.methods}配置。

1. ShellCommandFencer

执行自定义 shell 脚本，强制隔离另外一个节点上的 Namenode 进程。例如：

```
<property>
  <name>dfs.ha.fencing.methods</name>
  <value>shell(/bin/true)</value>
</property>
```

自定义脚本目前可以最多支持两个，可以根据隔离场景填充内容。需要说明的是，这些脚本必须在 Hadoop 环境下运行才能生效，并且在访问对端节点时要保证网络连通性。使用 shell 隔离的主要原理：在本地使用 ProcessBuilder 开启一个系统进程，脚本交予 bash 或 cmd.exe 触发执行。如果本地是 UNIX 环境，执行命令方式为 bash -e -c [脚本]；如果是 Windows 环境，执行命令方式为 cmd.exe /c [脚本]。

在很多应用中，会采用上面的实例，实际上在发生 HA 切换时，执行上面的脚本结果总是会返回 true，因此特别建议自定义更加安全的校验。

2. SshFenceByTcpPort

使用 shell 的方式实现隔离，存在失真的情况，因此这里需要一种真正实现隔离的方法。一种较好的方式是基于 ssh 连接到另外一个节点，强制杀死 Namenode 进程。配置如下：

```
<property>
  <name>dfs.ha.fencing.methods</name>
  <value>sshfence([[username][:port]])</value>
</property>
```

使用基于 ssh 的方式，免密登入对方节点，并指定 User 和访问端口。在这里依赖底层 jsch 构建 Session 来达到想要的效果，登入到对端节点后，执行如下命令：

```
PATH=$PATH:/sbin:/usr/sbin fuser -v -k -n tcp [port]
```

然后尝试 kill 正在运行的进程，若执行成功，则返回 0。为了避免过长时间处理隔离，超时时间默认是 30 秒。这种方式是一种非常暴力的方式，通常会和 shell 搭配使用。

3. PowerShellFencer

这是一种拓展的隔离方法，基于 Windows PowerShell 实现，目前仅支持 Windows 环境。使用方法如下：

```
<property>
  <name>dfs.ha.fencing.methods</name>
  <value>powershell(Namenode)</value>
</property>
```

这里配置的 Namenode 可以填写完整的名称，如 org.apache.hadoop.hdfs.server.namenode.Namenode，如果节点只部署了一个 Namenode 服务，支持填写简称。实现原理如下。

1）本地构建 PowerShell 脚本。构建时，将要登入的远程机器 host 和待终止的进程名结合，组建 PowerShell。

2）利用 ProcessBuilder 开启系统进程执行 PowerShell，PowerShell 利用自有特性登入远程机器并终止进程。

以上介绍的是系统自带的 fence，HDFS 也支持自定义实现，方法就是实现 FenceMethod 接口并向 NodeFencer 增加可选项。

6.3.3 Multi-Standby 特性

在中小规模集群中，部署 Namenode 节点一主一备，运行期间两主通常配合较为默契；随着加入的节点数量增多，业务访问频率加大，Active 和 Standby 存在同时 crash 的情况，此时更高要求的 HA 显得尤为重要。

从 3.x 开始（HDFS-6440），HDFS 拓展支持一 Active 多 Standby 的部署方式，可以极大提升 Namenode 的高可用性。这里的原则是在核心原理不变的情况下，增强部分能力使之变得更加灵活。下面介绍一些较为重要的特性。

1. HA Failover

大家知道当 Active 发生故障时，Standby 会很快感知并在 Zookeeper 创建相应的 znode，随后触发切换。这里的关键是对分布式锁的竞争，对于有多个 Standby 的情况来说，谁先持有 znode 权限，谁成为 Active 的概率就最大。因此目前这一套机制是完全适用的。

2. Standby Checkpoint

在单一 Standby 模式下，Checkpoint 工作完成后，会将 FsImage 推给另外一个 Namenode，通常流程会完成比较顺利。切换为 multi-Standby 时，有几个问题需要重点关注：①Checkpoint 由哪些 Standby 来做？②如何找到 Active 及上传 FsImage？

新版本中是这样来设计的，每个 Standby 都会在本地按照正常的流程执行 Checkpoint。最初会将其余 Namenode 当成潜在的 Active，并尝试将 FsImage 推给它们，随后记录上传的结果。这里有几个重要的属性：

```
// 其余 Namenode 地址
List<URL> activeNNAddresses;
//记录上传 FsImage 的结果,包含每个 Namenode
HashMap<String, CheckpointReceiverEntry> checkpointReceivers;
CheckpointReceiverEntry 属性:
// 上传成功的时间
long lastUploadTime;
// 是否成功
boolean isPrimary;
```

当 FsImage 推给某个 Namenode 执行成功后，会更新 lastUploadTime 和 isPrimary，由此可知对方所在

的节点即为 Active。当下次触发执行时，会根据两种情况判断是否需要向其中某些节点上传：

- 上次上传 FsImage 成功并被认定为 Active 节点。
- lastUploadTime 距离当前时间过长，如超过 90 分钟。

由于存在短时间内多个 Standby 经常上传的情况，Active 考虑到自身的负载，无须应收尽收，需要拒绝一些"无效"的上传。这里的策略主要是：

- 本地在上次接收文件成功到当下的时间是否超过某个阈值，若小于此阈值，则拒绝。
- 两次文件中包含的 txId 是否超过某个阈值，若不超过此阈值，则拒绝。

大家操作后会发现，当集群运行一段时间后，多 Standby 会交替向 Active 上传 FsImage，不会过于占用资源。

3. Edit log roll

这里最重要的莫过于 Standby 需要知道 Active 所在位置。有多种方法可以实现，这里的处理较为直接，可以采用代理和遍历的方式，依次查看 Active 所在节点。

```
// 遍历寻找 Active Namenode
while ((cachedActiveProxy = getActiveNodeProxy()) != null) {
  try {
    // 执行 log roll
    T ret = doWork();
    return ret;
  } catch (IOException e) {
  cachedActiveProxy = null;
  nnLoopCount++;
  }
}
```

4. Observer Namenode

在访问量大的场景下，Active Namenode 会陷入单点瓶颈，很容易造成集群繁忙。为了缓解这种现状，HDFS 引入了具有一致性读功能（HDFS-12943）的 Namenode——Observer。它的特点与 Standby 类似，通过 QJM 同步数据，但是不会执行其他 Standby 具有的 Checkpoint 功能。最大特点是分担 Active Namenode 自身的读流量，从而提升集群吞吐。

有 Observer 参与的集群中，Observer 可以与 Standby 随时更换角色状态，但不可与 Active 发生转换，这样做的目的是避免数据发生紊乱。这种情况下，Client 可以与 Active 交互写操作，多数情况下能直接从 Observer 读取数据。因篇幅有限，这里只是粗略介绍 Observer 的内容，有兴趣的读者可自行研究。

虽然目前支持多 Standby 模式，但不推荐过多的 Stanby 节点部署，主要原因是会给 Zookeeper 带来额外锁竞争，一般 3~5 个 Standby Namenode 较为合适。

6.3.4 HA 优化及改进

HA 作为 HDFS 中不可或缺的一部分，在日常工作时应该得到极大重视。本节从集群维护的角度，列举一些常见问题及改进措施。

1）使用单一默认的 shell 隔离方法，不一定总是有效，存在隔离失误的情况。例如，原 Active NameNode 由于自身故障导致进程僵住，此时触发 Standby 节点竞争到 Zookeeper 锁发生切换，Standby 执行 shell（/bin/true），该脚本隔离效果较弱。此时业务不一定能及时感知到新的 Active 节点，向原 Active 访问过程中会频繁失败。

该问题的优化方法是自定义重新执行的脚本，并一起启用 ssh。例如，自定义脚本中可以定义实现向隔离节点请求状态数据，如果一段时间内状态未更新，可以通过 ssh“杀死”节点进程。

2）ZKFC 连接 Zookeeper 集群因超时导致 HA 切换。一种可能的情况是 Namenode 节点自身负载高，如 GC 严重，导致不能正常和 Zookeeper 通信。对于这种情况，应该及时关注 Namenode 节点本身，调节使用资源，关注业务访问方向，及时优化，避免出现不可控的地步。

3）HA 自动感知 & 切换频繁。这主要是因为单次感知切换代价高导致及早的触发新一次的 HA 轮询。对于一些不太敏感的集群，应该及时调整，可以从 HealthMonitor 检查频次、Zookeeper 超时时间设置等方面进行调整。建议根据自己所处场景来设计。

4）Active Namenode 切换过程中，由于需要处理大量积压 Call 导致一次操作时间长达数分钟。在目前机制中，Namenode 角色变更前，需要处理完已经到达的请求。对于此类情况，注意调整 RPC 资源使用，如 Reader 数量、CallQueue 大小等，在集群过大时建议拆分 Namespace。

5）HA 切换时，两个 Namenode 长时间处于 Standby。作者曾两次遇到这类问题，多数时候是因为 Zookeeper 和 ZKFC 不工作导致，应该保障这两类进程同步协调运行。在平时维护集群的过程中，应该做好集群监控，特别是对重要服务和组件的运行情况。

以上介绍了部分现实场景中的问题，作者平时除了参与团队研发工作，也会负责集群维护，在此分享一些与 HA 有关的注意事项及改进方法，希望可以引起读者共鸣。

1）条件运行的情况下，应该保持 Zookeeper 集群拥有独立部署节点，避免与其他组件服务相互影响，针对大集群，应该适当调整节点数量，如 5 个节点。

2）保持 Namenode 与 Zookeeper 之间，Active 与 Standby 之间的网络畅通，且尽可能挑选硬件配置良好的机型。硬件在现实集群中的作用极大。

3）目前机制下，HA 切换过程中收敛速度较慢，当参与竞争的 Namenode 较多时，存在僵住的可能，所以应该合理控制 Standby 数量。

4）尽量避免 JournalNode 在线升级，在线升级会将集群风险放大。

5）当前 Namenode 访问 JournalNode 的过程中，一旦出现 Quorum 失败，多数情况下 Namenode 进程会直接退出。由于 Namenode 重启的代价非常高，应该尽可能避免此类事件的发生。

6.4 小结

本章较为完整地介绍了 HDFS 的 HA 原理和实践。原理方面，从 HA 各发展阶段出发，逐步介绍了 QJM 的架构和实现，较为细致地梳理了分布式算法、Edit Log 存储系统。随后解读了 HA 的各个模块及热切换实现细节；实践方面，分享了在实践过程中遇到的部分问题和注意事项，借此希望可以帮助到读者。本章内容较为重要，希望读者反复阅读和理解。

缓　　存

对于分布式存储系统来说，具备高吞吐、高并发性能是大多数项目的目标之一。这与系统本身的架构分不开，其中一个重要的参考点就是缓存设计。缓存用途广泛，主要用于解决大流量访问场景下数据快速摄取的问题。

7.1 分布式系统缓存设计

随着数据量的增长，用户对获取数据的效率有了更高的要求，人们总是期待访问速度够快。一个典型的数据访问流程如图 7-1 所示。

从图 7-1 中可以看出，用户通过网络和已经准备好的服务端建立连接，并传递必要的请求参数，如想要获得某个文件的具体数据内容。服务端收到请求后，从存储数据的介质（如磁盘）中检索，耗费一定的 I/O 能力后，如果查找到即返回。在这个过程中，如果减少访问存储的频次，整个请求流程将会快速很多，因为网络的状况通常不可预测。减少 I/O 的一个有效手段就是在 Server 和存储介质间增加缓存（Cache）处理机制。新的数据访问流程如图 7-2 所示。

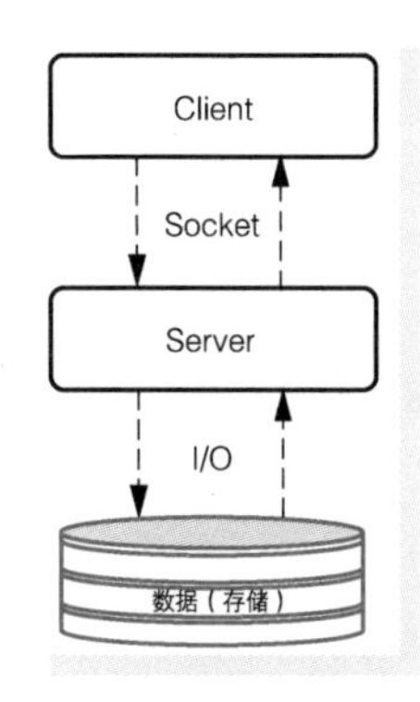

● 图 7-1　典型数据访问流程

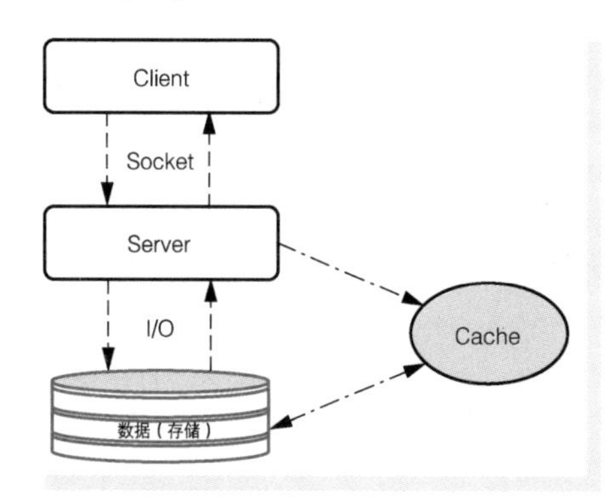

● 图 7-2　增加 Cache 后的数据访问流程

增加 Cache 后，Server 在检索数据时不会直接通过存储介质，而是优先去 Cache 中询问并得到数据。Cache 通常只是临时存放一些更加有用的数据，并需要定期和存储介质中的数据置换，以保证一致性。广义上来讲，只要能够提升检索数据的 I/O 能力，都可以被称为缓存。Cache 也需要依托一定的存储介质，如内存、SSD 硬盘、具有较快访问的数据库等。

当前没有任何一种缓存设计可以满足所有分布式系统要求。从实践经验来看，根据适用场景可以分为本地缓存和分布式缓存。

7.1.1 本地缓存

Server 服务和缓存数据位于同一节点，甚至可以在同一进程内。例如，HDFS 中 DataNode 支持 short-circuit 读操作，读取本地数据不依赖公共网络。但更多提到本地缓存，是指服务和数据均在一个进程内管理。节点示意如图 7-3 所示。

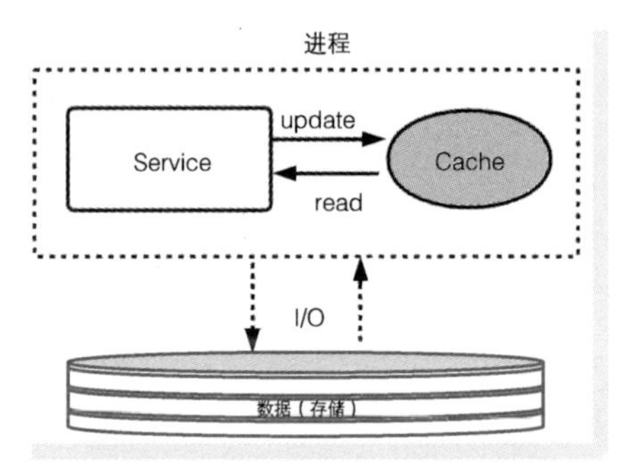

图 7-3 本地缓存节点示意

这种缓存架构设计中，采用独立内存结构用于封装 Cache 数据，生命周期和主服务同步。由于需要访问的数据就在本地，所以访问速度很快。主要特点如下。

- 访问速度快。Server 端检索数据无须跨网络消耗，没有额外性能消耗。
- Cache 数据更新简单。Cache 结构通常是自定义实现的，数据也由本地服务负责更新，因此处理难度不高，也更容易被管理。
- 缓存数据容量有限。当缓存介质是内存时，由于物理机器内存通常不会很大，这也先天影响了缓存的数据大小。为了有效改善这个问题，可以让装载进 Cache 中又长期不用的数据通过某种策略退出，让其他更有用的数据能够跟进，这类策略有 FIFO（先进先出）、LFU（最少使用）和 LRU（最近最少使用）。
- 具有瞬时性。服务进程重启，缓存数据需要被重构。

本地缓存通常和本地服务保持同步，各节点间的缓存结构保持独立，关联度较低。在设计上，本地缓存中维护的数据通常是本地服务所需要的。

7.1.2 分布式缓存

除了本地缓存的单点外，缓存数据还可以使用对外提供服务、并组建集群的方式工作，这就是分布式缓存。它和主服务不在一个进程内，生命周期也不受主服务的影响，主要原理如图 7-4 所示。

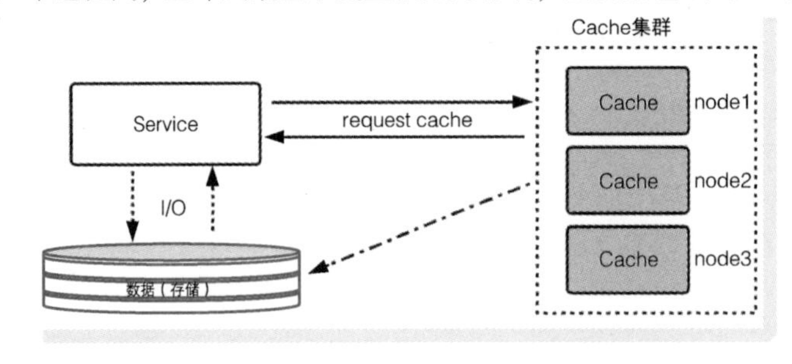

图 7-4 分布式缓存原理

在分布式缓存架构下，Cache结构自成一个集群体系，可以构建较为复杂的服务，并对多个主服务节点提供数据访问服务。Cache集群内部可以自己管理数据，数据更新可以来自主服务，同时也可以和存储介质通信，作为数据补充选项。主要特点如下。

- 支持大数据量缓存。每个Cache节点拥有独立的存储空间，因此可以缓存较多的数据。
- 缓存生命周期可控。因为缓存数据和主服务不在同一节点，所以主服务发生故障不影响缓存节点运行。
- 缓存功能强大。如果是以集群的方式提供服务，通常缓存集群具有高可用、高吞吐的性能。在常见的分布式缓存设计中，单个缓存节点的存储介质仍以内存为主。
- 访问性能低于本地缓存。访问分布式缓存节点因为要借助公共网络，所以相对本地缓存会耗费额外性能。

有哪些场景需要使用缓存设计？在作者看来，主要有以下几种场景：①经常使用到的热点数据，预先加载热点数据可以缩短数据访问链路，不必每次都去访问数据存储介质，进而提升性能；②静态文件，经常检索不变更的数据，会对磁盘或数据源造成不必要的损伤。

7.2 集中式缓存管理

HDFS作为一款使用广泛的分布式存储系统，缓存设计非常值得关注。从规划来看，开源社区版本从2.x版本即开始支持（HDFS-4949）缓存，统一调度和管理缓存数据，架构设计新颖，充分结合了本地缓存和分布式缓存的特点。

7.2.1 原理介绍

本节从宏观角度向读者介绍HDFS在实现缓存时的初衷和作用，以及如何使用它来为业务赋能。了解这些内容对于实践有较大帮助。

1. 构建缓存用途

在缓存实现之前，Client主要通过两种方式与DataNode交互数据。

- 开启short-circuit时，可以较快访问到结果。这要求Client和DataNode位于同一节点。
- 请求到达服务端，DataNode检索StorageType对应的存储介质（副本文件存储在HDD、SSD等设备），随后返回。

这两种方式都需要直接和存储介质交互，并且还会经过一系列校验，消耗的I/O资源（与文件存储设备交互的代价是比较高的）与访问频次和数据量直接相关，影响了集群响应速度。为了弥补这种不足，通过以内存为构建模型的方式来提升在某些情况下的处理能力。总结起来，构建缓存的初衷主要有以下几点。

- 经常被访问的数据应该常驻内存，而不应该每次都需要访问磁盘。例如，Hive或Impala构建的数据表被经常作用于某查询任务的数据源。
- Cache应该由Namenode统一管理，任务在运行时（如Impala任务）可以根据待访问的Block

副本被 Cache 的实际位置去调度任务，做到 Memory-Locality。提高读数据性能。

- 当 Block 副本被 DataNode 缓存后，Client 可以使用 Zero-Copy 读的方式访问，Server 端省去了 checksum 等校验环节，直接从内存读取。
- 提升集群整体内存利用率。此前 HDFS 是依靠 DataNode 节点所在 OS Buffer Cache 缓存副本，这种情况会造成 OS Cache 的浪费现象。例如，一个 Block 的 3 个副本分布在 3 个 DataNode 节点，存在这个 Block 的所有副本被暂存在 Buff Cache 中。通过缓存管理，Client 可以显式固定访问 n 个副本中的 m 个节点，从而节省 n-m 个节点的内存。
- 用户对目录或文件定义为需要缓存的数据后，需要生成对应事务，并被永久记录下来，以防止集群重启，导致 Cache 受到影响。

2. 使用方法

这里有两个和缓存有关的概念。

- Cache directive：缓存指令。定义应该被缓存的路径，可以是目录或文件。注意，目录是非递归缓存，只有目录第一级列表中的文件才会被缓存。创建缓存指令时，可以指定缓存因子和 TTL。缓存因子可以理解要缓存的副本数量，TTL 可以指定缓存数据的存活时间，一旦缓存指令过期，Namenode 将不再反馈给 Client 进行缓存读。
- Cache pool：缓存池。用于维护缓存指令集的管理实体，一个缓存池可同时维护多个缓存指令。具有类似 UNIX 的权限［r（读）、w（写）］，可限制哪些用户和组进行访问，写权限允许用户向池中添加和删除缓存指令，读权限允许用户列出池中的缓存指令及元数据。暂无执行权限。

引入 pool 是为了更好地管理集群，directive 则是较为具体的资源指定。应用缓存功能，需要开启集群端的相关配置。

- dfs.namenode.caching.enabled：作用于 Namenode。设置为 true，即开启缓存模块。
- dfs.datanode.max.locked.memory：作用于 DataNode。控制节点内存中缓存 Block 副本的内存容量（以 Byte 为单位），默认情况下，此参数为 0，即禁用内存缓存。

目前支持通过以 RPC#ClientProtocol 和 Shell 命令的方式构建缓存，这里以 Shell 命令构建缓存为例。

```
// Cache 帮助命令
Usage: bin/hdfs cacheadmin [COMMAND]
```

Cache pool 的相关命令如下。

- -addPool：新增 pool。可指定用户、权限、默认缓存副本数、过期时间，还可以指定 Quota limit。
- -modifyPool：修改已存在的 pool。需要写权限。
- -removePool：删除一个 pool。需要写权限。
- -listPools：列出当前已存在的 Cache pool 列表。需要读权限。

Cache directive 的相关命令如下。

- -addDirective：新增一个 Cache directive 及所属 pool。可指定自己的缓存副本数、过期时间。默认情况下，Block 副本缓存 1 个，且永不过期，用户和组采用当前执行环境的用户和组信息。
- -modifyDirective：修改已存在的 Cache directive。需要写权限。
- -removeDirective：根据 id 删除 Cache directive。需要写权限。
- -removeDirectives：根据路径删除 Cache directive。需要写权限。
- -listDirectives：列出已存在的 Cache directive。需要读权限。

注意，创建 Cache directive 前需提前建立 Cache pool。

创建 Cache pool 的示例如下。

```
// 创建名称为 pool_x 的 Cache pool
bin/hdfs cacheadmin -addPool pool_x
// 显示创建成功
Successfully added cache pool pool_x.
// 列出集群上存在的 Cache pool
bin/hdfs cacheadmin -listPools
Found 1 results.
NAME    OWNER         GROUP         MODE           LIMIT   MAXTTL
DEFAULT_REPLICATION
pool_x  zhujianghua  zhujianghua  rwxr-xr-x  unlimited  never
1
```

存在可使用的 Cache pool 后，即可建立 directive。创建 Cache directive 的示例如下。

```
创建路径为/test 目录的 Cache directive
./bin/hdfs cacheadmin -addDirective -path /test -pool pool_x
列出集群上存在的 Cache directive
bin/hdfs cacheadmin -listDirectives
Found 1 entries
ID POOL     REPL EXPIRY   PATH
1 pool_x       1 never    /test
```

这里期望的效果是对/test 第 1 级子目录中的文件做缓存。如果存在更多的子目录，则不会递归处理。

```
bin/hdfs dfs -ls /test
Found 3 items
-rw-r-----   3 zhujianghua zhujianghua     106210 2022-07-12 15:54
/test/LICENSE.txt
-rw-r-----   3 zhujianghua zhujianghua      15917 2022-07-12 15:54
/test/NOTICE.txt
drwxr-x---   - zhujianghua zhujianghua          0 2022-07-15 11:51 /test/user
```

Namenode 在集中调度/test 目录时，不会对/test/user 下的文件做缓存处理。

3. 设计思想

对于集中式管理设计来说，必然有多方参与。HDFS 缓存设计思想如图 7-5 所示。

在这个架构中，Namenode 负责协调集群中所有 DataNode 缓存存储资源，并接受每个 DataNode 定期发送的缓存报告。在处理 DataNode 心跳汇报的过程中，返回结果会顺带必要的管理命令。

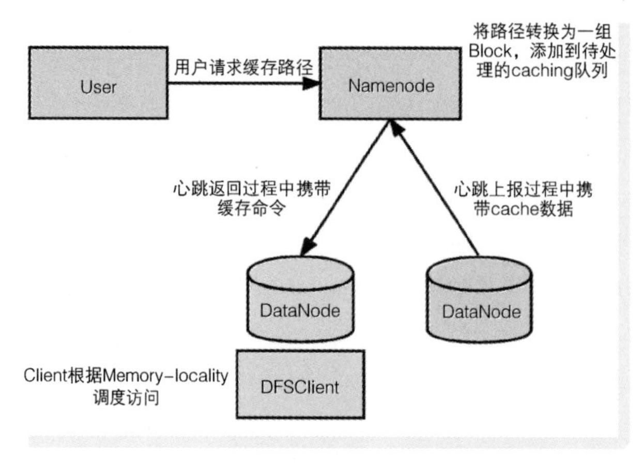

● 图 7-5　HDFS 缓存设计（来源于官方）

由用户触发期望缓存哪些文件数据，Namenode 负责定期扫描这些 Cache directive 信息，同时根据 TTL 管理数据的存活。Client 得到 Cache 位置后，可以决定是否使用 DataNode 上的缓存数据。

除了主体数据调度，还包括如下较为重要的内容。

（1）HA（High Availability）

这是结合现有 HDFS HA 来做的，DataNode 上报缓存会向多个 Namenode 报告。成功处理完成的缓存请求会生成事务保留。

（2）Cache Expiry（TTL）

缓存请求有可选存活时间，当 TTL 过期后，数据将被取消缓存，同时缓存请求也不被处理。

（3）用户 Quota 和资源池

缓存在集群中较为重要的资源，采用“租户”的方式被精细化管理会更加合适。这里主要是基于用户和资源池的管理策略。

（4）Security（安全）

查询 Cache 元数据及所在位置，读取缓存数据都需要具备读权限，并拥有向 Cache pool 添加 directive 的写权限。对缓存路径需拥有读权限，拥有列出 directive 的读权限，对敏感用户需加以限制。

（5）Metrics（监控指标）

需提供有关使用缓存的细粒度和聚合信息。例如，对于 Namenode，可以记录 Cache 文件数量、总缓存大小配置、缓存 Block 总数等；对于每个 DataNode，可记录缓存的 Block、本节点最大缓存容量、读取数据速率等。有了这些信息，对了解集群健康状况会有帮助。

7.2.2　缓存调度

在本模块中，缓存调度属于核心内容，全程由 Namenode 主导，并由 DataNode 负责执行。缓存调度模型如图 7-6 所示。

从图 7-6 可以清晰地看出，HDFS 对文件数据的调度分为两条线：Block 和 Cache。因为 Cache 基于 Block，所以两者有微弱的引用关联。下面介绍一些和 Cache 有关的运行机制。

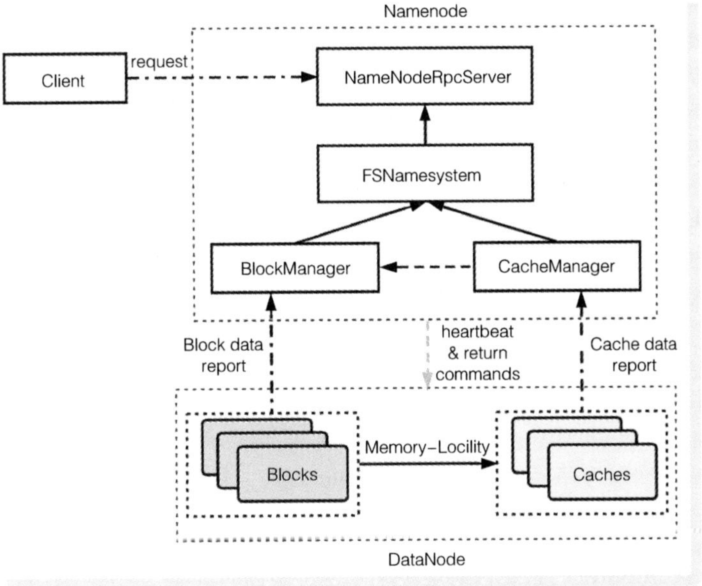

● 图 7-6　缓存调度模型

1. Cache 总管：CacheManager

和 Cache pool、Cache directive 有关的 RPC 操作（如新增 pool、修改 directive、列出 pool），都会经过 CacheManager。它的作用主要有两个：①维护最新的 Cache pool 和 Cache directive；②管理所有的缓存 Block 信息。这里有几个关键的结构：

```
// 维护 id 和 Cache directive 间映射关系
TreeMap<Long, CacheDirective> directivesById;
// 维护路径与 Cache directive 间映射关系
Multimap<String, CacheDirective> directivesByPath;
// 维护 Cache pool 信息
TreeMap<String, CachePool> cachePools;
// 维护和 Cache 有关联的 Block 信息
GSet<CachedBlock, CachedBlock> cachedBlocks;
```

这里的 Cache pool 是缓存中的 pool 实体，具体结构如下：

```
// Cache pool 名称
String poolName;
// 所属用户
String ownerName;
// 所属分组
String groupName;
// 权限
FsPermission mode;
// Quota 限制,此 pool 可缓存的容量大小
long limit;
```

```
// Block 缓存因子,默认 1
short defaultReplication;
// 存活时间(TTL),默认无限制
long maxRelativeExpiryMs;
// 维护本 pool 中的 Cache directive
DirectiveList directiveList;
```

每个 Cache pool 会维护各自的 Cache directive 信息，DirectiveList 采用双向链表的形式，便于更新。此外还会统计一些指标信息。

Cache directive 同样拥有自己独特的信息，包括缓存路径、缓存因子、存活时间和统计指标等。如果用户在创建 directive 时未指定缓存因子和 TTL，则直接继承所属 Cache pool，权限完全由 pool 指定。此外，鉴于 directive 的特殊性，对其理解需要分为两个层面。

- 从局部来说，Cache directive 存在于唯一的 pool，并受其管理和制约。
- 从全局来说，一个缓存路径可以被构建多个 directive，且不同的 directive 有全局 id 标识。

2. 调度 CachedBlocks

前面介绍的 Cache directive 的真正目的是用来划定待缓存的 Block 范围，并且以文件为单位。当创建 Cache directive 成功后，即可将组成文件的 Block 调度到对应的 DataNode 节点。这里采用的方法是异步扫描 Cache directive 中的缓存文件——CacheReplicationMonitor。

CacheReplicationMonitor 的作用重大，是推动缓存正常运行的关键。默认情况下，会间隔 30s（${dfs.namenode.path.based.cache.refresh.interval.ms}配置）检查一次所有的 Cache directive。整个过程分为 3 部分。

（1）扫描待缓存文件

需要定期扫描缓存文件的原因：①Cache directive 存在过期问题；②文件或目录随时会发生更新，因此需要及时做出调整。这里首先会将 directivesById 中存储的 CacheDirective 取出，然后按序逐一判断，如果存在如下情况，文件将会过滤。

- Cache directive 过期（超过 TTL 定义的时间），直接跳过。
- 如果文件是符号链接类型，不处理。
- 文件仍然处于构建中（Under Construction），暂不缓存。此时文件属于不稳定状态。

从这里可以看出，只会对正常且完整的文件缓存。接下来一步是挑选合适的 Block，这个过程会记录本次检查过程中已扫描过的文件大小，如果超过 Cache pool 定义的最大 limit，则扫描文件计划终止。

和扫描文件类似，在逐一检查文件 Block 集的过程中，遇到非 Complete 的 Block 会直接放弃。如果 Block 是最近生成的，直接构建与之对应的 CachedBlock 暂存 CacheManager#cachedBlocks 中，等待后续处理流程。若该 Block 在此前被处理过，有如下两种情况会更新有关的 CachedBlock 信息。

- Cache directive 定义的缓存因子已更新，且原缓存因子小于最新值。
- CachedBlock 长时间没有更新过（通过 mark 标记），需要赋予新的缓存因子信息。

在此过程中，Cache directive 会统计已处理过的 Block 容量大小和文件数量。

（2）扫描 CachedBlocks

CacheManager#cachedBlocks 汇集了所有应该缓存的 Block 后，还有较为关键的一步处理：将这些

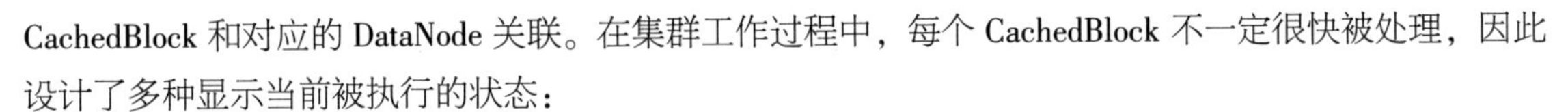
CachedBlock 和对应的 DataNode 关联。在集群工作过程中，每个 CachedBlock 不一定很快被处理，因此设计了多种显示当前被执行的状态：

```
// 即将被缓存到 DataNode
PENDING_CACHED,
// 已经在 DataNode 缓存
CACHED,
// 即将从 DataNode 被清除出缓存
PENDING_UNCACHED
```

每个 DataNode 分别有 3 个集合列表保存属于本节点上的 CacheBlock，DatanodeDescriptor 结构如下：

```
// 存放 PENDING_CACHED 状态 CachedBlock
CachedBlocksList pendingCached;
// 存放 CACHED 状态 CachedBlock
CachedBlocksList cached;
// 存放 PENDING_UNCACHED 状态 CachedBlock
CachedBlocksList pendingUncached;
```

扫描 CachedBlocks 的作用有两个：①分配缓存不足的 CachedBlock 到新的 DataNode 节点；②删除过度缓存的 CachedBlock。入口为 rescanCachedBlockMap( )。

1）遍历每个 DataNode，计算剩余 Cache 容量是否足够容纳 pendingCached 集合中的元素。

```
for (DatanodeDescriptor dn : datanodes) {
  // 使用 DataNode 汇报的最新 Cache 剩余容量
  long remaining = dn.getCacheRemaining();
  for (Iterator<CachedBlock> it = dn.getPendingCached().iterator();
        it.hasNext();) {
    CachedBlock cblock = it.next();
    BlockInfo blockInfo = blockManager.
      getStoredBlock(new Block(cblock.getBlockId()));
    // Block 被删除,此时也无须缓存
    if (blockInfo == null) {
      continue;
    }
    // Block 过大,不应该在该 DataNode 上缓存
    if (blockInfo.getNumBytes() > remaining) {
      it.remove();
    } else {
      // 重新计算可用 Cache 容量
        remaining -= blockInfo.getNumBytes();
    }
  }
}
```

2）依次处理应该被缓存的每个 CachedBlock，结合策略分配到合适的 DataNode 节点。分为两个处理过程：

第一，重新检查该 CachedBlock 在此前被处理的结果。原因是存在 Block 在 DataNode 实际未执行缓存的可能；同时还需要检测是否已经存在冗余缓存数量。方法是分类收集到已分配到 PENDING_

CACHED、CACHED、PENDING_UNCACHED 集中存在 CachedBlock 的 DataNode 列表，然后判别。

```
// 和 CachedBlock 有关的 PENDING_CACHED 节点集
List<DatanodeDescriptor> pendingCached =
    cblock.getDatanodes(Type.PENDING_CACHED);
// 和 CachedBlock 有关的 CACHED 节点集
List<DatanodeDescriptor> cached =
    cblock.getDatanodes(Type.CACHED);
// 和 CachedBlock 有关的 PENDING_UNCACHED 节点集
List<DatanodeDescriptor> pendingUncached =
    cblock.getDatanodes(Type.PENDING_UNCACHED);
```

- CachedBlock 存在于某 DataNode 的 pendingUncached 集，但不存在于 cached 集，说明该节点实际是未缓存的，需要从 pendingUncached 集合中删除。
- cached 的数量已经超过 CachedBlock 最新定义的缓存因子，说明缓存冗余。此时需要从 pendingCached 中删除，取消缓存计划。

第二，为 CachedBlock 分配新节点或取消冗余缓存。经过上一步处理之后，仍然还存在缓存不足或冗余的情况。这时可以计算得到和该 CachedBlock 相关的应取消缓存数：

```
int neededUncached = 已缓存数量 - (取消缓存数 + 所需缓存数量);
这里的所需缓存数量=缓存因子
```

- 如果 neededUncached > 0，说明存在冗余缓存，从 cached 集中随机抽取 neededUncached 个元素加入到 pendingUncached 中。pendingUncached 会在合适的时机下发给 DataNode 进行实际取消操作。
- 如果 neededUncached < 0，此时需要判断是否满足分配新缓存条件。通过计算即可判别：

```
int additionalCachedNeeded=所需缓存数量-(已缓存数量+计划缓存数量);
```

- 如果 additionalCachedNeeded > 0，说明需要为 Block 新增节点作为缓存副本，直至满足缓存因子。在选择新节点时，需要满足如下条件：①DataNode 处于 Decommission 或 Maintenance 状态，过滤；②Block 副本损坏，所在节点过滤；③已生成缓存或已加入计划缓存的节点过滤。

剩下的就是从正常 Block 副本集中选择可用 Cache 空间较多的节点作为 pending 选项，并将 CachedBlock 加入到所选 DatanodeDescriptor 的 pendingCached 列表。待合适的时机回传给 DataNode。

可以看出，CachedBlock 总是会和可用 Block 副本位于同一节点，且节点服务运行正常。同一时间，一个 DataNode 只会存在一份缓存副本。因此，在极端情况下，存在一些 Block 的缓存数量永远不能达到期望的缓存因子，如集群节点较少、设置缓存因子过多时。

这里有必要对 CachedBlock 结构做一下分析。当为一个 Block 创建 CachedBlock 后，它就可能存在于多个节点的不同执行状态集中（CachedBlocksList），这样可以较大限度地节省内存使用。CachedBlock 主要结构如下：

```
// Block id 标识
long blockId;
// 指向下一个 CachedBlock 元素
```

```
LinkedElement nextElement;
// 期望缓存副本数
short replicationAndMark;
// 三元组对象
Object[] triplets;
```

结构中最重要的属性是 triplets，负责维护和所有 CachedBlockList 间的引用关系，CachedBlockList 在这里可以理解为各 DatanodeDescriptor 中的 pendingCached、cached、pendingUncached 集。triplets 的存储内容如下。

- [3*i] 存储当前执行状态类型的 CachedBlockList。
- [3*i+1] 存储 CachedBlock 在 CachedBlockList 中的前一个元素。
- [3*i+2] 存储 CachedBlock 在 CachedBlockList 中的下一个元素。

有兴趣的读者可以研究一下 CachedBlock 和 IntrusiveCollection 源码，是实现双向链表的代表。

(3) 下发 CachedBlocks

CachedBlock 分配完成后，剩下的就靠 DataNode 执行具体的缓存任务了。DataNode 如何知道自己需要缓存哪些 Block 副本？答案和 heartbeat 有关。目前采用的方法是，Namenode 处理完 DataNode 心跳请求后，在返回结果途中，将需要处理的 Cache 信息"搭便车"告知 DataNode，无须增加额外处理接口。具体是将 DataNode 有关的 pendingCached 和 pendingUncached 相关的信息组成 DatanodeCommand 并回传，为了减小传输压力，回传的只是 blockId。

3. 事务

在 HDFS 中，事务支持是实现 HA 的前提，同时还能保证在集群遇到故障时，多数时候能够恢复如初。这是缓存模块一大特点。例如，新增 Cache pool 时，执行流程如下：

```
void addCachePool(CachePoolInfo req, boolean logRetryCache)
      throws IOException {
  //加锁
  writeLock();
  // 增加 Cache pool 细节
  FSNDNCacheOp.addCachePool(......);
  // 增加 Edit transaction
  // fsn.getEditLog().logAddCachePool(info, logRetryCache);
  // 解锁
  writeUnlock(......);
  // Edit log 同步
  getEditLog().logSync();
}
```

在这个过程中，会添加一条 OP_ADD_CACHE_POOL 类型的事务。和 Cache 有关的事务类型还有：OP_ADD_CACHE_DIRECTIVE、OP_REMOVE_CACHE_DIRECTIVE、OP_MODIFY_CACHE_DIRECTIVE。这些事务会在执行 Checkpoint 时保存 FsImage 文件，并在集群重启时还原到元数据。Cache 信息持久化和还原通过 SerializerCompat 实现。

```
SerializerCompat {
  // 保存 Cache 元数据
```

```
  save(DataOutputStream out, String sdPath) {
    // 保存 Cache pool
    // 保存 Cache directive
  }

// 从文件加载 Cache 信息
load(DataInput in) {
    // 加载 Cache pool
    // 加载 Cache directive
}
}
```

7.2.3 DataNode 缓存原理

Namenode 完成调度功能后，剩下的就需依赖 DataNode 执行具体缓存任务了。总结起来，DataNode 在这里主要负责两类工作：①根据指令将对应的副本数据加载到内存；②在合适的时机将缓存数据剔除。DataNode 运行时也有一套较为精细的缓存运行机制，如图 7-7 所示。

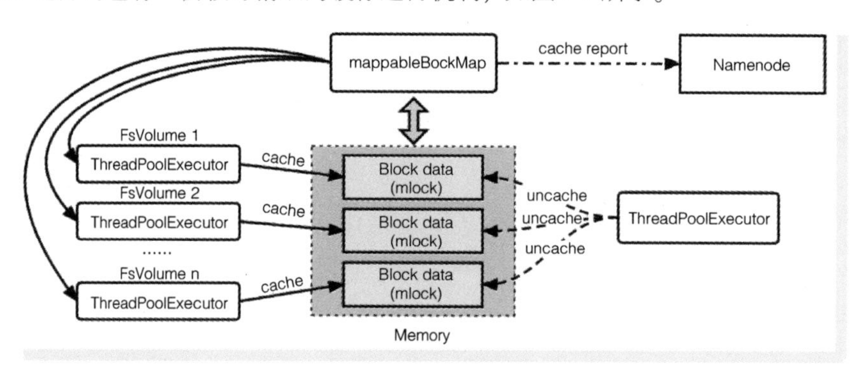

● 图 7-7　DataNode 缓存运行机制

1. Cache&Uncache 原理

在 DataNode 端也有一个被称为“Cache 总管”的 FsDatasetCache。负责 Block 副本在本地缓存与统计事宜。主体结构如下：

```
// 保存缓存对象及状态
HashMap<ExtendedBlockId, Value> mappableBlockMap;
// 执行取消缓存的线程池
ThreadPoolExecutor uncachingExecutor;
// 内存管理器
MappableBlockLoader cacheLoader;
// 和内存有关的统计器
CacheStats memCacheStats;
```

目前 DataNode 缓存数据支持两类存储介质：随机存取存储器（Random Access Memory，RAM）和持久内存（Persistent Memory，PMem）。两者各有优势，RAM 与 CPU 直接交互数据，可以随时读写，速度快。不足是断电后数据很快消失，是一种易失性存储设备；PMem 读写数据速度低于 RAM，优势是容量大，断电后数据仍保留在内存中。这里以 RAM 为代表做介绍，DataNode 开启应用缓存前，需满足两个前提：

- DataNode 本地 native 库可用。因为副本数据换入换出内存需要调用系统 mmap 和 mlock 实现，而 DataNode 是依赖 native 完成与底层交互的。
- 配置的 ${dfs.datanode.max.locked.memory} 不可超过最大锁定内存大小。可通过' ulimit -l '查看操作系统参数。

下面介绍利用 MemoryMappableBlockLoader 实现将副本文件加载至 RAM 以及释放的过程。

（1）load 数据

具体实现流程如下：

```
MappableBlock load(long length, FileInputStream blockIn,
    FileInputStream metaIn, String blockFileName, ExtendedBlockId key) {
......
// 利用 FileChannel 访问文件
FileChannel blockChannel = blockIn.getChannel();
// FileChannel.map()实际是调用底层 mmap(),设置只读属性
MappedByteBuffer mmap = blockChannel.map(FileChannel.MapMode.READ_ONLY, 0, length);
// 调用底层 mlock_native(),锁定内存
NativeIO.POSIX.getCacheManipulator().mlock(blockFileName, mmap, length);
// 校验 Block 副本是否正常
verifyChecksum(length, metaIn, blockChannel, blockFileName);
......
}
```

整个加载过程包括 3 个部分：

1）使用 FileChannel 调用底层系统函数，申请 mmap 共享内存区域，并将副本文件与该共享区域关联。

2）利用 mlock 锁住共享内存，主要作用是避免非预期的系统页面回收引起性能波动。这可以为访问缓存数据提供稳定的读取能力。

3）校验加载进入缓存中的数据是否正常。校验成功后，Client 访问该副本数据不再需要做 checksum 校验，减少访问中间环节。

最后会得到一个 MappableBlock 实例，用于对缓存对象的引用，为了加快本地文件和内存交互，内部使用堆外（MappedByteBuffer）内存做封装。在加载过程中，CacheStats 会记录内存被占用的大小。

（2）内存释放

MemoryMappableBlockLoader 释放内存较为简单，CacheStats 减去被占用的内存大小，同时关闭对共享内存的使用。

除了 MemoryMappableBlockLoader 外，还有两种操作内存的实现可供选择：PmemMappableBlockLoader 和 NativePmemMappableBlockLoader。

对于启用 PMDK（Persistent Memory Development Kit），有两点需要注意：①提前安装依赖库，可进入 https://pmem.io/查看详情；②源码编译过程中需指定 pmdk 选项。有兴趣的读者可以自行实践。

在缓存副本整个过程中，使用 mappableBlockMap<K, V>维护 Block 信息及其缓存对象的生命周期，K 保存的是和 Block 有关 blockId 和所在 Block Pool；V 维护的是副本在缓存各阶段所处状态及对应缓存对象。V 主体结构如下：

```
V {
  // 缓存状态
  State state;
  // 缓存对象
  MappableBlock mappableBlock;
}
```

各缓存状态如下所示。

- CACHING：副本正在执行被加载到缓存中。
- CACHING_CANCELLED：副本正在被加载到缓存，但被取消执行。
- CACHED：副本已经被加载到缓存。
- UNCACHING：已生成 MappableBlock，正在被从缓存中移除。

触发 Cache 或 Uncache Block 的场景不一，具体详情会在稍后的章节中介绍。这里首先对 Cache 和 Uncache 流程加以说明。

Cache Block 入口为 FsDatasetCache#cacheBlock()。

DataNode 对于缓存一个 Block 还是比较严谨的，执行缓存前，会经过多个检查。包括：

- Block 副本是否已经存在于本地元数据结构（ReplicaMap）中。
- 副本是否处于 FINALIZED 状态。
- 副本所在 FsVolume 是否正常。
- 副本文件对应的存储介质是否为非 RAM_DISK 或 NVDIMM。

满足要求后，会构建新元素加入 mappableBlockMap 中，并开启异步加载过程。

```
// CACHING 为初始状态,因为此时还未生成 MappableBlock,故设置为 null
mappableBlockMap.put(key, new Value(null, State.CACHING));
// 为了加快加载过程,每个 FsVolume 都有一个独立的线程池
volumeExecutor.execute(
    new CachingTask(key, blockFileName, length, genstamp));
```

CachingTask 负责对具体某个副本文件的加载，这个过程也会经历一系列处理：

```
// 预定内存
long newUsedBytes = cacheLoader.reserve(key, length);
// 文件加载,并生成 MappableBlock 对象
mappableBlock = cacheLoader.load(length, blockIn, metaIn,
    blockFileName, key);
// 如果取消缓存,从 mappableBlockMap 中删除
if (value.state == State.CACHING_CANCELLED) {
    mappableBlockMap.remove(key);
}
// 副本缓存完成,更新状态为 CACHED
mappableBlockMap.put(key, new Value(mappableBlock, State.CACHED));
```

至此，副本被缓存到内存中的过程已完成，如果有 Client 访问，直接返回缓存中的数据即可。

Uncache Block 入口为 FsDatasetCache#uncacheBlock()。

副本文件被缓存到内存后，mappableBlock 对象也会一直存在，直到 DataNode 进程关闭或发生了新的调度导致取消缓存从内存中剔除的操作。Uncache 最核心的目的就是不期望副本文件存在于缓存内存中，因此需要考虑到当前所处状态：

- 如果是 CACHING，此时将缓存状态更新为 CACHING_CANCELLED，取消缓存计划，等待进一步清除。
- 如果是 CACHED，更新状态为 UNCACHING，并将 mappableBlock 从内存中移除。这里可以选择是否延迟执行。

```
// Uncache Block 采用统一处理
uncachingExecutor.execute(new UncachingTask(key, 0));
```

2. Cache Report 及 CacheBlock 状态变更

为了及时了解集群当前缓存利用和健康状态，DataNode 定期向 Namenode 汇报自身最新的缓存信息。汇报内容包含两部分：

1）Cache 容量和利用率汇报。这部分数据会在 DataNode 心跳上报过程中一起携带。采集的是 CacheStats维护的最大缓存容量和当前已使用的内存大小。Namenode 收到后，会更新 DatanodeDescriptor 维护的 cacheCapacity 和 cacheUsed。

2）缓存数据汇报。这部分主要是向 Namenode 汇报 mappableBlockMap 中维护的所有状态为 CACHED 的数据（和 BlockPool 有关的），默认 10 秒一次。Namenode 收到后，会更新 cached 和 pendingCached 集。

了解这些信息后，将对 Namenode 统一准确地调度缓存资源有极大帮助。

7.2.4　Cache&Uncache 场景

到这里，大家已经对缓存调度机制有了一定了解。但有哪些场景会引起 Block Cache 或 Uncache，仍值得探究。

触发 Block 缓存是比较清晰的，那就是定义 Cache directive 后，路径中的文件发生了变化。通常的情况有：

- 现有文件内容变化，生成了新的 Block，如执行过 append 操作。
- 目录中增加新文件。这是对于 Cache directive 定义目录来说的。

DataNode 执行副本文件缓存，只有一种可能，那就是 Namenode 命令通知。

引起 Block Uncache 的情况较多，和 Block 变化息息相关。主要有如下情景。

- Cache pool 或 Cache directive 取消，涵盖的文件不能再继续流转缓存内。
- 现有文件被删除，组成文件的 Block 需要被及时剔除缓存。
- 对 Block 执行 append 操作，此时数据不是最新，影响访问。
- Block 处于无效，如 DataNode 校验副本时，发现文件损坏。

对于 Uncache 的发生，DataNode 有一定自主选择权，但多数情况下，仍由 Namenode 主导调度。

既然设计缓存的目的是为了加快数据读取，那么 Client 如何访问已缓存的数据？可以一起回忆一下，发生正常的读文件流程：首先 Client 调用 getBlockLocations，从 Namenode 获取组成文件的 Block 位置；而后 Client 即可连通 DataNode 读取数据流。

在支持集中式缓存后，这种读取数据的方式仍然保持不变，区别是 Namenode 在返回 Block 元信息时，也会将 Cache 一起携带返回。LocatedBlock 增加 Cache 的结构如下：

```
LocatedBlock {
  ......
  // 存在 Cache 数据的节点
  DatanodeInfo[] cachedLocs;
  ......
}
```

如果用户希望优先访问存在 Cache 的节点，可以通过如下配置：

```
<property>
  <name>dfs.client.read.use.cache.priority</name>
  <value>true</value>
</property>
```

大家会发现，在访问存在缓存的节点时，明显比访问非缓存节点快。

7.3 缓存实践场景及改进

对于 HDFS，支持缓存可以提升访问数据的性能，但是这方面的功能特性，很容易被忽略。读者有必要了解一些在实践中的注意事项。为了更好地管理集群缓存资源，HDFS 后期还会支持更多的新特性。

7.3.1 实践场景介绍

根据作者在日常实践中的经验，HDFS 缓存在以下场景应用对集群和业务有所帮助。主要包括：

- 频繁被用到且很少变化的静态资源，如计算框架依赖的全局性的文件。这部分内容长期存放在缓存中，可以减少任务运行时间，提升业务性能。
- 公共资源数据，如任务运行过程中依赖的需提前准备的 JAR 等一些公共资源。缓存这些资源可以有效节省任务初始化。
- 经常访问的热点数据，如一个目录下的文件经常会作为任务运行过程中的中间处理环节。这在数仓应用中比较常见，一部分表的数据被频繁访问，与其他表做关联查询。缓存这部分数据可以提供数据生产效率。

在实践中，也有一些需要注意的地方，包括：

- 文件经常更新时，不适合使用缓存。这种情况意味着 Block 内容处于不稳定状态，特别是文件处于 Create 和 Delete 之间。

- 经常触发集群级别 Balancer 的，建议慎重创建 Cache directive，这样会造成副本文件被频繁与内存换入换出。
- DataNode 节点内存容量不高，不适合创建过多 Cache directive。因为内存属于公共资源，一旦缓存占用过多，会影响本地其他服务。
- 如果 HDFS 和计算框架采用混部的方式，注意多个组件之间合理分配内存。缓存在 HDFS 独立部署环境下效果较好。

7.3.2 集中式缓存 V2

鉴于 HDFS 缓存能够带来足够好的性能提升，开源社区对这部分也一直保持关注且不断地更新迭代。结合当下社区发展趋势，作者认为在后面的版本中，Cache 会在以下一些方面有所创新。

（1）支持缓存 LRU

目前触发 DataNode 剔除 mappableBlock 在多数时候仍由 Namenode 管理，这会造成两个方面的问题：①DataNode 更新缓存不及时，一些过期的数据仍停留在内存中；②更新机制缺乏智能，一旦内存使用达到上限，无法缓存优先级更高的数据。对于这种情况，应该给予 DataNode 一定的自主选择权，如 DataNode 可以根据 LRU（最近最少使用）或 LFU（最不经常使用）策略选择优先级更高的文件加入缓存。以 LRU 为例，在内存容量一定的情况下，将不会经常使用的 mappableBlock 及时清理，使得内存中维护的总是最需要使用的数据，可以间接提升访问性能。

（2）TTL 改进

目前对于 TTL 时效性的检测过于单一，依赖于 Namenode 定期扫描 Cache directive。对于集群来说，内存资源极其宝贵，应该及时更新缓存。可以按照如下方法改进。

- DataNode 及时检查本地已缓存的数据，超过 TTL 限制，及时剔除 mappableBlock，并通过 RPC 告知 Namenode。
- 支持 Client 在请求缓存时指定可选 TTL 选项，它会指定请求保持的有效时间，当 TTL 过期时，数据会被取消缓存。

（3）用户 Quota 与资源池

在当前版本，实现 Quota 和资源管理较粗略，只是简单地定义了所缓存的数据不可超过内存容量。在未来，集群资源会被更加精细化管理，如图 7-8 所示。

集群缓存资源允许被多个 Namespace 共享，Cache pool 也可以划定一定范围，范围内维护的是可以缓存的节点，并指定哪些用户可以访问。用户可以访问多个 Cache pool，并且每个 pool 都定义了一定配额。例如，一个集群分为 pool_a 和 pool_b 池，每个用户获得 pool 一定比例的集群内存资源，用户 A 只有 pool_a 的访问权限，用户 B 可以同时访问 pool_a 和 pool_b。每个缓存请求都将与用户和资源池相关联。另外，每个 Namespace 和用户都可以配置一定 Quota。

（4）支持 Cache 独立服务

当前 Namenode 作为管理节点，压力较大，在未来的版本中，会考虑将 Cache 分拆作为独立服务部署。这样做的原因是基于以下出发点。

- 独立的管理节点可以随时了解所有 Namespace 的资源视图，可以更好地配置全局 Quota，统一

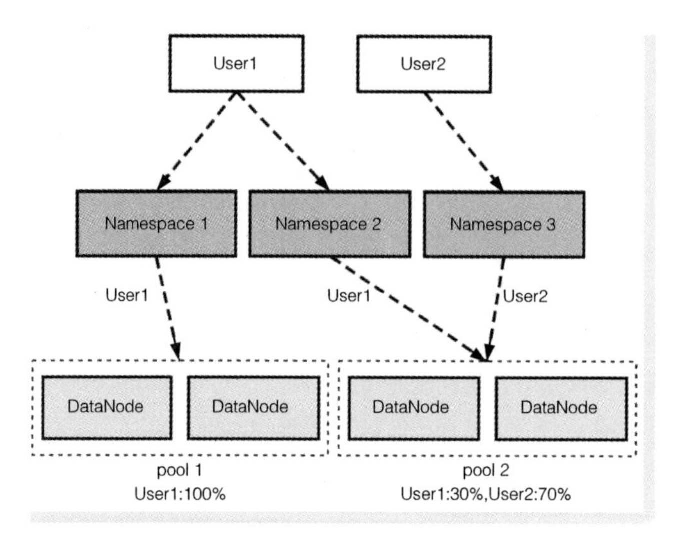

● 图 7-8　Quota 与资源池

调度 Cache 也更加高效。

- Cache 汇报频繁，给 Namenode 增加额外处理压力。如果将这部分分拆，Namenode 会集中精力处理主要的请求服务。

具体的分拆方案可以分为两种：第一种是部署一种新的服务节点用于处理当前集中调度的工作；第二种是除了方案一内容，还可以增加独立的 Cache 数据节点，专门缓存数据用于加速数据请求。

7.4 小结

本章介绍了 HDFS 中有关缓存的一些内容，细致全面。作者在此编写缓存章节的目的是希望给读者带来不一样的分布式思维，因此开篇介绍了一些当下比较成熟的缓存技术和适用场景。接着介绍了在 HDFS 系统中实现缓存的独特之处，结合自身架构特点，HDFS 采用了集中式缓存处理方案。随着产品的迭代更新，后期会伴随更多的 Cache 技术并实现。希望读者朋友持续关注这一部分内容。

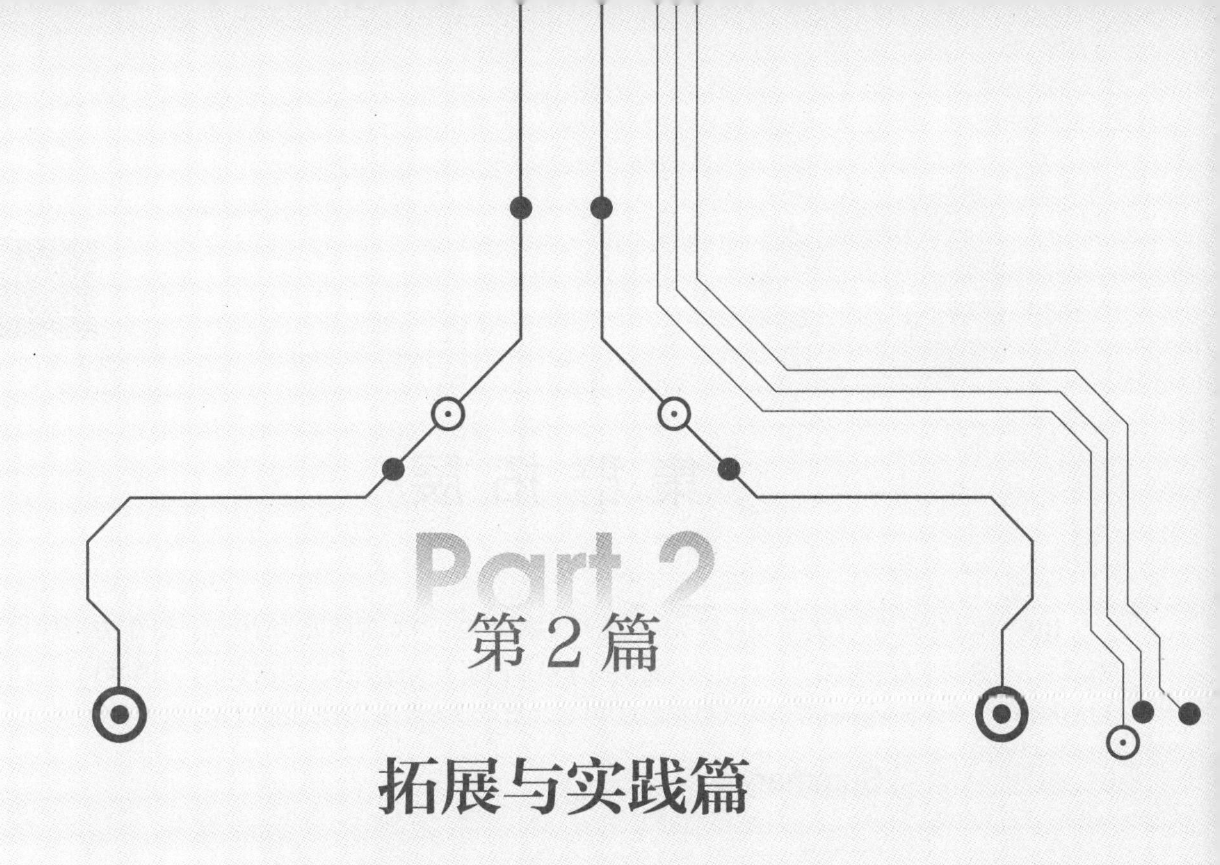

Part 2

第2篇

拓展与实践篇

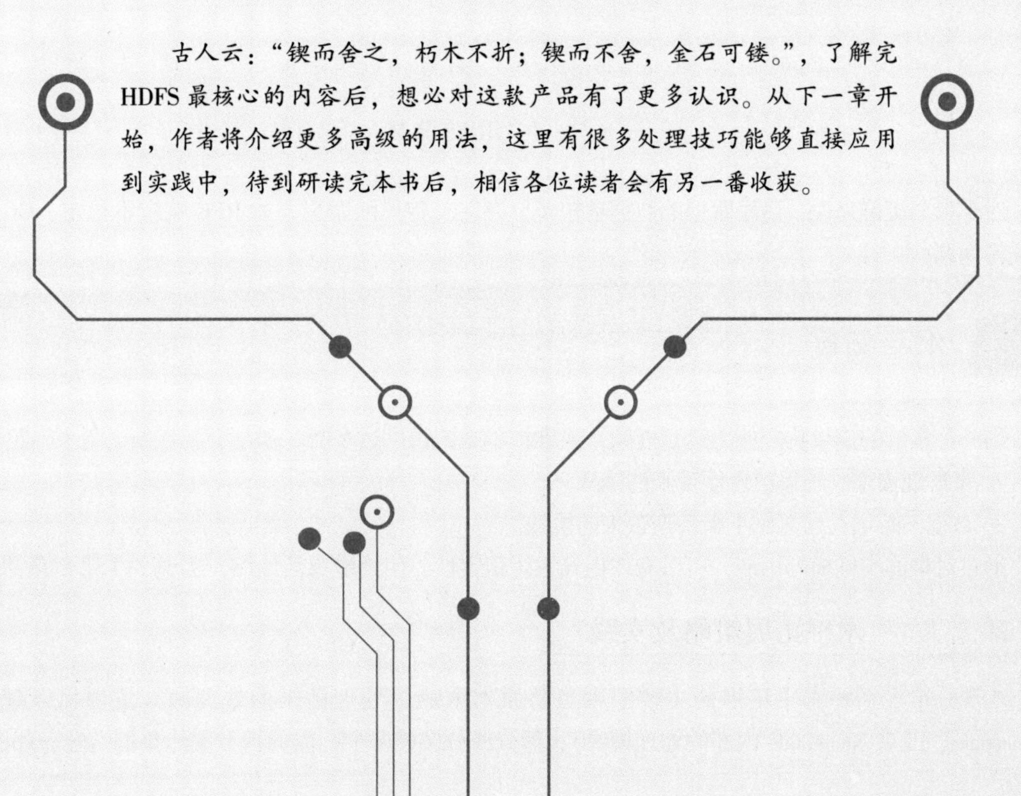

古人云："锲而舍之，朽木不折；锲而不舍，金石可镂。"，了解完HDFS最核心的内容后，想必对这款产品有了更多认识。从下一章开始，作者将介绍更多高级的用法，这里有很多处理技巧能够直接应用到实践中，待到研读完本书后，相信各位读者会有另一番收获。

集群拓展

HDFS 作为优秀的大数据底层存储系统，能够支撑 PB 甚至 EB 规模量级的存储。随着数据量的不断增加，业务访问愈发频繁，用户对系统提供持续稳定的服务响应提出了更高要求。在作者曾经维护过的集群中，单 Namespace 管理的元数据超过 10 亿，重点业务数据月增长达数 PB，如图 8-1 所示。

Summary

Security is off.

Safemode is off.

505,761,002 files and directories, 650,264,146 blocks = 1,156,025,148 total filesystem object(s).

Heap Memory used 290.12 GB of 410 GB Heap Memory. Max Heap Memory is 410 GB.

● 图 8-1　HDFS 集群

对于单个集群来说，这里管理的数据量较多，存在一定风险隐患，如 RPC 响应不稳定、GC 耗时变长等问题。

8.1 水平拓展

当一个集群的请求响应能力达到瓶颈，或维护承载的数据过多时，通常会面临如下两个问题。

- 集群规模增长与集群性能带来的挑战。
- 数据不断增长与数据平衡管理带来的挑战。

通过对集群实施横向拓展，可以有效提升系统稳定性，使性能灵活伸缩，实现 1+1>2 的效果。

8.1.1 水平拓展策略及实践

实现分布式系统水平拓展的主要原则是将原本依赖单处理请求的处理源（这里可以理解为 Namespace，或者 Namenode 内部的处理模块），拆分或分裂成多个，以此提升整体集群吞吐，如图 8-2 所示。

这里举一个实际的例子。某集群 Namespace 受自身影响（如内存大小、CPU 核数），响应业务请求的最高 QPS 是 7w，随着访问请求的增加，部分业务的请求到达服务端后，超限的请求必定会等待一段时间。在总流量不变的情况下，此时如果有两个甚至更多的 Namespace 均衡承载业务流量，集群吞吐将会极大提升，处理业务的请求也更加及时。

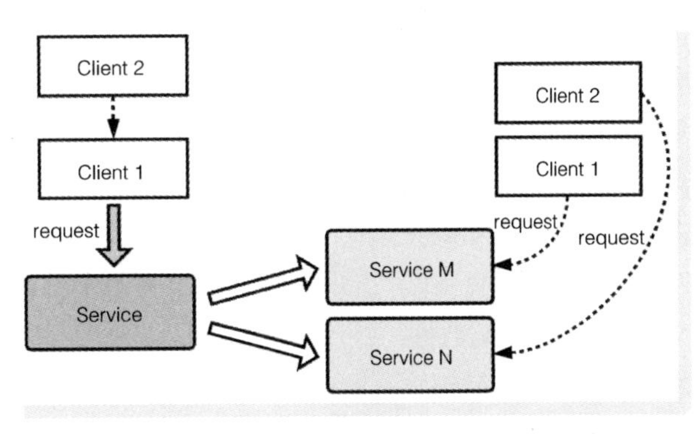

● 图 8-2　分布式系统水平拓展思想

1. 拓展策略

因分布式系统涉及的技术内容较多，每款产品各有特点，拓展策略需要根据各自的系统及运行场景出发，选择适合自己的。从作者的经验来看，对存储系统水平拓展主要参考以下几个方面。

- 数据引流横向拓展。
- 系统架构横向拓展。
- 业务组成横向拆分。

在实践过程中，还需结合部分分布式技术特点才能使系统在运行过程中发挥最大的“威力”。这里有一些值得注意的地方：

- 资源动态伸缩。处理请求的处理源可根据请求连续分离，或适当合并业务流量，当然对多个处理源合并也应该支持。这些操作不应该有过多限制，采取自动化、可配置的方式为宜。
- 接口、幂等。多个动态伸缩的处理源应该具有相同的处理接口，开放接口的方式也应该保持一致。需要注意的是，一个用户访问 A 处理源与访问 B 处理源不应该发生互斥，多个用户访问多个处理源应该保持一定的幂等关系，这样可以保证集群资源被均衡使用。
- 可用性与容错。独立且良好的容错能力是每个处理源应该拥有的特性。在故障发生后的一段时间内，需恢复服务正常访问。此外还应该保留一种机制，那就是允许多个处理源之间配合恢复故障。
- 易用性、统一访问方式。用户访问不同的处理源时，较为合理的机制是采用统一的调用入口。除非处理源间属于不同的服务类型。这样做有利于集群保持好的可拓展性。用户只需要关心数据访问过程是否正常即可，而无须过多了解中间的处理链路，集群内发生的调用转换过程对用户始终是透明的。
- 安全性。用户与集群间的访问可以选择是否启用安全校验，如果启用，多处理源应该提供统一的校验方式及校验凭证。

2. HDFS 水平拓展实践

拥有水平拓展能力是 HDFS 非常重要的特点，也是日常维护集群过程中非常重要的手段。设计好的水平拓展方案，可以很大提升业务共存和集群稳定。下面列举一些集群水平拓展实践过程中可借鉴的方法。

(1) 元数据规模横向拓展

在节点内存资源恒定的情况下，Namenode 不可能无限管理增长的元数据。随着元数据规模的增长，必然会引发两个不能忽视的问题：①Namenode服务启动代价增加，直接影响集群正常化，在集群遇到故障时风险尤其加剧；②RPC 响应不稳定，元数据增加的同时，内存 Tree 结构会变得非常大，遍历和修改耗时增加，内存回收难度也不会很及时。针对这些问题，采用多个Namespace 管理元数据，并使用统一访问入口是非常合适的。架构如图 8-3 所示。

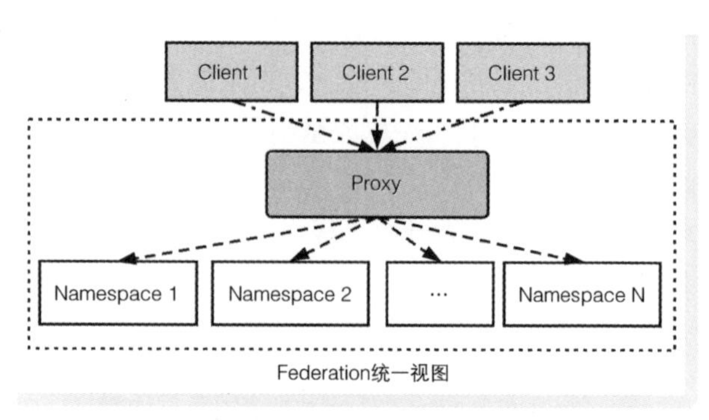

● 图 8-3　多个 Namespace 管理元数据架构

图 8-3 是 HDFS 支持以联邦（Federation）的方式管理多个 Namespace 集群。核心思想是每个 Namespace 各自管理一部分元数据，代理服务（Proxy）负责呈现所有集群内的数据视图，并对外提供统一的访问接口。Client 访问数据的顺序是将请求发给 Proxy，由 Proxy 代为和具体的 Namespace 交互。目前 HDFS 支持两种方式的 Federation：RBF（Router-Base-Federation）和 ViewFS。

1）ViewFS 使用和介绍。具体参考链接 https://hadoop.apache.org/docs/current/hadoop-project-dist/hadoop-hdfs/ViewFs.html。

2）RBF 使用及介绍。具体参考链接 https://hadoop.apache.org/docs/current/hadoop-project-dist/hadoop-hdfs-rbf/HDFSRouterFederation.html。

ViewFS 属于比较早期的版本，现在很多数据厂商已经成功应用并实践了更加成熟的 RBF（Router Base Federation）。下面是一个实践 RBF 的 Federation 集群视图，如图 8-4 所示。

Nameservice Information

✔ Active　✔ Observer　⏻ Standby

	Nameservice	Namenode	Last Contact	Capacity		Blocks Files	Total	Missing	Under-Replica
✔	datastore_cold	nn_3_1	39	0 B		0	0	0	0
✔	ns-cluster11	nn_1_1	41	0 B		0	0	0	0
✔	ns-cluster12	nn_2_2	39	0 B		0	0	0	0
✔	ns-cluster13	nn_4_1	38	0 B		0	0	0	0
✔	ns-cluster14	nn_5_2	38	0 B		0	0	0	0
✔	ns-cluster15	nn_6_1	39	0 B		0	0	0	0

● 图 8-4　RBF 维护的多个 Namespace

这些 Namespace 中，ns-cluster11 ~ ns-cluster15 共享 DataNode 节点，datastore_cold 管理一套完全独立的数据节点。这些都不影响 Client 使用一致的方式访问数据，只要 Namespace 接入到 Federation 即可，如用户 A 基于端口为 8080 的 RPC 访问 ns-cluster11 和 datastore-cold 都被允许。

使用基于 Federation 的集群，最大的好处是集群管理的元数据可以实现无限增长。可以设置一个

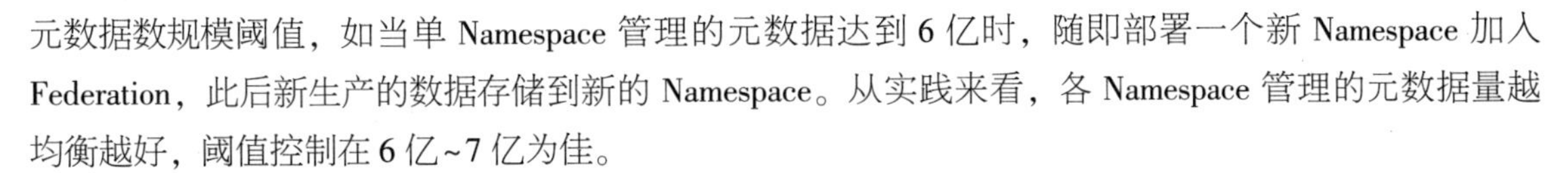

元数据数规模阈值，如当单 Namespace 管理的元数据达到 6 亿时，随即部署一个新 Namespace 加入 Federation，此后新生产的数据存储到新的 Namespace。从实践来看，各 Namespace 管理的元数据量越均衡越好，阈值控制在 6 亿~7 亿为佳。

（2）数据存储规模横向拓展

随着存储的数据量越来越多，数据在 DataNode 上合理分布越来越重要。一个很重要的原因就是，集群存储资源不应该全部用满，一旦可用空间不足，而又得不到补充，整个集群会陷入无法使用的状态。如图 8-5 所示，其显示集群整体存储资源已使用 88%。

Configured Capacity:	159.3 PB
DFS Used:	140.2 PB (88%)
Non DFS Used:	10.9 TB

● 图 8-5　集群资源使用占比

对于这种情况，可以考虑扩容节点来补充可用容量。HDFS 扩容新存储节点步骤如下（这里以扩容 10.1.1.112 hadoop-dev1.hzjh.org，10.1.2.113 hadoop-dev2.hzjh.org 为例）。

1）提前准备要扩容的新机器，公共配置保持和本集群其他 DataNode 一致。重点检查操作系统、/etc/hosts、HDFS 有关的配置。

2）将新机器 hostname、ip 等识别信息加入/etc/hosts 文件（如果有必要）。

```
cat /etc/hosts
10.1.1.112 hadoop-dev1.hzjh.org
10.1.2.113 hadoop-dev2.hzjh.org
```

3）将新机器加入 slaves 文件。

```
cat /conf/slaves  // 这里配置的是 hostname,如果 HDFS 所有配置使用的是基于 ip,这里也应该使用新节点
的 ip
hadoop-dev1.hzjh.org
hadoop-dev2.hzjh.org
```

4）顺序启动所有的新 DataNode 服务节点。

```
./sbin/hadoop-daemon.sh start datanode   // 冷启动
或
./bin/hdfs dfsadmin -refreshNodes  // 热启动
```

由于是新节点，还没有写入数据，多个 DataNode 可以并行启动。如果新节点很多，通过 shell 脚本辅助执行不失为一种不错的方法。

建议：如果有配置机架感知，不要将新扩容的新节点全部放在一个机架下，分散到多个机架较好。因为将来有新数据进来时，可以避免数据过于集中到某个网络区域，造成网络利用不充分。

集群存储利用率达到多少可以考虑扩容？根据以往经验，作者建议这个值达到 75%即可考虑。实际运维过程中，会涉及硬件采购、性能评估时间等。集群运行一段时间后会发现，数据节点间存储利用水平会出现参差不齐的现象，如图 8-6 所示。

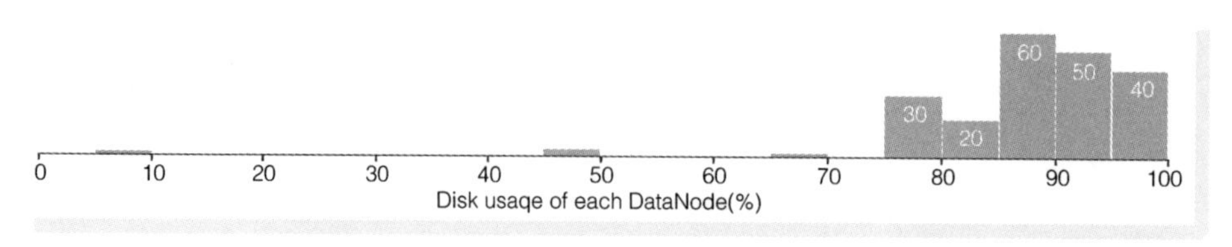

● 图 8-6　集群节点利用不均衡

这里配置的副本节点选择策略是 AvailableSpaceBlockPlacementPolicy，示例显示很多 DataNode 节点存储利用超过 95%，这部分节点会经常处于比较繁忙的状态，从而引发故障，如磁盘损坏概率升高。而另一方面，对于存储使用少的节点，又会造成资源浪费。因此，使集群资源处于均衡利用的状态是努力的方向。运维实践中可以合理搭配如下可选配置参数，以便能够引导数据访问的均衡。

- 合理设置副本选择因子。

dfs. namenode. available-space-block-placement-policy. balanced-space-preference-fraction 的作用是在 Client 写文件时用于选择 Block 副本所在位置的影响因子（0~1.0 之间），因子越大，意味着 Namenode 会选取存储利用较少的节点作为目标位置，默认值是 0.6。这个值对于存算分离架构比较合理，而一旦部署架构设计存算混部默认，容易因 locality 造成节点存储的不均衡，可以将此比例调高，如设置为 0.7~0.75。

- 合理调整 Namenode 下发删除 Block 数量。

当文件被删除时，Namenode 会在 DataNode 心跳上报过程中将待删除的副本一起下发，下发的数量对清理数据节点废弃空间有影响。这里的机制是，Namenode 会定期批量处理集群需要删除的 Block，默认情况下不能影响 1/3 的节点，此外每个节点每次删除的副本数量（dfs.block.invalidate.limit）不能超过 1000。对于存储使用较多的节点或规模较大的集群，应该适当调整，以便于加快数据平衡。

- 在最新的 3.x 版本中，支持可配置化删除 Block。

dfs.namenode.block.deletion.increment 的默认设置为 1000，这里代表可以删除组成文件的 Block 的数量。HDFS 的存储特点是适合存储大文件，因此对于大文件的删除来说，提高同时删除 Block 数有利于提升存储空间回笼，如将该值调整为 2000。

图 8-7 是辅助集群调整运行一段时间的效果，可以看出，原来存储利用在 90%以上的节点有所优化，更多副本选择向剩余空间较高的节点倾斜，存储分布更合理。辅助存储规模横向拓展的方法不一，适合自己的实践需求最重要。

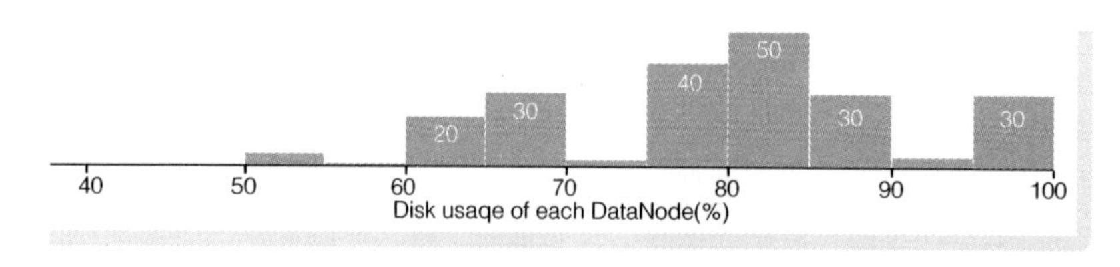

● 图 8-7　辅助集群调整后的效果

（3）锁拆分

当前HDFS在处理用户请求时，内部执行逻辑有时容易被阻塞，一个很重要的原因是Namenode和DataNode在架构上采用全局锁设计，这样会造成即使是局部更新数据也会发生RPC等待的情况。对Namenode和DataNode服务锁拆分，可以有效提升集群并行处理能力。

1）Namenode锁拆分方法。多个更新操作会受阻于FSNamesystem锁和FSDirectory锁的竞争，因此优化这两者是关键。

① 移除FSDirectory冗余锁。目前开源社区已经完全移除FSDirectory锁的影响。可查看https://issues.apache.org/jira/browse/HDFS-14731。移除后，会大大降低RPC持有锁的代价。

② FSNamesystem全局锁拆分。前面已经介绍过多种锁拆分的优劣特点，分段锁方案较容易实现（可以参考社区），建议在实现过程中要细致测试；如果选择的是细粒度锁拆分，可以设计为多个实施阶段，循序渐进，这样便于观察效果，降低研发风险。

2）DataNode锁拆分方法。类似FSNamesystem全局锁，FsDataset在调度FsVolume时也是采用全局锁控制，目前社区已经支持基于Blockpool或FsVolume级别细粒度的锁实现。可查看https://issues.apache.org/jira/browse/HDFS-15180。

（4）存储介质横向拓展

对数据节点来说，存储介质的选择和设计非常关键。在作者早期维护的集群中，多数节点以12磁盘为主，存储容量较小，这样的弊端是单台机器硬件成本增加。后来通过对节点动态增加磁盘介质的方式，增加到24盘、36盘，使得水平管理数据的能力得到加强。

动态扩容磁盘步骤如下。

1）准备好新增加的磁盘，挂载到本地操作系统。

2）修改hdfs-site.xml配置。如新增两个磁盘/mnt/dfs/13/data和/mnt/dfs/14/data。

```
<property>
<name>dfs.datanode.data.dir</name>
<value>
/mnt/dfs/0/data,/mnt/dfs/1/data,/mnt/dfs/2/data,/mnt/dfs/3/data,/mnt/dfs/4/data,/mnt/dfs/5/data,/mnt/dfs/6/data,/mnt/dfs/7/data,/mnt/dfs/8/data,/mnt/dfs/9/data,/mnt/dfs/10/data,/mnt/dfs/11/data,/mnt/dfs/12/data,/mnt/dfs/13/data,/mnt/dfs/14/data
</value>
</property>
```

3）重启或刷新DataNode。

```
// 热更新 DataNode 在 Namenode 上的信息
./bin/hdfs dfsadmin -reconfig datanode [datanode_rpc_address] start
```

如果是3.x版本，磁盘扩容成功后，建议在节点内执行一次水位均衡，避免后面新入数据过于集中。

```
// 前提:dfs.disk.balancer.enabled=true
./bin/hdfs diskbalancer -plan xxxx  // 生成计划
./bin/hdfs diskbalancer -execute xxxx  // 执行
./bin/hdfs diskbalancer -query xxxx  // 查询
```

值得注意的是，磁盘不建议扩容太多，单节点拥有的磁盘数在 12~24 较为合适。否则会带来额外的影响。例如，Block 在全量上报时，短时间上传太多的副本数据，会造成性能上的抖动，特别是具有 EC（Erasure-Coding）特性的数据，如图 8-8 所示。

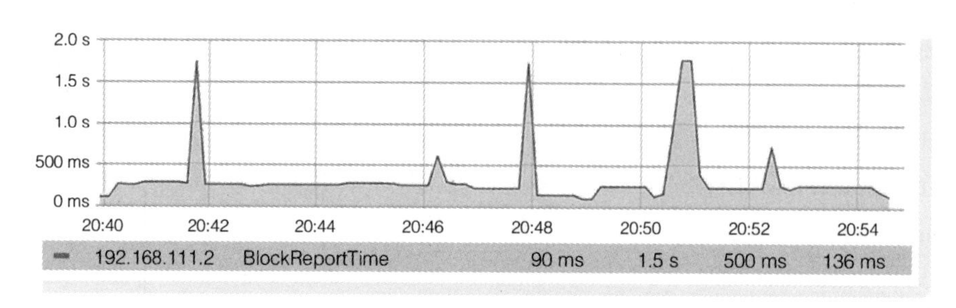

● 图 8-8　FBR 抖动

从这里也可以看出，配置过大容量的高密磁盘不是很好的选择。

（5）业务伸缩

前面都是从分布式系统本身的角度考虑，系统设计得再好，也总归是服务于业务访问。对 HDFS 集群来说，不能让所有业务都集中在一个 Namespace，毕竟“单点”资源有限。集群所有业务均衡分布在多个 Namespace 是最合理的。当一个 Namespace 能够承受的访问已经很拥挤，应该考虑将其中部分业务转移到其他能够容纳的 Namespace 中去，如图 8-9 所示。

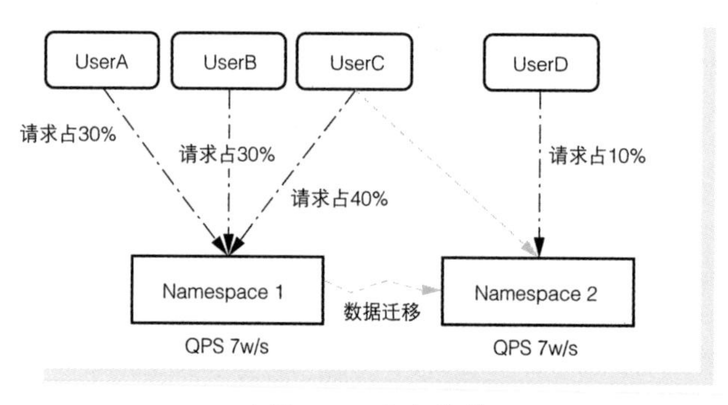

● 图 8-9　业务伸缩

例如，有两个 Namespace，两者最高吞吐都是 7w/s，由于历史原因，其中 Namespace1 承接用户 UserA、UserB、UserC 对数据的访问，Namespace2 由于是新建，当前承载业务较少。可以看出 Namespace1 能够承受用户访问已达较高峰值，可以将 UserC 移出加入到 Namespace2 中，这样集群整体会更加均衡。业务迁移的本质是迁移数据，即将 UserC 在 Namespace1 中的数据迁移到 Namespace2 中，用户随后会访问后者。目前，HDFS 迁移数据有专门的工具——Distcp，此外有很多厂商都各自集成在 Federation 模式下的迁移——FastCopy。有关原理会在 9.3 节中介绍。

业务伸缩在实际生产中非常受用，是集群水平拓展的重要手段。以上拓展方法经作者实践而来，读者如果有更多更好的方法，欢迎讨论。

8.1.2 Router-Based Federation

RBF（Router-Based Federation，基于路由分发的 Federation）是一种以分区联合管理、灵活扩展子集群的方式，是实现元数据动态水平伸缩较为成熟的解决方案。

其主要特点：①业务无感知动态迁移；②用户多集群透明访问；③完全兼容 HDFS 基础体系。架构视图如图 8-10 所示。

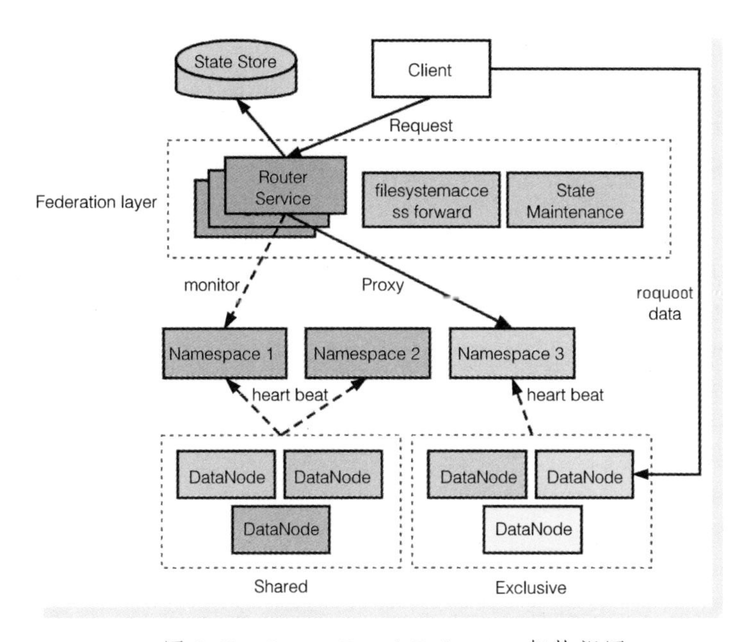

● 图 8-10 Router-Based Federation 架构视图

1. RBF 运行机制

这里的设计是添加一层可独立运行的服务——Federation layer，可以无限制地管理联合任意子集群，无论这些子集群是否共享数据节点，每个子集群加入 Federation 后仍然保持自己的数据独立性。用户访问时，Federation layer 负责引导它到适当的子集群。

Federation layer 由多个组件构成：

- Router Service：负责接收用户请求与转发，具备高可用、容错能力。支持部署多个 Router 服务。
- State Store：维护所有子集群和 Router 的健康状态，以及必要的路径关联信息。这些状态数据采用定期更新的方式，与特定的数据源交互。必要时为 Client 提供正确的访问依据。

除此之外，Federation layer 还拥有自己的访问认证、状态维护，可兼容现有 HDFS 基础配置。用户在访问前，需在服务端提前维护好所要访问的目标子集群及目标文件，用以关联全局和子集群，所有与子集群有关的关联信息和状态信息都可以全局视角查看。在 RBF 模式下，整体会看作是一个“超大集群”，组成这个大家庭的子集群被泛化。针对这些子集群的加入与分离行为可随时进行，很灵活。

通常意义上的子集群指的是前面介绍的 Namespace。

2. Client 访问流程

在新架构下，Client 读写数据的流程是这样：

1） Client 尝试连接到任意一台 Router，如果 Router 处于非健康状态，会重试。

2） Router 解析到 Client 想要访问的目标文件，并查看本地缓存中是否存在与之关联的子集群信息，如果子集群此时处于健康状态，采用代理的方式连接到对应的 Namenode，等待子集群处理的结果。

3） Router 返回给 Client 从子集群处理的结果。

4） Client 获得想要的数据后，如果想要读写具体的文件内容，只需要直接与 DataNode 连接即可。

整个过程和直连某个子集群的方式一致，只是中间增加了一层访问转发。

3. 核心原理

整个 Federation layer 的核心是 Router Service。它的实现和其他 HDFS 模块都有所不同，采用服务组的方式管理与之有关的子服务。服务组（CompositeService）的主体结构如下：

```
public class CompositeService extends AbstractService {
  // 包含的子服务集
  List<Service> serviceList = new ArrayList<Service>();
  // 服务初始化
  void serviceInit(Configuration conf) {
    // 初始化所有子服务
  }
  // 启动服务
  void serviceStart(Configuration conf) {
    // 启动所有子服务
  }
  // 暂停服务
  void serviceStop(Configuration conf) {
    // 暂停所有子服务
  }
}
```

服务组有三个非常关键的方法：

- init()：初始化自身所需资源，并调用所有子服务实现者 serviceInit()。
- start()：开启自身服务，并调用所有子服务实现者 serviceStart()。
- stop()：停止自身服务，并调用所有子服务实现者 serviceStop()。

当 Router Service 启动时，会按序初始化所有子服务，并随后开启它们。以下是一些重要的服务集：

- StateStoreService：保障 Router 运行期间数据流入流出，并定期更新 Router 所需的最新数据。
- ActiveNamenodeResolver：用于识别 Namenode 当前是否所处最正确状态。
- FileSubclusterResolver：维护所有和 MountTable 有关的信息。
- RouterRpcServer：接收并处理 Client 发送的 RPC 请求。

- RouterAdminServer：负责处理超级用户发送的请求。
- RouterHttpServer：接收并处理 Client 发送的 Http 请求。
- NamenodeHeartbeatService：监听并收集子集群状态信息。
- RouterHeartbeatService：监控本地 Router 服务是否正常。
- RouterMetricsService：记录流经 Router 的 Metrics 信息。
- RouterSafemodeService：监听本地 Router 服务集是否进入 Safemode 状态。

正是有这些服务的协调配合，Federation 才能够稳定运行。下面是 Router Service 运行时较为重要的工作机制。

（1） Router

RBF 可以同时部署多个 Router，每个 Router 分别有两个角色：

- Federation 接口：向 Client 公开全局访问接口，并负责将请求转发到正确的 Namespace。
- Namenode 心跳：在 State Store 中维护某个 Namenode 的状态消息。

为了区分唯一性，每个运行时 Router 都对应有唯一的 id。组成结构 = 本地 hostname+RouterRpcServer 端口。

```
// hadoop-dev3.hzjh.org 代表 Router 所在节点,8030 为 Rpc 端口
routerId="hadoop-dev3.hzjh.org:8030"
```

Router 在整个生命周期内，会分处多种不同状态。包括：

- UNINITIALIZED：Router 启动前。
- INITIALIZING：Router 正在启动过程中，正在初始化资源。
- SAFEMODE：Router 处于 Safemode（安全模式），该状态的 Router 不会处理任何用户的请求。
- RUNNING：运行时，最正常的状态。
- STOPPING：服务正在停止。暂时没有用到。
- SHUTDOWN：Router 已经完全关闭，通常会伴随进程退出。
- EXPIRED：Router 服务不能被使用，通常是由于不能及时更新缓存导致。

（2） State Store

维护 Router 运行期间需要或暂时性状态数据，目前主要包含 4 种：

- MembershipState：子集群访问负载，存储空间使用、HA 状态等方面的状态数据。
- MountTable：全局目录/文件视图与子集群之间的映射关系。
- RouterState：Router 运行期间所处状态信息。
- DisabledNameservice：已加入 Federation 中，但处于禁用状态的子集群；对子集群设置禁用后，不会被引导访问。

暂且称这些是基础数据，它们不会随着 Router 退出而消亡，而是会被持久化到数据源中，称之为 StateStoreDriver。目前支持两种类型的 Driver：

- StateStoreFileImpl：数据存储在本地某个目录。不具有分布式特性，一般在测试时使用。
- StateStoreZookeeperImpl：数据持久化到 Zookeeper，通常生产环境会选择。

这些状态数据在 Router 启动时就会在数据源上被初始化，之后会被不断更新。在 Zookeeper 上初

始化的 znode 结构如下：

```
/hdfs-federation
 |--- MembershipState
 |--- MountTable
 |--- RouterState
 |--- DisabledNameservice
```

这里的/hdfs-federation 是默认的，可以通过 ${dfs.federation.router.store.driver.zk.parent-path}修改。对于每种类型数据的操作（更新和查询），均有与之对应的 Store 负责和 StateStoreDriver 交互。目前实现的两种 Driver 都继承了两种很特别的基础类型：StateStoreBaseImpl 和 StateStoreSerializableImpl。其中，StateStoreBaseImpl 包含很多可以直接使用的操作数据方法，类似执行 SQL；StateStoreSerializableImpl 负责对待持久化数据进行序列化与反序列化操作。如果想要拓展新的 StateStoreDriver，根据自己需要选择继承即可，如自定义实现以 JDBC 为代表的数据库的持久化方式。

（3） Mount Table 和 Mount point

在 Federation 模式下访问集群，和直连某个 Namespace 是一样的效果。这里有一个很值得考虑的问题：如何将各个子集群中的文件关联起来？解决方法就是在 Federation layer 中创建虚拟路径，用于映射真实路径。例如：

```
Source   Destinations   Owner   Group    Mode   Quota/Usage
/test1 ns-cluster11->/test (Priority: 0, Readonly: false) zhujianghua zhujianghua rwxr-xr-x
[NsQuota: -/-, SsQuota: -/-]
```

在这条关联映射信息中，/test1 被称为虚拟路径，是相对于 Federation layer 来说的；关联的/test 是 ns-cluster11 集群中的真实路径。这种关联关系可以随时更改，因此它们之间属于不稳定的状态，在 RBF 中，这种关系称为“挂载”（Mount），通常虚拟路径被称为 Mount point（实际是指以 Mount point 为代表的关联信息实体）。所有的映射关联信息都存放在一个 Mount Table 中。Mount Table 数据示例如下：

```
Mount Table Entries:
Source    Destinations    Owner    Group    Mode    Quota/Usage
/data
ns-cluster11->/dataHotA(Priority: 0, Readonly: false), ns-cluster11->/dataHotB (Priority: 0,
Readonly:false) zhujianghua zhujianghua rwxr-xr-x [NsQuota: -/-, SsQuota: -/-]
/share ns-cluster11->/share(Priority:0,Readonly:true) zhujianghua  zhujianghua
rwxr-xr-x  [NsQuota: -/-, SsQuota: -/-]
/user  ns-cluster12->/user(Priority:0,Readonly:true) zhujianghua  zhujianghua
rwxr-xr-x  [NsQuota: -/-, SsQuota: -/-]
/user/zhangxiang  ns-cluster12->/user/zhangxiang(Priority:0,Readonly:false) zhujianghua
zhujianghua  rwxr-xr-x  [NsQuota: -/-, SsQuota: -/-]
/user/zhujianghua     ns-cluster12->/user/zhujianghua  ( Priority:  0,  Readonly:  false )
zhujianghua  zhujianghua  rwxr-xr-x  [NsQuota: -/-, SsQuota: -/-]
```

RBF 中的挂载用途非常强大，下面列举一些较为特别的功能：

- 关联子集群：一个 Mount point 可以关联多个子集群的不同路径，也可以多个 Mount point 关联同一个路径，如上/data。

- 控制访问读写：可对关联子集群进行访问，只允许读操作，如/share。
- 限流控制：控制访问子集群的流量数据。
- 权限控制：允许哪些用户访问。

通常增加或修改 Mount point 信息需要在 Router 服务端通过命令操作。shell 帮助命令如下：

```
./bin/hdfs dfsrouteradmin
```

（4）集群状态监控

对于已关联的子集群，Router 需要尽可能全地知道它们的最新状态，这有助于正确处理来自 Client 的请求，也影响到自身服务正常运行的关键。监控机制如图 8-11 所示。

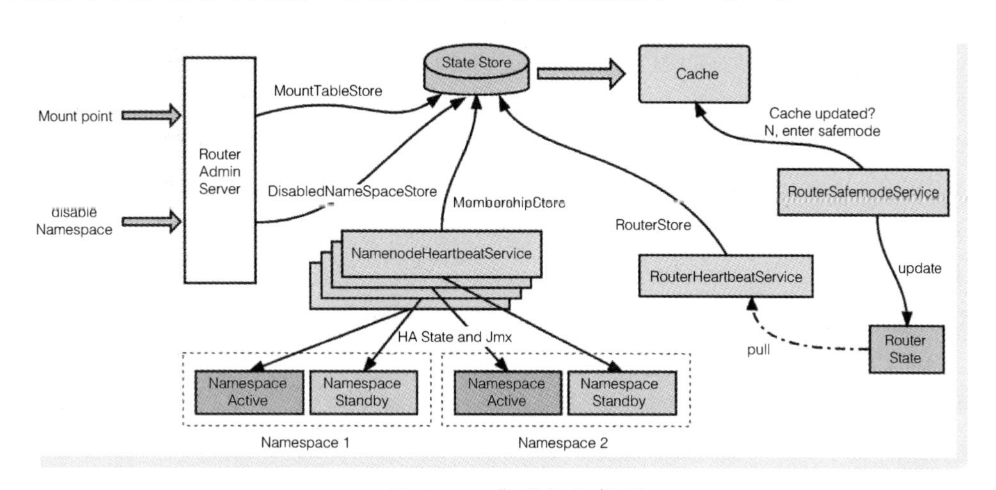

● 图 8-11　集群监控机制

1）Namespace 状态监控。Router 在启动之初，根据配置初始化与 Namenode 数量一致的 NamenodeHeartbeatService，每个实例都独立运行，负责一对一定期从 Namenode 获取状态数据，这些数据包括四类：①和 Namespace 有关的信息；②Namenode 是否进入 Safemode 状态；③通过 JMX 获取有关的资源使用情况，如存储容量使用、存活节点数量、文件数量等；④获取 Namenode 的 HA 状态。这些数据拿到后，通过 MembershipStore 更新到 StateStoreDriver。这里以更新 Zookeeper 为例，为 MembershipState 创建 znode 名的格式为 namenodeId-nameserviceId-routerId。

```
/hdfs-federation
  /MembershipState
    nn1-ns-cluster11-hadoop-dev3.hzjh.org_8030
    nn2-ns-cluster11-hadoop-dev3.hzjh.org_8030
```

为了减小数据存储与传输压力，更新前会对 znode 的值进行序列化。有了所有子集群的数据，Router 会以视图的方式统一展示集群资源和资源调度。

2）挂载点更新。Mount point 类数据较为敏感，更新操作通常分配由管理员操作。RouterAdminServer 作为主要访问入口，由 MountTableStore 与 StateStoreDriver 交互。在 Zookeeper 中创建 znode 时，直接以 sourcePath 为名。

```
/hdfs-federation
  /MountTable
    0SLASH0data
    0SLASH0share
    0SLASH0test
    0SLASH0user
```

这里看到的“0SLASH0”替换了“/”，znode 的值仍然被序列化过。

3）DisabledNameservice 更新。和更新 Mount point 机制类似，由 DisabledNameserviceStore 与 StateStoreDriver 交互。在 Zookeeper 中创建 znode 时，直接以 nameServiceId 为名。被禁用的子集群是不会被允许访问的。

4）Cache 更新。在 Router 运行时，内部有一块独立的缓存用于存放 State Store 持久化的数据。主要作用有两个：

- 了解其他 Router 在曾经触发更新操作时影响的数据。由于每个 Router 均可以平等处理集群内外请求，因此所有 Router 掌握的基础信息应保持一致，以免在处理 Client 请求时造成紊乱。
- 提升 Client 请求处理效率。当 Client 访问时，Router 需要根据携带的 sourcePath 找到对应的 Mount point，这个过程如果每次向 StateStoreDriver 交互，将会非常耗时，Driver 压力也非常大。

这里采用定期更新缓存数据的方式，每间隔 1 分钟，由 StateStoreCacheUpdateService 执行。需要注意的是，在更新每种基础数据时，都是全量更新。当维护的子集群和 Mount point 过多时，可以预见对更新效率存在一定影响。建议合理评估集群建设和 Mount point 设定。

每次更新成功后，会重置 StateStoreService 中的 cacheLastUpdateTime。同时，存在另外一个服务——RouterSafemodeService，负责检测该时间值。一旦超过 3 分钟未完成缓存数据更新，说明 Router 与 StateStoreDriver 间的连通性发生故障，如 StateStoreDriver 宕机。此时本地持有的基础数据已经滞后，不适合继续处理 Client 请求，Router 会进入 SAFEMODE 状态，不再处理任何 Client 请求。

5）Router State 更新。每个 Router 需要将自己的状态和基本信息在 StateStoreDriver 定期更新，以便于 Client 可以选择正常的交互节点。

（5）Resolver 原理

Router 在处理 Client 请求时，有两个重要的解析过程：①子集群 Namenode HA 状态的识别；②由虚拟路径找到关联的实际路径。分别由 ActiveNamenodeResolver 和 FileResolver 负责实现。

1）子集群 Namenode HA 状态识别。有的读者可能会想，根据哪个 Router 获取最新的 Namenode 状态去判断不就可以了？这种想法其实有点片面。原因在于存在多个 Router 对同一 Namenode 监控，且同一 NamenodeHeartbeatService 只能监控一个 Namenode，因此无法在同一时刻对 Namespace 中的多个 Namenode 状态做出正确的判断。

那么如何解决这个问题？Router 的做法是定期从 StateStoreDriver 拉取 MembershipState，结合 Quorum 做出当下最合适的判断。主要原理：MembershipNamenodeResolver 定期从 Driver 拉取所有 Router 监控到的 MembershipState，并按照 NamenodeId 进行分类。随后解析 MembershipState，记录处于相同 HA 状态的数量，如果该数量超过监控 Namenode 状态的 1/2，则认为该状态是最佳状态。

2）解析实际路径。对路径解析应该以寻址高效为主，且满足多应用场景。较为常见的场景：

①根据 sourcePath 寻址实际路径；②批量查找 Mount point 列表。为了提升处理 Client 请求的性能，MountTableResolver 会定期从 StateStoreDriver 拉取全局 Mount Table 信息，并解析在本地缓存。

```
// sourcePath ---> 子集群远程实际路径
TreeMap<String, MountTable> tree = new TreeMap<>();
// sourcePath ---> 子集群远程实际路径
Cache<String, PathLocation> locationCache;
// 实际路径描述
PathLocation {
  // 全局虚拟路径
  String sourcePath;
  // 子集群实际路径列表
  List<RemoteLocation> destinations;
  // 实际路径选择策略
  DestinationOrder destOrder;
}
```

当 sourcePath 关联多个实际路径时，会根据策略选择其中一个作为目标路径。目前支持的策略有：

- HASH：局部哈希策略。基于路径中第一层级生成 key，随机选择子集群为目标集群。策略选择在 HashFirstResolver 实现。
- LOCAL：本地优先策略。优先选择 Client 请求所在子集群作为目标集群。策略选择在 LocalResolver 实现。
- RANDOM：随机选择策略。基于随机函数的结果目标子集群。策略选择在 RandomResolver 实现。
- HASH_ALL：完全哈希策略。基于一致性哈希算法，选择多目标子集群中的一个作为目标访问集群。策略选择在 HashResolver 实现。
- SPACE：空间选择策略。尽量选择存储空间足够的子集群。这样可以保证集群间数据平衡。策略选择在 AvailableSpaceResolver 实现。

在生成 Mount point 时，默认策略是 HASH，要想指定这些策略并生效，应该设置 ${dfs.federation.router.file.resolver.client.class} 为 MultipleDestinationMountTableResolver。从目标子集群选择策略来看，基于 Router-Based 模式的集群会沿着超大集群管理的方向发展。读到这里的读者可以尝试改变原有对 HDFS 架构的理解。

（6）RPC 代理机制

在新模式下，Router 会接收 Client 连接并将实际请求转发到合适的子集群。由于中途增加了一层代理，其中会增加诸多细节处理。Router 实现 RPC 代理实现如图 8-12 所示。

为了兼容原有调用方式，RouterRpcServer 对多个协议实现了相应的接口。命令如下：

```
RouterRpcServer extends AbstractService implements ClientProtocol,
    NamenodeProtocol, RefreshUserMappingsProtocol, GetUserMappingsProtocol {
  // 负责和子集群交互
  RouterRpcClient rpcClient;
  // 处理来自 Namenode 的访问
```

```
  RouterNamenodeProtocol nnProto;
  // 处理来自 Client 的访问
  RouterClientProtocol clientProto;
  // 处理来自用户相关的访问
  RouterUserProtocol routerProto;
}
```

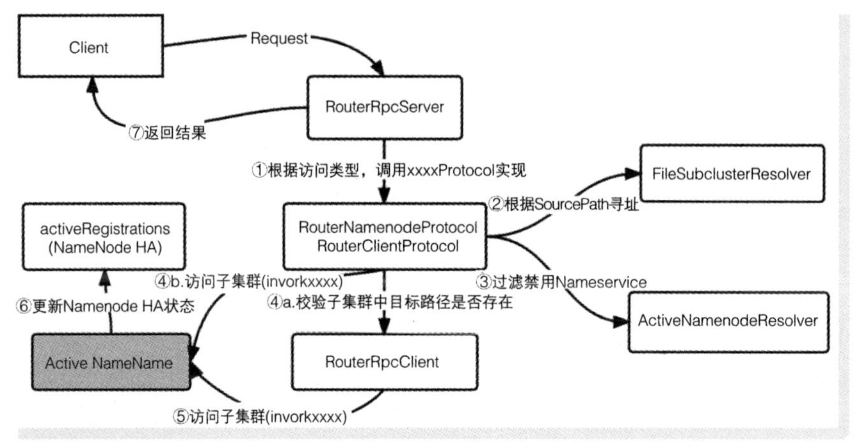

● 图 8-12　RPC 代理机制

整个请求转发实现非常精细，下面是主要处理流程：

1）RouterRpcServer 接收 Client 请求后，会对请求分类，根据类型不同，调用对应的 xxxxProto 实现。例如，新建文件时会调用 clientProto#create( )。

2）根据参数中传入的 SourcePath，从 FileSubclusterResolver 中解析子集群实际路径。

```
PathLocation location = this.subclusterResolver.getDestinationForPath(path);
```

中途会经过路径选择策略的处理，得到的实际路径可能会有多个。

3）过滤禁用的子集群。

4）向这些子集群求证实际路径是否存在。只要有 1 个路径存在，则选择其作为最终的目标子集群。

```
RemoteMethod method = new RemoteMethod("getFileInfo",
    new Class<? >[] {String.class}, new RemoteParam());
Map<RemoteLocation, HdfsFileStatus> results = rpcClient.invokeConcurrent(
    locations, method, true, false, HdfsFileStatus.class);
```

5）通过 ActiveNamenodeResolver 获得和 Namespace 有关的访问地址，向目标子集群发送代理请求。

```
// 构建访问接口类型
RemoteMethod method = new RemoteMethod(......);
// 和子集群交互
rpcClient.invokexxxx(......);
```

6）RouterRpcServer 向 Client 返回结果。RouterRpcClient 在调用 invokexxxx 时，由于请求可能会被

代理到任何一个子集群，这时需要一种有助于更加公平的策略控制器辅助处理 Client 请求，目的是平衡流入子集群的 QoS。目前有两种实现可以选择：

- NoRouterRpcFairnessPolicyController：不做任何处理，允许任意数量的请求被代理到下游子集群。
- StaticRouterRpcFairnessPolicyController：静态公平策略，基于公平流入子集群的请求代理策略。

使用方法如下：

```
// 公平控制器
RouterRpcFairnessPolicyController controller;
// 获得许可
acquirePermit(nsId, ugi, method, controller);
try {
  ......
  invokexxxx(......);
  ......
} finally {
  // 释放许可
  releasePermit(nsId, ugi, method, controller);
}
```

与子集群交互的过程中，如果发生过 StandbyException、ConnectionTimeoutException、EOFException、SocketException 和 NoNamenodesAvailableException，则认为本次连接的 Namenode 不是 Active，更新 ActiveNamenodeResolver 中记录的 Namenode 状态（这里指 HA 状态）。

RouterRpcServer 不仅兼容原有访问方式，还可增强部分访问接口。整体可将访问分为两类：

- 全局访问类型。如 saveNamespace、setSafeMode 等，RouterRpcClient 会向多个子集群发送请求。
- 单向子集群访问类型。如根据 sourcePath 新建文件，获取目录下的文件列表等，RouterRpcClient 会向指定目标集群发送请求。

4. 使用实例

针对部署应用，在 RBF 模块设计之初，期望 Router 服务和 Namenode 位于同一节点，即如图 8-13 所示的部署方式。

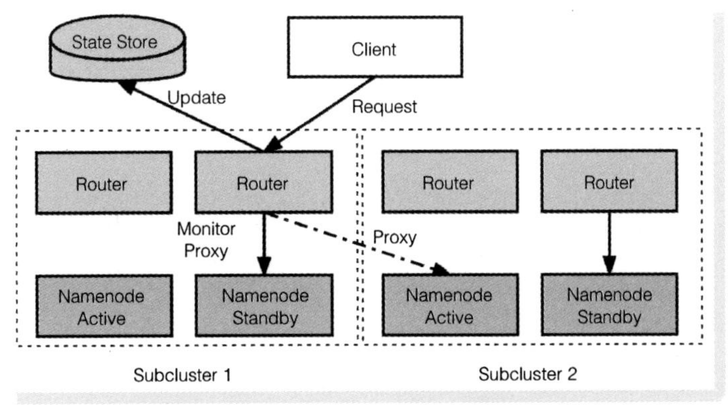

● 图 8-13　Router 的期待部署方式

之所以设计这样的部署方式，是因为此部署方式和本地 Namenode 交互时效率更高。在已发行过的版本中，也是按照这个思路实现 Router，dfs.federation.router.monitor.localnamenode.enable 默认值是 true。但是很可惜，截至目前仍然没有能够实现类似“短路”的访问。在实际生产环境中，推荐的是如图 8-14 所示的部署方式。

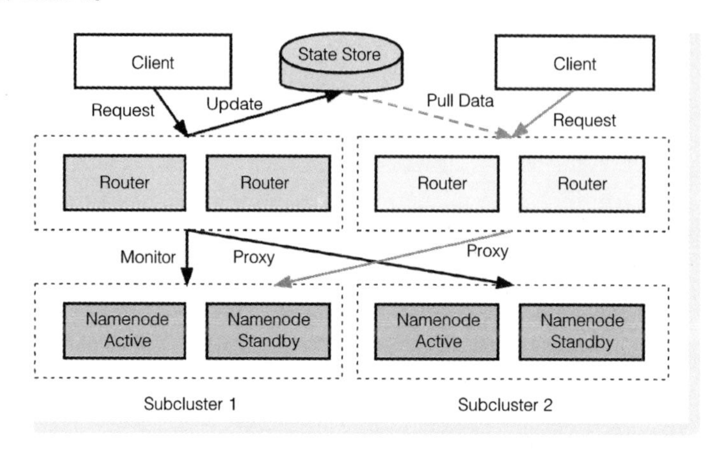

● 图 8-14　推荐的部署方式

实际生产环境复杂，在设计部署 Router 时，应以不影响 Client 访问和子集群正常工作为主，此刻应该按照 Router 服务和子集群分离的思想来设计。好在部署 Router 时，支持灵活配置，下面对一些较为重要的配置进行说明：

- dfs.federation.router.rpc.enable：决定是否初始化 RouterRpcServer，以及是否接收 Client 请求。
- dfs.federation.router.admin.enable：决定是否允许在本地 Router 执行超级用户操作。
- dfs.federation.router.http.enable：决定是否运行本地 Router 接收来自 Http 的请求。
- dfs.federation.router.namenode.heartbeat.enable：决定是否监控 Namenode 的状态信息。
- dfs.federation.router.monitor.localnamenode.enable：决定是否监控本地 Namenode 的状态信息。

有了这些灵活配置的组合，可以设计更加高效的工作搭配方式。例如，计划部署总计为 15 个 Router 服务，均可以接受 Client 请求。为减轻和子集群的交互压力，可以将其中的 7 台 Router（建议使用基数）用来监控 Namenode 状态信息，另外 8 台 Router 定期更新内存即可。根据使用习惯，和 RBF 有关的配置通常会放在 hdfs-rbf-default.xml 和 hdfs-rbf-site.xml 中。这里给出一些基础配置示例：

```
<configuration>
  <property>
    <name>dfs.federation.router.store.driver.zk.parent-path</name>
    <value>/hdfs-federation</value>
  </property>
  <property>
<name>dfs.federation.router.store.driver.class</name>
<value>org.apache.hadoop.hdfs.server.federation.store.driver.impl.StateStoreZooKeeper-
Impl</value>
  </property>
```

```
  <property>
<name>hadoop.zk.address</name>
<value>hadoop-dev1.hzjh.org:2181,hadoop-dev2.hzjh.org:2181,hadoop-dev3.hzjh.org:2181
</value>
  </property>
  <property>
    <name>dfs.federation.router.default.nameserviceId</name>
    <value>hz-test</value>
  </property>
  <property>
    <name>dfs.federation.router.monitor.namenode</name>
    <value>hz-test.nn1,hz-test.nn2</value>
  </property>
  <property>
    <name>dfs.namenode.rpc-address.hz-test.nn1</name>
    <value>hadoop-dev1.hzjh.org:8020</value>
  </property>
  <property>
    <name>dfs.namenode.rpc-address.hz-test.nn2</name>
    <value>hadoop-dev2.hzjh.org:8020</value>
  </property>
  <property>
<name>dfs.client.failover.proxy.provider.hz-test</name>
<value>org.apache.hadoop.hdfs.server.namenode.ha.ConfiguredFailoverProxyProvider
</value>
  </property>
  <property>
    <name>dfs.federation.router.rpc-bind-host</name>
    <value>0.0.0.0</value>
  </property>
  <property>
    <name>dfs.federation.router.rpc-address</name>
    <value>hadoop-dev3.hzjh.org:8030</value>
  </property>
  <property>
    <name>dfs.federation.router.admin-bind-host</name>
    <value>0.0.0.0</value>
  </property>
  <property>
    <name>dfs.federation.router.admin-address</name>
    <value>hadoop-dev3.hzjh.org:8034</value>
  </property>
  <property>
    <name>dfs.federation.router.http-bind-host</name>
    <value>0.0.0.0</value>
  </property>
  <property>
    <name>dfs.federation.router.http-address</name>
```

```
    <value>hadoop-dev3.hzjh.org:50080</value>
  </property>
  <property>
    <name>dfs.federation.router.https-bind-host</name>
    <value>0.0.0.0</value>
  </property>
  <property>
    <name>dfs.federation.router.https-address</name>
    <value>hadoop-dev3.hzjh.org:50480</value>
  </property>
  <property>
<name>dfs.federation.router.file.resolver.client.class</name>
<value > org. apache. hadoop. hdfs. server. federation. resolver. MultipleDestinationMountTa-
bleResolver</value>
  </property>
  <property>
    <name>dfs.federation.router.monitor.localnamenode.enable</name>
    <value>false</value>
  </property>
</configuration>
```

目前社区有关 RBF 的帮助文档还在进一步完善中，因此在更细节上的使用，读者需要自己结合实践进一步探索。常见的 routeradmin 使用如下：

```
// 启动 Router 服务
./bin/hdfs --daemon start dfsrouter
// 停止 Router 服务
./bin/hdfs --daemon stop dfsrouter
// 增加一个只读的 Mount point
./bin/hdfs dfsrouteradmin  -add /test123 hz-test /share -readonly
// 修改目标路径选择策略为 LOCAL
./bin/hdfs dfsrouteradmin  -update /test123 -order LOCAL
// 查看所有 Mount point
./bin/hdfs dfsrouteradmin  -ls
```

5. RBF 在生产环境中遇到的难点和挑战

RBF 在实现集群水平拓展方面是一个不错的选择，但对其认识和理解有一定要求。这里列举一些作者在日常实践过程中“踩到的坑”，希望能给予读者一些帮助。

(1) RPC 配置不合理，导致处理 Client 请求整个链路的耗时增加

目前，HDFS 各模块都有一套基础的 RPC 通信框架，由于 Router 在整个处理链路中属于轻量级，Client 请求到达 Router 会很快下发到子集群，若 RouterRpcServer 放开的请求窗口较大，容易造成下游 Namenode 处理请求的队列堆积，使请求等待时间过长。针对这种情况，应该合理配置 RPC 参数，如 dfs.federation.router.handler.count、dfs.federation.router.reader.queue.size、dfs.federation.router.reader.count、dfs.federation.router.handler.queue.size。总体原则是 Router 接收 Client 请求的流量应该略大于子集群处理吞吐。

(2) Router 和大集群 Namenode 部署同一节点，影响子集群性能

作者曾经尝试在一个管理超过 10 亿元数据的 Namenode 节点上部署 Router 服务，发现两者存在竞争资源问题。图 8-15 所示为 Namenode 每分钟 GC 耗时次数的显示。

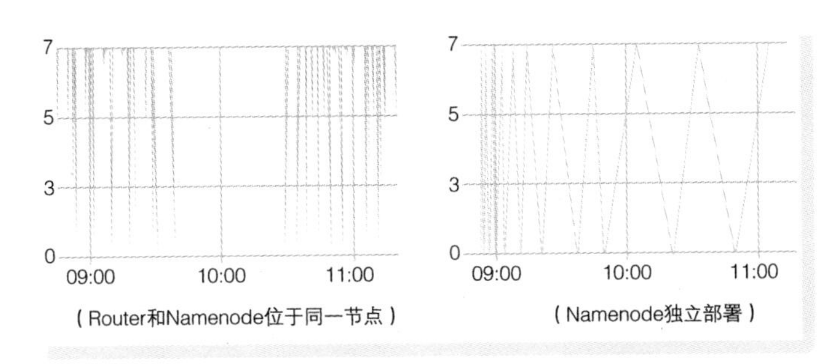

● 图 8-15　Namenode 每分钟 GC 耗时次数

结合实践经验发现，Router 和小集群混合部署对集群影响较小。例如，Namenode 维护的元数据规模在 5 亿~6 亿，加上适当的 Router 配置，两种相互影响的概率较小，同时对硬件资源利用率有一定提升。

(3) 子集群故障导致 Router 无法准确判断合适的 Namenode 状态

这里有两条 NamenodeHeartbeatService 监控某个子集群的状态信息：

```
2022-07-26 16:23:58,040 [xxxxx] -INFO  [NamenodeHeartbeatService hz-test nn1-0:Mem-bership
StoreImpl@170] -NN registration state has changed: Hadoop-dev3.hzjh.org:8030-> hz-test:nn1:
Hadoop-dev1.hzjh.org:8020-STANDBY
// 30s 内 Namenode HA 状态多次发生变化
2022-07-26 16:24:28,120 [xxxxx]-INFO  [NamenodeHeartbeatService hz-test nn1-0:Membership
StoreImpl@170] -NN registration state has changed:Hadoop-dev3.hzjh.org:8030->hz-test: nn1:
Hadoop-dev1. hzjh. org: 8020-ACTIVE
```

在半分钟内，Namenode 发生过多次 HA 切换，Router 无法准确识别真实的 Active Namenode，而不能正常代理 Cleint 请求。这种情况对上层计算层影响更大，在本次事故中，我们其中一个 Yarn 集群重启 NodeManager 耗时 10 分钟，依赖的业务延迟数十分钟，有些则需要重新运行。

应对此类问题的方法是，及时做好各个子集群的监控，减小检测 Namenode 状态的时间，以及提升缓存更新速度。

(4) 接口调用问题

目前 RBF 在接口访问代理上，存在一些壁垒：

- 接口并不适合所有场景。例如，采用 RANDOM 路径选择策略，存在多个同名目标路径时，调用需删除接口，且只被允许删除其中一个接口。
- 代理性能问题。例如，RouterRpcClient 在转发请求到子集群时，有一个限流机制，StaticRouterRpcFairnessPolicyController 采用的是每个 Namespace 有一个信号灯限制，会造成部分请求处于等待状态、reviewLease 处理不及时、转发超时等问题。

- 配置多个子集群路径。从多个 Namespace 路径获取数据时，存在操作失败的风险。例如，调用 getContentSummary 方法，访问多个 Namespace 的大目录时，存在失败风险。

从经验来看，使用 RBF 需要从部署架构设计、子集群运行稳定性，以及结合场景下的接口调用去评估。尤其需要评估和代理有关的接口调用。

8.2 垂直伸缩

随着业务和数据量的不断增长，集群性能受到挑战的风险不断增加，最直观的现象就是某个 Namespace 管理元数据量达到上限，而此时又无法快速实施水平扩展，一个不错的优化方法就是对资源做垂直拓展。提升资源的利用延展性或寻求增加系统的健壮性。

8.2.1 垂直伸缩策略及实践

传统意义的垂直伸缩是指提升单台服务器的处理能力，如更换频率更高、核数更多的 CPU，或采购内存更大、数据传输效率更快的网卡，来使单节点的处理能力得到提升，进而提升系统的处理能力。这些都是非常好的手段，对分布式文件系统来说，通常是多节点协同合作，因此需要从多个角度考虑。

1. 伸缩策略

同水平伸缩一样，在设计和实施垂直伸缩方案时，应结合自己的应用场景。这里列举一些在日常维护集群过程中可参考的方向：

- 通过一定手段，使得资源“变大”，有更多可使用空间。
- 增加系统的处理能力。
- 业务访问动态伸缩。

在把握重点方向的同时，还应结合分布式系统应有的特点：

- 保持现有系统兼容性。无论何种伸缩方法，都不应该改变现有系统的运行特点，特别是数据访问。
- 资源动态伸缩。这里是指和资源使用有关的灵活性，如在内存不足时，可以允许快速扩容；也可以在业务转移后，卸载空闲的容量。
- 系统稳定性。这是优化的前提，任何优化取得的效果都应该是积极的，不能以破坏稳定性为代价，那样只会适得其反。

2. HDFS 垂直伸缩实践

在作者的经历中，对集群实施垂直伸缩，并取得优化效果的案例不少。这里简单归纳一下，以便能够给予读者一些帮助。

（1）高价值硬件的使用

虽然 HDFS 的初衷是部署在大量廉价的机器，但不得不说，硬件设施越好，读写性能就越高。随着信息传导爆炸式增长，有很多业务对性能要求较高，如信息推荐系统。下面分别对 Intel 生产的 NVME SSD 和普通 STAT 硬盘进行 IO 测试。效果见表 8-1 所示。

表 8-1　NVME SSD 和 STAT 硬盘 IO 测试

测试 \ 磁盘类型	STAT	NVME
顺序读速率	490MB/s	1600MB/s
顺序写速率	450MB/s	1200MB/s
随机读 IOPS	66000	300000
随机写 IOPS	14100	24000

从测试可以中可以看出，高价值的 NVME SSD 磁盘在读写性能方面比普通硬盘效率高出数倍。对于 DataNode 与存储介质交互副本数据有较大帮助，适合作热点数据存储，或对吞吐性能要求较高的业务。类似的硬件还有定制化的 CPU，大容量内存等都有助于提升系统处理能力。

（2）软件升级

除了硬件升级，软件系统的作用也不可忽视。这里列举一个作者曾经遇到过的问题。Namenode 存放 FsImage 文件的目录通常会设置多个，用于元数据冗余备份。具体配置如下：

```
<property>
  <name>dfs.namenode.name.dir</name>
  <value>/home/hdfs/namenode,/mnt/dfs/1/hdfs/namenode
</property>
```

当触发 Checkpoint 时，Active Namenode 在接收并保存文件过程中，会引起系统磁盘较高的 util，如图 8-16 所示。

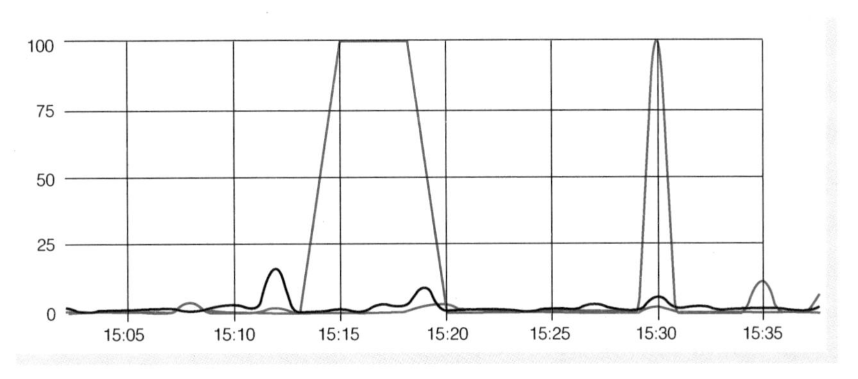

● 图 8-16　系统磁盘高 util 现象

发生这种情况带来的后果就是严重影响 RPC 响应，以至于短期内处理 Client 请求时服务卡住。为了减小此类事件的发生，对存放 FsImage 的多个磁盘做 RAID 1 升级，可以通过 Mdadm 构建。

RAID（独立磁盘冗余阵列）是一种软件技术，它将多块普通磁盘组成一个阵列，共同对外提供服务。可以改善磁盘的存储容量，实现数据在多块磁盘上的并发读写和数据备份。对于 Namenode 来说，应用 RAID1 或 RAID5 非常合适。

存储系统的性能有时容易受到节点 OS 内核参数的制约，优化内核可以重点从这几个方面考虑：消息队列相关、内存管理相关、TIME_WAIT 相关、TCP 连接数相关、网卡相关、swap 相关、网络设置、TCP 数据缓冲区相关和 TCP Buffer 相关。

（3）数据层伸缩

HDFS 默认的多副本机制可以有效保证在多数时候总是能够访问到数据，但是仍然存在数据“被丢失”的可能。例如，多个副本数据位于同一节点，或同一机架内，这种情况下数据伸缩性比较脆弱，容易在故障时隐藏可见性。提升数据可见性的方法可以选择跨机房部署或将副本位置的选择范围扩大。在选择跨机房部署 HDFS 时，最大的问题是因网络带宽带来的问题，这部分涉及内容较多，不在此展开，感兴趣的读者可查找相关资料学习。

对于 Namenode 来说，最怕维护的元数据量大，尤其是集群存储的小文件较多的时候。此时可以针对同类型的业务，适当将多个小文件合并为一个大文件，这样既节省集群空间，业务上也能减少访问的次数。合并小文件的方法有多种：

1）下载 HDFS 上已存在的小文件，在本地合并成一个大的文件。

```
// 查看 /words 路径下的文件
./bin/hdfs dfs -ls /words
Found 2 items
-rw-r-----   3 zhujianghua zhujianghua 16 2022-08-25 19:16 /words/word.txt
-rw-r-----   3 zhujianghua zhujianghua 20 2022-08-25 19:16 /words/word1.txt

// 合并 word.txt 和 word1.txt,然后上传到 HDFS
./bin/hdfs dfs -cat /words/*  |./bin/hdfs dfs -appendToFile - /word_largefile.txt
```

若文件较多，建议通过脚本化方式处理。

2）如果小文件非常多，一个比较高效的方法就是通过 Hadoop Archive 将文件存档。

```
// 执行归档
./bin/hadoop archive -archiveName word_0825.har -p /words/ /test

// 查看归档文件
./bin/hdfs dfs -ls /test/word_0825.har

Found 4 items
-rw-r-----   3 zhujianghua zhujianghua     0 2022-08-25 19:36
/test/word_0825.har/_SUCCESS
-rw-r-----   3 zhujianghua zhujianghua     220 2022-08-25 19:36
/test/word_0825.har/_index
-rw-r-----   3 zhujianghua zhujianghua     22 2022-08-25 19:36
/test/word_0825.har/_masterindex
-rw-r-----   3 zhujianghua zhujianghua     36 2022-08-25 19:36
/test/word_0825.har/part-0
```

使用 Hadoop Archive 的好处是在减少 Namenode 内存使用的同时，仍然允许对文件进行透明的访问。除了这两种方法，还可以使用 Sequence File 和 CombineFileInputFormat。有兴趣的读者可以自行尝试。

（4）系统架构伸缩

自 HDFS 诞生以来，以垂直伸缩部署的架构并不太受重视。好在系统架构正在向这个方向演进。作者在这里描述一段在 Router-Based Federation 设计中的一段话（来自开源社区）：

“The solution would be to split these into two different services. We would have subclusters with Datanodes heartbeating to a subcluster Block Manager (#2), which would heartbeat to a global Namespace Manager (#1). The Namespace Manager could be distributed using a DHT or similar.”

上文大意：集群 DataNode 将心跳发送给子集群 Namenode，将 Block 副本数据发送到全局 Block-Manager，全局 BlockManager 会以 DHT（Distributed Hash Table）或类似的方式进行管理。

目前这部分属于 RBF 模块的后期演进，若能实现，HDFS 将会非常轻松地管理超大型集群。作者根据其设计思想以及自己的理解，绘制了这部分的架构，如图 8-17 所示。

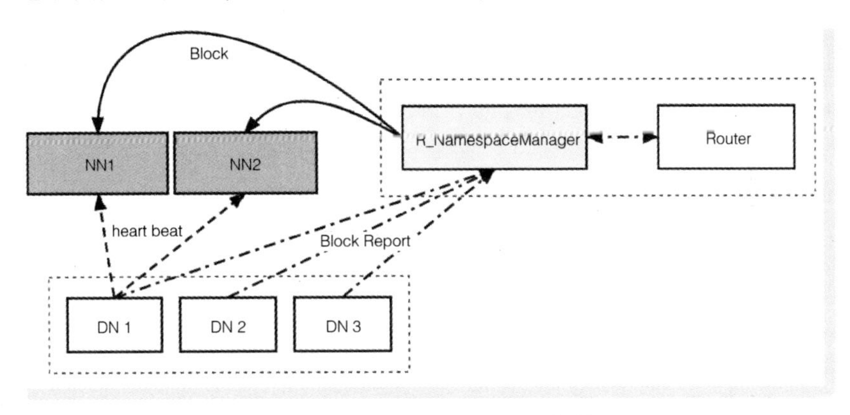

● 图 8-17　Router 增强版架构

（5）流量伸缩

HDFS 处理用户访问通常是来者不拒，但大家应该把握一个原则，那就是应该保持 Namespace 运行在一个合理的负载区间。先看一段 12 小时内用户请求汇总，见表 8-2。

表 8-2　汇总 12 小时内请求频繁的接口

操作接口	请求量
create	1.3K
rename	8.5K
delete	4.3K
mkdir	1.2K

在这段时间内，发现有 3 个用户的访问占总请求量的 80%。发生这种现象时，会引发两个问题：①少数用户占用过多的请求资源，会导致其他业务无法访问；②流量暴增，集群无法短时间应对。为了保护集群稳定，也为了所有用户都能够正常使用集群资源。可以尝试使用如下两种方法。

1）FairCallQueue。和 RPC 搭配使用，主要作用是结合一定分配策略合理引导 Namenode 处理用户请求，其原理如图 8-18 所示。

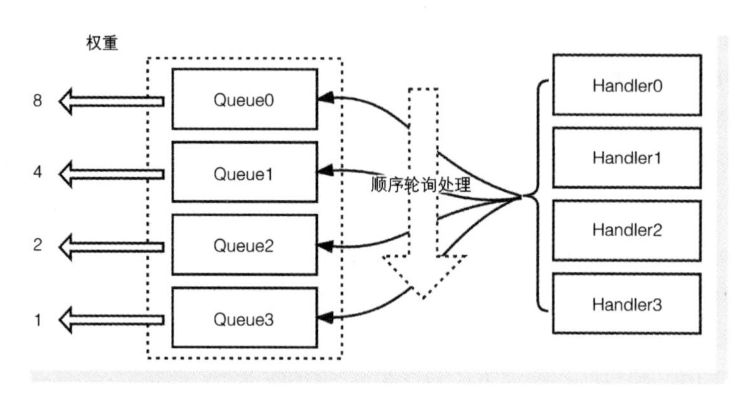

● 图 8-18 FairCallQueue 原理

- FairCallQueue 预先构建多个 Queue，用于保存用户请求，默认配置 4 个。
- 每个 Queue 设置一个消费权重（weight），该权重可配置，默认情况下，和 Queue 在数组中的顺序有关，最后一个 Queue 权重是 1，依次向前的 Queue 权重都会是后一位的权重 * 2。那么 4 个 Queue 的默认权重=[8,4,2,1]。
- Handler 消费 FairCallQueue 时，按照 Queue 顺序去处理请求，同时结合该 Queue 的权重。例如，Queue 权重是 8，Hander 从该 Queue 消费满 8 个请求后，会下移并消费其余 Queue 中的请求。

当集群中少数用户占用多数请求资源时，用 FairCallQueue 替换传统 FIFO 队列可均衡资源。

2）Quota 限流。当某个用户在短时间内读写数据过于集中时，会影响其他用户访问集群。此时适当地限制该用户的访问，可以均衡其他用户读写。

8.2.2 HDFS Quotas

HDFS Quotas 通过对存储空间的使用设置一定的配额，达到多数用户均有机会共享资源的目的。目前，HDFS 提供了多种配额模式。

（1）Name Quotas

以某个目录为根，对在其子目录及子树中创建文件或目录数量做硬限制。如果超出配额，文件和目录创建将失败。对于新创建的目录并没有关联的配额，但会受制于其父级目录的配额。最大配额是 Long.Max_Value。

使用方法如下：

```
// 设置 quota
./bin/hdfs dfsadmin -setQuota <Max_Number> <directory>
// 清除 quota
./bin/hdfs dfsadmin -clrQuota <directory>
```

例如，对/user/zhujianghua 限制最多存在 5 个文件，命令如下：

```
./bin/hdfs dfsadmin -setQuota 5 /user/zhujianghua
```

当写入的文件超过 6 个时，若告知超限不能继续写入，则达到效果。

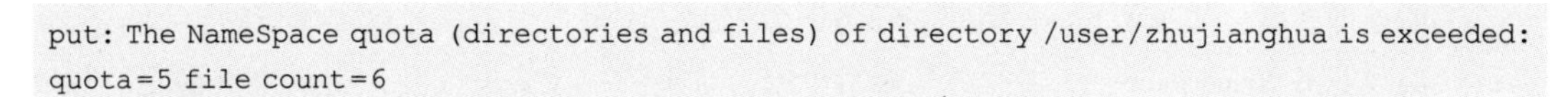

```
put: The NameSpace quota (directories and files) of directory /user/zhujianghua is exceeded:
quota=5 file count=6
```

（2） Space Quotas

以某个目录为根，对在其子目录及子树中使用的字节数大小做硬限制，也就是存储使用空间。需要说明的是，Block 的每个副本都会计入配额使用。最大配额值是 Long.Max_Value。

使用方法如下：

```
// 设置 space quota
./bin/hdfs dfsadmin -setSpaceQuota <Max_Number> <directory>
// 清理 space quota
./bin/hdfs dfsadmin -clrSpaceQuota <directory>
```

例如，对/share 目录设置最多可以使用 10000 字节存储空间。命令如下：

```
./bin/hdfs dfsadmin -setSpaceQuota 10000 /share
```

当写入文件大小超过 10000 字节时，会提示失败。

（3） Storage Type Quotas

存储类型配额的意思是，当对某个目录设置特定存储类型（SSD、DISK、ARCHIVE 等）时使用硬性限制。详情请查阅异构存储章节。

HDFS Quotas 除了可以维护流量高峰时段集群稳定性外，还能规划不同团队的业务，使其能够合理分配使用集群资源。

8.3 多 Namespace 业务规划

良好的系统架构离不开正确的使用方法。本节介绍 HDFS 集群在应对较大流量时，组织业务规划的一些方法。

1. 多业务场景下的 Namespace 设计

作者曾经有幸在国内一家较大规模的电商平台供职，主要岗位职责是为公司构建稳定的大数据基础设施服务。由于业务类型多样，集群每天增长数十 PB 数据，包括商品推荐系统、实时计算服务、离线数仓……这种情况通常需要设计多个 HDFS Namespace 对外提供服务，主要目的：①规范化管理业务引流，避免相互影响；②保障集群稳定运行。在设计多 Namespace 场景时，建议将业务因子纳入考虑。

（1） 多 Namespace 规划设计原则

1） 按业务类型划分 Namespace。

- 实时业务 Namespace：承载对请求响应要求较高的业务，如流数据组件（Flink）访问、实时计算服务等。搭建这类集群时，应尽量选择较好的硬件配置，如数据节点选用 SSD 磁盘、Namenode 高配置，以便于提升集群内部处理性能。
- 半实时业务 Namespace：该业务对响应速度的要求略低于实时业务，但仍需要 HDFS 保持较快的处理速度，如基于 Spark 组件的任务、数据湖访问等。也应该对这类集群做资源配置倾斜。

- 离线业务 Namespace：这类业务是最常见的，对集群吞吐要求较高，要求集群稳定。如离线数仓、第三方日志数据存储等。

2）按业务优先级划分 Namespace。根据业务重要性搭建集群，如总设定三类：

- 高优先级 Namespace：承载重要性最高的业务，集群基础设施最好，性能最好，集群发生故障时，应该第一时间挽救。
- 一般优先级 Namespace：承载较为重要的业务，可以承载较高的吞吐率，集群故障时，在规定时间内恢复。
- 低优先级 Namespace：承载一般重要性业务。

3）按优先级设计业务引流。访问集群的业务分类，便于管理和维护。例如，这里将业务分成三类：

- 一级业务：重要性最高，应该得到最好的的资源保障其访问性能。例如，信息推荐系统在访问数据时，应该被安排到性能最好的集群。出现访问异常时，应该第一时间发现并处理。
- 二级业务：重要性次之，在业务访问出现异常时，要及时发现，并在规定时间内完成处理。
- 三级业务：较为重要，在业务访问出现异常时，需要快速处理解决。

（2）业务引流与 Namespace 的关系

当一个新建业务自身架构已设计完成，并采用 HDFS 作数据源时，用户需要做的是安排访问哪个 Namespace。这里的原则主要有：

- 同类业务优先同 Namespace：所有的一级业务应该尽可能选择性能最好，得到最快响应的 Namespace，如高优先级 Namespace 或实时 Namespace；但若低优先级 Namespace 资源不足时，可选择将少量三级业务和二级业务一起列入性能较好、资源充足的近实时集群。
- 流量高低搭配：同一 Namespace 中不应该全为高流量的访问业务，否则很容易造成 Namespace 级热点，且业务存在相互影响访问的情况。流量高低搭配是个不错的选择，尽量平衡集群资源。
- 存储资源合理分配：如果有可能，应该做好存储资源的合理使用。提前获知每个业务资源使用和增长情况，并规划对应的使用配额。

以上就是从全局角度规划 Namespace 和业务，仅供读者参考。

2. 单 Namespace 流量访问规划

对于单 Namespace 来说，最担心的是业务访问拥塞和节点响应性能不稳定。归根结底，就是要做好流量访问规划。可以从两个方面入手：

（1）读写分离

目前，HDFS 支持 StandbyNamenode 允许读和 Observer 读节点两种读写分离的方法。StandbyNamenode 允许读的配置如下：

```
<property>
  <name>dfs.ha.allow.stale.reads</name>
  <value>true</value>
</property>
```

当StandbyNamenode允许读时，Client获取数据的速度会稍显滞后。因此比较好的做法是使用Observer做读节点。

（2）配额规划

这部分需要结合实际访问情况决定，可以观察各业务在一段时间内的访问及增长情况，原则上业务流量之和不应超过Namespace承受的吞吐上限。

8.4 小结

集群拓展是HDFS实践过程中非常重要的一部分，好的拓展方法能够降低集群故障发生率，更能引导业务合理访问集群资源。本章介绍了作者对水平拓展的认识，以及多种实践过的拓展方法；垂直拓展作为集群拓展的补充，一般很容易被忽略，本章列举的部分方法也很具有实践价值。

数据分层

如今，分层存储已经成为一种常见的管理数据的方法，它将数据存储在具有不同特性（如存储容量、成本）的存储介质中，每种媒介中的数据各具特点（或重要性有别，或保存方式不同）。这些不同特性的存储介质被有规律的层次结构管理，并在使用时按需提取，其中位于最高层次的媒介被称为第1层，然后依次是第2层、第3层……。

9.1 存储分层的意义

这里列举一个实际生产的例子，集团财务部门每个月底会对上个月20日到本月20日内产生的财务数据做一次聚合生成报表，每年年底会做一次年度聚合。由于集团子事业部较多，新生成的财务数据几乎每天都会发生，这些数据和其他业务产生的且经常需要使用的数据共享同一集群。对于集群管理来说，财务数据使用较少但是会长期占用一定的存储空间，这样就增加了存储成本。

1. 分层存储的目标

像财务数据这种访问不频繁的数据，可以选择低性能、价格相对便宜的介质来存储，达到控制存储成本的目的。通常来讲，分层存储并不是使用业务方或运营需求驱动，主要是期望降本。是一种优化数据管理的技术方案。

就以作者所在企业线上运行集群为例，单集群部署节点超过5000，一台携带12块SSD磁盘的数据节点的机器价格是8万~10万元，成本可想而知，更何况这种集群还不止一个。虽然每年都会采购新的硬件，但IT部门需要保证采购在预算范围内，而公司/部门作为一个整体，必然要寻求成本最小化和效益最大化。

这要求用户更加“聪明”地使用SSD等高性能硬件，将这类媒介只用于存储性能要求较高的业务数据；不太重要的数据可以存储在低成本、更低性能的媒介上（如HDD或HHD）；极少访问或保留性数据可以转移到成本非常低的离线存储系统。

2. 典型的分层数据类型

在将数据划分到具体层次的存储介质之前，需要首先确定其所属的分层数据类型是怎样的，即将数据类型和具体的层次对应起来。具体的划分方法不一，比较经典的是根据数据重要性和访问热度确定。这里有几种通用类型：

- 关键数据。这类数据具有较高级别的重要性，如金融交易类业务，访问数据延迟可能会导致事业部/部门失去客户，或影响公司生产盈利。对于这类数据来说，性能和可靠性最重要，应该选择性能最好的存储层。
- 热数据。业务日常使用频繁的数据，如电子邮件、电商品类数据，需要选择较高级别的存储层。对于此类数据，访问性能最重要。
- 温数据。较早前生成的数据，如一周前处理过的 OA 订阅。这类数据的访问频率较低，但是仍然要在需要的时候可以访问到。对于存储此类数据，应该考虑存储成本，同时兼顾最低可接受的性能阈值。
- 冷数据。数据极少会被用到，如归档过的历史日志。之所以保留它们，是因为其在未来某个不确定的时间会具有价值，如通过对历史数据的分析统计，预估未来一年内业务增长情况。这类数据应该选择最低层次的层次存储，低成本是最重要的考虑因素。

除了这几种类型外，读者还可以结合自己的数据特点继续细分，如极冻数据。

3. 分层存储等级

存储分层的层次划分和上面介绍的分层数据类型有一定关联。每个层次的搭建依赖特定的存储介质，并存储特定分层类型的数据。这里假定架设 4 个层次结构。

- 第 1 层。此存储层用于存储时间较敏感或极其重要的业务数据，数据在集群中需要在尽可能短的时间内可用。例如，用于电商交易环境相关领域的数据，这些数据在读写过程中一旦发生闪失，将会影响公司业务。因此，该层的重点是实现高性能访问，配置非常快的硬件介质（如 NVME SSD 硬盘或大容量的内存设备）来搭建较为合适。
- 第 2 层。存储经常使用的数据，以支持对性能要求较高的业务系统，零售平台系统，它们只接受极短的访问延迟。本层所需的性能不如第 1 层，可以选用更高效的固态存储介质（如普通的 SSD 硬盘或高价值的 STAT 盘）控制成本，同时也兼顾性能。
- 第 3 层。用于存储温数据，如最近一周内的邮件信息或生成月度、季度的财务数据。由于使用频率不高，可以选用大容量的普通硬盘或相对低性能的 STAT 驱动器。该层重点考虑的是存储成本。
- 第 4 层。通常用来存储极少访问的冷数据。因重要性一般，可以选择磁带或云存储介质存储，可以大大降低存储成本。

理论上说，分层数据类型和构建的层次设施可以有很多，但是在实践中，过多的层级会增加数据及存储介质的管理难度，反而会削弱数据的可用性和可靠性。因此在层级设置上，2~4 层较为合适。

9.2 HDFS 存储分层

随着 HDFS 集群运行的时间越来越久，必然有部分业务的数据会长期保存，加上不经常使用的数据，它们最初是作为 3 副本和其他业务共享同一存储资源的。久而久之，集群会被这类数据所“拖累”，由于这类数据占据着优质的存储资源，当其他业务增长时，不得不扩充数据节点，无形增加了集群建设成本。因此对于有一定规模的 HDFS 集群来说，分层存储是一个不得不做的工作。

9.2.1 冷热集群分层管理

当业务比较多、积攒的非常用数据达到一定量时（如数十 PB），最好的分层存储方案是各层次单独构建一个集群，集群存储介质差异化，分别保存不同类型的数据。下面是方案实施过程中的一些关键点。

1. 分层数据类型定义

集群中通常存在各种不同类型的数据集，或产生自不同团队的工作任务。这些数据集有一个共同特点就是在初始的时候使用量比较大，在此期间，数据集被认为是“热数据”。随着时间的推移，过去存在文件的使用频率在一定程度有所下降，数据每周仅仅被访问几次，逐渐就变成“温数据”。在此后的半年中，使用频率进一步降低，此时这些数据被称为“冷数据”。慢慢地，集群中所有的文件都会形成这种有温度的数据集。这里以 Age 代表文件或目录存在的时长，表 9-1 是对数据定义温度的示例。

表 9-1　分层数据类型定义

存活时长	使用频率	温　度
Age≤7 天	不限	热数据
7 天<Age≤1 月	每周小于 5 次	温数据
Age > 1 月	每月小于 5 次	冷数据

在 HDFS 中，主要是对文件或目录的操作。这里的使用频率通常是指来自 Client 的访问，无论是对数据查询或更新。目前还没有直接判断出文件创建时间和访问频率，需要额外做一些工作。

（1）判断文件存活时长

1）在对文件存活时间不要求非常精确的情况下，可在第一次检查文件时记录 modificationTime 作为初始时间。

```
// INodeWithAdditionalFields 记录对文件更新时间
long modificationTime;
```

2）改造 INodeWithAdditionalFields，增加 createTime 作为数据存活的初始，并将该属性持久化到 FsImage 和 Edit log 中，以便于离线分析。

（2）统计使用频率

1）在不要求非常精确的情况下，可以通过观察 accessTime 的变化来判断文件被使用的情况。

```
// INodeWithAdditionalFields 记录对文件访问时间
long accessTime;
```

通过这种方法判断出文件使用频率的精确度和间隔时长与次数有关。

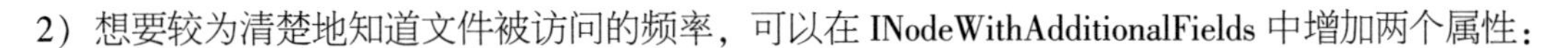

2）想要较为清楚地知道文件被访问的频率，可以在 INodeWithAdditionalFields 中增加两个属性：

```
// 记录周期内文件访问次数
long accessCount;
```

当 Client 访问的时候，可以在更新 accessTime 时同步更新 accessCount。

在统计数据集使用频率时，应该注意数据粒度。以数仓业务为例，用库或表为单位会更具可操作性。下面是 ns-cluster11 集群离线数仓包含的部分业务库：

```
   权限          所有者        分组      最新更新时间          库名
drwxr-x---+   zhujianghua   hdfs     Sep 24 16:10         user
drwxr-x---+   zhujianghua   hdfs     Sep 14 03:14         share
drwxr-x---+   zhujianghua   hdfs     Jun 25 12:37         ad_data
drwxr-x---+   zhujianghua   hdfs     Mar 23 23:21         history
drwxr-x---+   zhujianghua   hdfs     Aug 21 06:31         lib_data
```

需要说明的是，数据集所处的温度是动态的。例如，某首乐曲在过去一年里，聆听的人非常稀少，最近又变得异常火爆，此时所处数据集应该由冷数据重新回到热数据状态。

2. 层级构建及功能

在自建分层集群方面，较为常见的有三种方案，均为物理隔离。

（1）热-冷两层集群

当数据量可控的情况下，搭建两套集群即可够用：

- 热数据集群：存储重要业务及活跃业务数据，3 副本保障数据高可用。数据节点尽量采用性能较高的固态硬盘（如 SSD 盘）。
- 冷数据集群：定期从热数据集群中转移使用不频繁的冷数据，为了保障数据不丢，副本保存为 EC（Erasure Coding）格式，数据节点采用低性能的 STAT 磁盘，控制成本。

这里并没有直接区分温数据，可以选择和热数据放在一起，并适当放宽热数据的温度范围。业务使用数据时，多数情况会和热数据集群交互，一旦需要回顾历史，按需从冷数据集群读取即可。由于只有两层，管理比较方便。

（2）热-温-冷三层集群

随着温-冷数据的不断增长，可以逐渐将温数据独立成层，这样做的好处一是可以分担热数据集群流量吞吐，二是可以有针对性地节约集群成本。

- 热数据集群：存储重要业务和活跃业务数据，3 副本保障数据高可用。数据节点尽量采用性能较高的固态硬盘（如 SSD 盘）。业务访问流量最多的存储层。
- 温数据集群：存储一般活跃的温数据，为了控制成本，数据节点可以采用普通的固态硬盘或低效的 STAT 磁盘，数据保存为 EC 格式（有成本盈余的仍然推荐 3 副本）。本层的主要目的是尽可能地分担热数据集群的访问负载。
- 冷数据集群：保存极其不活跃的业务数据，重点是控制成本。数据节点采用大容量低效的 STAT 磁盘，副本数据保持为 EC 格式。

为了使数据管理的更高效率，在识别出热数据集群中的温数据信息后，应该将其尽可能快地转移到温数据集群。图 9-1 是三层存储集群数据转移关系。

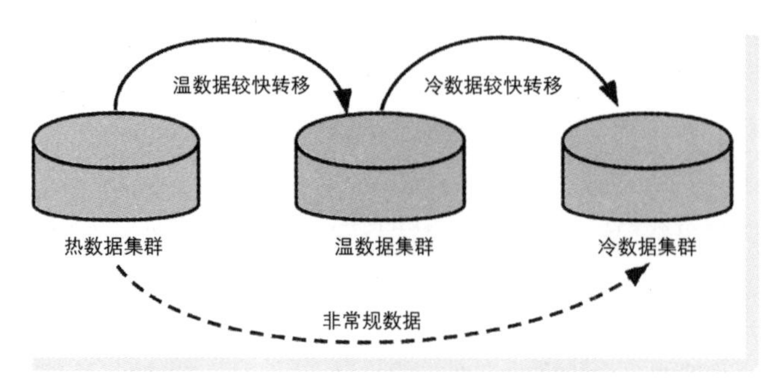

● 图 9-1　三层存储集群数据转移关系

在实践中，还有一种非常规操作，如消息系统产生的消息数据非常多，这些数据属于临时生成或作为热数据用途的次数极少被消费完，为了恢复的用途，通常用完之后就很少在使用。对于这种数据，可以直接从热数据集群中转移到冷数据集群。其余从温数据集群中产生的冷数据，采用定期处理即可。

（3）热-温两层集群，加第三方存储

为了进一步降低存储成本，现在市场上出现了一些第三方存储厂商，如 AWS S3、OSS、COS，使用它们有时比自己搭建集群更省成本，而且还省去了维护的麻烦。适合存储冷数据和云上业务。更加欣慰的是，Hadoop 生态已将它们纳入进来，使用 DFSClient 即可直接访问。

在搭建分层存储时，应该将自建热-温-冷集群的分布置于域内，有利于数据传输。访问第三方存储系统时建议使用网络加速。

3. 重点考虑的问题

数据被拆分后，有两个非常重要的问题值得关注。

1）数据一致性问题。数据在不同存储层级之间存在时，对数据没有规则的修改会导致数据的不一致。这里可以联想到 Cache 和主存对数据的更新。比较经典的是采用通写和回写策略。对于分层存储而言，由于集群的物理隔离，通写策略代价太大，采用类似回写策略比较合适。原理如图 9-2 所示。

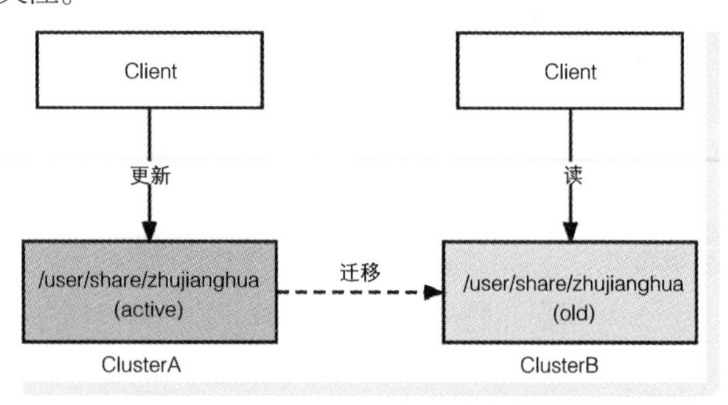

● 图 9-2　数据一致性更新

假设数据集/user/share/zhujianghua 存在两个层级集群内（ClusterA 和 ClusterB）。如果不希望在访问数据时发生不一致的情况，一段时间内，设定 ClusterA 中的数据是最新的，可以被允许更新和读操作；ClusterB 中保存的数据落后于 ClusterA，只允许读，如做一些历史分析工作。之后会通过一定策略将最新数据迁移到 ClusterB。这样，对于/user/share/zhujianghua 来说，在使用上就会很顺畅。需要指出的是，设定数据集在哪个层级为最新与具体层级和集群无关。通过在使用方式上的改变，访间分层存储就不存在数据一致性的问题。当然这里只是一种解决的方法。

2）访问命中率问题。对于业务使用数据，设计一套高效的算法或策略来提高数据在各层级间的命中率相当关键。因为不同存储层级在多个方面有别，如基础设施、数据集新旧程度、业务对数据的需要等。

4. 数据迁移

当数据集的温度确定并更新后，意味着这份数据可以被转移到另外一个层级的集群。在迁移过程中有以下几个因素需要考量：

- 迁移性能。在不同集群之间迁移数据时，依赖多线程并行很关键，因为用户需要保证周期内数据是一定能够同步完成的。例如，集群 A 一周内新增的数据，只要花数小时就可以完全同步到 B 集群，这样在下个周期又可以再次处理。迁移性能应该得到足够重视，否则影响业务使用。
- 带宽可控。数据在迁移过程中需要走公共网络，势必会挤压一部分业务使用的资源，单就迁移来说，带宽不可占用过多，以不影响正常业务访问为标准，同时要兼顾迁移速度。
- 全量迁移（增量迁移）。当集群达到一定规模（有时迁移的数据量达到 TB 甚至 PB 级）时，不能每次都以全量的方式同步数据，仅针对发生变化的数据进行增量同步是最佳选择。
- 数据校验机制。在数据迁移过程中，确保数据在目标集群和源集群上保存的内容一致是必需的。这要求校验机制非常完善，除了正常的转移流程，在遇到异常时应该得到合理的处理。
- 业务访问影响。迁移期间因数据在跨集群间流动，可能使业务不能正常读写数据，应该尽量缩短发生的时间，否则影响业务生产。

目前，常用的迁移数据的工具有两种：DistCp 和 FastCopy。实际在迁移数据时需结合业务使用方式和集群搭建才能制定出符合自身场景的方案，作者认为主要有以下几种迁移方法。

- 业务数据整体迁移。将业务数据从 A 集群整体迁移到 B 集群，A 集群随后清理业务占用存储空间，通常会有一段数据不能使用的时间。
- 部分数据迁移。将业务有变化的数据从 A 集群迁移到 B 集群，随后清理数据在源集群中占用的存储空间，存在一段数据不能使用的时间。
- 备份式迁移。将业务在 A 集群中一段时间内生产的增量数据迁移到 B 集群，由于 A 集群还存在全量数据，不影响业务正常访问，数据完成迁移后，可正常使用 B 集群的历史数据。
- 渐进式迁移。为了能够让业务访问不受到影响，先采用备份式迁移，一段时间后发现业务无增长，透明地删除业务在源集群中数据，并更改业务访问路径。

下面介绍不同温度数据在特定场景下的迁移流程，ns-cluster11、ns-cluster12、ns-cluster13 分别为热数据集群、温数据集群、冷数据集群。

（1）热-温数据迁移

将热数据集群中的数据外迁时，始终要保持一种严谨的态度。数仓业务中的 ad_tc_ct.db 已经拥有较低的使用频率，符合温数据特点。现在将该数据集整体迁移至 ns-cluster12。操作过程如下。

1）迁移数据前提：①确保 ns-cluster12 存在一致的数据目录和权限；②数据迁移过程中，为了避免数据发生错乱，需要限制业务对源集群和目标集群中数据集的写权限。如果集群都由 Federation 管理，可通过 dfsrouteradmin 设置生效。

2）迁移数据中。使用 DistCp 工具执行迁移指令。

```
// 执行迁移命令,namenode1:ns-cluster11 集群 Active Namenode 节点,namenode2:ns-cluster12 集群 Active Namenode 节点
./bin/hadoop distcp -overwrite hdfs://namenode1/xxxx hdfs://namenode2/xxxx
```

这是使用 DistCp 工具的迁移方法，当两个集群在同一 Federation 时，使用 FastCopy 更加高效。

```
./bin/hdfs fastcopy hdfs://namenode1/xxxx hdfs://namenode2/xxxx
```

如果实现了 FastCopy 增量迁移，可以使用如下方法：

```
//这里的使用格式可以自定义,如指定-strategy 为 dynamic 或开发新的策略
./bin/hdfs fastcopy -p -i -overwrite hdfs://namenode1/xxxx hdfs://namenode2/xxxx
```

工具在迁移过程中，有较为完备的校验机制，可以保障数据的完整性。

3）数据迁移执行完成，即可开启访问权限：①ns-cluster12 接入 Federation；②从 Federation 中卸载对 ns-cluster11 的 ad_tc_ct.db 挂载点；③开启数据目录读写权限。在业务访问无异常的情况下，建议不要立即删除热数据集群中的数据，可以观察若干时间后，确认无误再删除。

（2）温-冷数据迁移

目前行业内对冷数据集群的定义和用途不一，有一种场景是用它来做数据备份，即冷数据增量更新到冷集群。当业务对 ad_tc_ct.db 的使用频率越来越低时，逐渐形成冷数据，此时可以将这部分数据集移入 ns-cluster13。主要流程如下。

1）迁移数据前确保 ns-cluster13 存在一致的数据目录和权限。

2）迁移中，如果是头次迁移，可以全量的方式迁移，之后即可以增量的方式移动数据。

3）使用 DistCp 工具，结合 Snapshot 的方式执行迁移：

```
// 在 ns-cluster12 中创建 snapshot
./bin/hdfs dfsadmin -allowSnapshot /user/bigdata/hive/log
./bin/hdfs dfs -createSnapshot /user/bigdata/hive/log
// 增量迁移,snap1 是指前一次迁移数据时,创建的 snapshot,snap2 是指本次创建的 snapshot
./bin/hadoop distcp -update -diff snap1 snap2 hdfs://namenode1/xxxx hdfs://namenode2/xxxx
```

如果 FastCopy 要实现增量迁移，可以使用如下方法：

```
//注意和 distcp 的使用区别,并结合自有实现版本
./bin/hdfs fastcopy -p -i -update -skipcrccheck hdfs://namenode1/xxxx hdfs://namenode2/xxxx
```

由于是增量迁移数据，在迁移过程中无须限制业务访问权限。如果想节省在温集群中的存储空间，可以选择在业务访问低峰期，短暂性地限制访问权限，透明更改业务访问路径。因为此时数据的使用率已经很低，影响较小。

以上只是部分实践的场景，读者在学习过程中，需要充分结合自己的知识水平和业务特点去制定迁移策略。

5. 业务访问

对分层数据集的访问需要结合特定的使用方式，才可以保证数据安全和集群稳定。对中大型集群，数据量较多的情况下，可以按主体依赖 Federation、少量采用直连的方式使用数据，如图 9-3 所示。

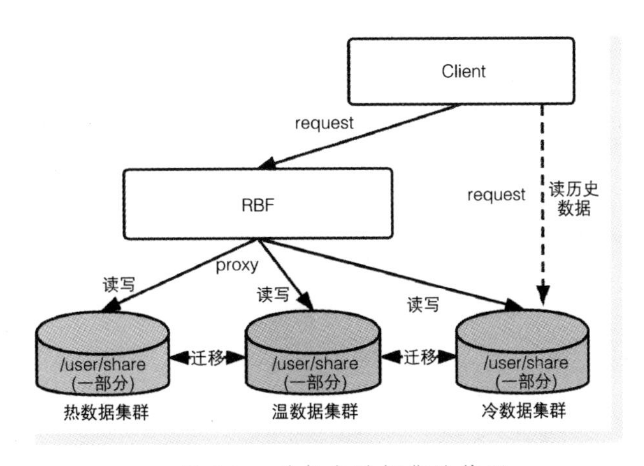

● 图 9-3　对复杂数据集的使用

某个数据集在多层存储层均有一部分数据，一部分温数据在温数据集群，一部分数据在冷数据集群。例如，针对/user/share 的使用，可以通过如下方法。

1）热数据集群、温数据集群、冷数据集群分别创建存储路径：/user/share、/user/share_warm、/user/share_old，并设置一致的权限。

2）三个子集群均受同一 Federation 管理，增加 Mount point。

- /user/share -> 热集群：/user/share。
- /user/share_warm -> 温集群：/user/share_warm。
- /user/share_old -> 温集群：/user/share_old。

3）如果冷数据集群是第三方离线系统，建议采用集中管理连接。

这种使用方式的好处是，多层数据可以同时接收业务读写，不会造成数据紊乱。对集群维护也有好处。唯一美中不足的是，业务在访问不同分层的数据时，指定的目录不同。目前 RBF 也支持一个 Mount point 关联多个集群的路径，但现实集群比较复杂，在这里不做介绍。

9.2.2　异构分层存储

HDFS 从 2.x 版本即开始支持分层存储，目的是可以将具有不同使用频率的数据分散存储在不同存储介质，根据介质的特性发挥各自的读写性能。针对热数据，可以采用 SSD 的方式存储，可以保证高效的读写性能，速度上甚至能达到数十倍于普通硬盘读写的速度。

1. HDFS 分层实践

HDFS 分层存储是基于异构来实现的，使用方法可以按照如下步骤。

1）确定要分层存储的数据集，并设置对应的存储策略。目前没有提供对数据分析的工具，需要手动识别。例如，对/user/share/history 目录访问较少，可以设置为热数据。

```
// 查看所有支持的分层类型
./bin/hdfs storagepolicies -listPolicies
// 显示结果
```

```
Block Storage Policies:
BlockStoragePolicy{COLD:2, storageTypes=[ARCHIVE], creationFallbacks=[],
replicationFallbacks=[]}
BlockStoragePolicy{WARM:5, storageTypes=[DISK, ARCHIVE],
creationFallbacks=[DISK, ARCHIVE], replicationFallbacks=[DISK, ARCHIVE]}
BlockStoragePolicy{HOT:7, storageTypes=[DISK], creationFallbacks=[],
replicationFallbacks=[ARCHIVE]}
    BlockStoragePolicy{ONE_SSD:10, storageTypes=[SSD, DISK],
creationFallbacks=[SSD, DISK], replicationFallbacks=[SSD, DISK]}
    BlockStoragePolicy{ALL_SSD:12, storageTypes=[SSD],
creationFallbacks=[DISK], replicationFallbacks=[DISK]}
    BlockStoragePolicy{LAZY_PERSIST:15, storageTypes=[RAM_DISK, DISK],
creationFallbacks=[DISK], replicationFallbacks=[DISK]}

// 设置分层类型为 ALL_SSD
./bin/hdfs storagepolicies -setStoragePolicy -path /user/history -policy ALL_SSD
```

2）数据写入。自此之后，/user/history 新生成的 Blocck 选择副本的位置时会优先挑选 SSD 磁盘，如果空间不足再从剩余 DISK 磁盘节点选择。

```
// 上传文件
./bin/hdfs dfs -put NOTICE.txt /user/history
// 检查副本位置
./bin/hdfs fsck /user/history/NOTICE.txt -files -blocks -locations
/user/history/NOTICE.txt 15917 bytes, 1 block(s):  OK
0.BP-1xxx7xxx6-10.xxx.xxx.112-1631855323416:blk_1082573513_1129 len=15917
Live_repl=3
[DatanodeInfoWithStorage[10.xxx.xxx.114:50010,DS-xxxxxxxx-xxxx-xxxx-xxxx-xxxxxxxxxxxx,SSD],
DatanodeInfoWithStorage[10.xxx.xxx.113:50010,DS-xxxxxxxx-xxxx-xxxx-xxxx-xxxxxxxxxxxx,SSD],
DatanodeInfoWithStorage[10.xxx.xxx.112:50010,DS-xxxxxxxx-xxxx-xxxx-xxxx-xxxxxxxxxxxx,DISK]]
```

可以看出，新创建的 NOTICE.txt 文件一共 3 个 Block 副本，分别位于 3 个 DataNode 节点上，其中两个磁盘为 SSD，由于 SSD 类型的磁盘空间不够，且要满足副本数，可选择一个 DISK 作为替补。

需要说明的是，分层存储是单集群内的一种软实现，需要和底层存储介质配置一致。且对存量数据的支持不好，需要手动通过 Mover 工具迁移到对应的存储介质。

```
// 对/user/history 目录下的数据手动迁移
./bin/hdfs mover -p /user/history
```

在执行 Mover 时，为了避免数据移动对集群的影响，系统内部会限制一次处理的 Block 量，因此执行完成后，建议通过 fsck 检查迁移的数据是否已经完成。如果未完成，需要多次执行 Mover 运行。本方案适用于单集群数据分层，如确定数仓中某个热点表，将其放置在 SSD 中，可以有效提升访问速度，或者将集群中不常使用的数据移动到 ARCHIVE 媒介存储。有些企业在降低存储成本方面做得比较好，它们将第三方云厂商系统集成进来形成冷数据层，不过需要自己扩展。

2. Mover 原理解析

HDFS Mover 是一种用于归档集群内部数据集的迁移工具。当工作时，首先检查 Block 副本放置的位置是否满足存储策略，对于违反策略的 Block，会将副本移动到符合要求的存储节点下。原理如图 9-4 所示。

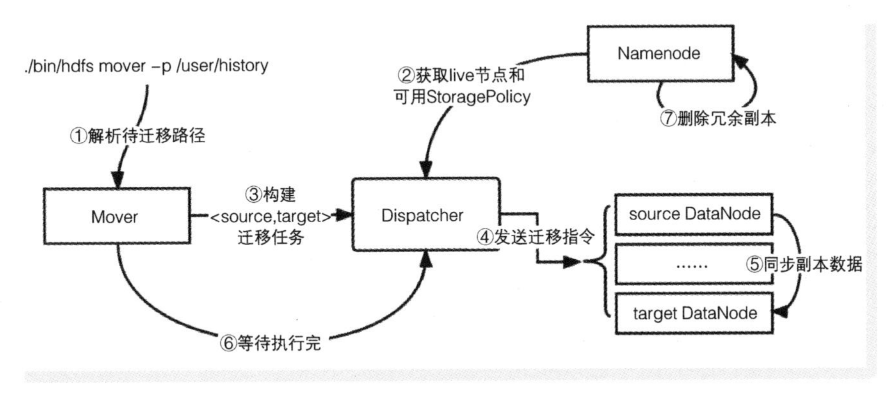

● 图 9-4　Mover 执行原理

其主要工作原理如下。

解析 hdfs mover 携带的参数，默认情况下检查集群中所有不符合存储策略的文件，也支持指定目录或文件，通过-p 或-f 携带具体的路径。

构建 Dispatcher，并获取当前集群中存活的 DataNode 节点列表和支持的策略类型，这个过程会比较耗资源，可以选择和 Standby Namenode 节点交互。

```
<property>
  <name>dfs.namenode.get-blocks.check.operation</name>
  <value>true</value>
</property>
```

从 Namenode 获取和待处理文件有关的 Block 的位置信息，该过程同样会比较耗资源，选择与 Standby 交互比较好。对比 Block 此时和期望策略的差值，将差值构建为移动任务<source，target>（source 是指副本源节点磁盘，target 值目标节点磁盘），并将这些构建好的任务加入 Dispatcher 待执行。

Dispatcher 开始执行移动 Block 任务，将移动的 Block 信息发送到 source 节点。

source 收到信息后，即刻开始和 target 节点的通信。这个过程模仿读写，Dispatcher 作为 Client 首先和 target 交互，以 replace Block 的方式进行首次通信；紧接着 target 和 source 节点再次通信，以 copy Block 的方式复制副本。

Mover 会等待文件迁移的完成，此时不能保证所有文件的所有 Block 都迁移完（总有失败的可能）。

对于已经迁移完成的 Block，Namenode 会不定期地删除冗余副本。由此完成对分层存储数据的迁移工作。

为了不影响集群正常工作，Mover 默认会限制数据移动的速度。调整以下参数可以影响整个迁移的速度：

```
<property>
  <name>dfs.mover.moverThreads</name>
  <value>[迁移线程池大小]</value>
</property>
```

Dispatcher 在 HDFS 中是核心公共模块，多个功能点会被使用到，除了 Mover，还包含 Balancer 和 Storage Policy Satisfier。

3. 动态磁盘存储

基于分层构建数据集后，可以发现保存副本类型为 ARCHIVE 的介质使用频率较少，这会产生一个很实际的问题，即 ARCHIVE 磁盘 IO 未得到充分利用。为了平衡不同密度磁盘的使用效率，有人提出可在同一设备上配置两种存储类型。例如：

```
<property>
  <name>dfs.datanode.data.dir</name>
  <value>[DISK][ARCHIVE]/mnt/dfs/5/data,[SSD]/mnt/dfs/6/data</value>
</property>
```

对于/mnt/dfs/5 盘来说，可以同时存储 DISK 和 ARCHIVE 类型的副本，这样做的好处有两个：

1）提升/mnt/dfs5 磁盘的利用率。

2）减小数据迁移代价，如在重置 COLD 数据时，无须移动位于 ARCHIVE 磁盘上的 DISK 副本。

这个方案显然是不错的，有兴趣的读者可以自行研究，参考链接 https://issues. apache. org/jira/browse/HDFS-15547。

9.2.3 动态感知数据类型

以上两节介绍的分层存储方案有一个共同点，那就是需要人为区分哪些数据集属于热数据，哪些属于温数据或冷数据，这在数据量非常大的时候需要耗费大量的人力。有没有可以动态识别数据集温度的方法呢？这是本节介绍的重点。

动态识别数据集温度的核心思想就是定期分析 FsImage 文件中的元数据，结合分层数据类型策略得出不同层级的数据集。这部分逻辑需要自定义实现，主要的处理流程如下。

1）从 Namenode 节点保存元数据目录获得最新生成的完整的 FsImage 文件。

2）模拟加载 FsImage 过程，遍历每个可达的文件路径，对每个文件或目录额外生成一条和该路径有关的周期内的访问频次记录。周期的定义和文件所处温度有关。例如，文件/user/bigdata/spark/ucc/action_data 当前属于温数据，以周为单位，最近每天的访问次数达到 20 次，已达到热数据特点，推荐迁移至热集群；以月为单位，最近一个月内，每周访问只有 1 次，符合冷数据特点。周期内访问频次记录计算=文件最新 accessCount-前一次分析记录的 accessCount。

3）保存分析结果。留存每个文件及目录路径的分析结果，因数据量较大，可以选择分布式数据库，如 HBase。字段设计见表 9-2。

表 9-2 元数据分析字段设计示例

路　径	周期内频次/天	周期内频次/周	周期内频次/月	当前温度	推荐温度	accessCount
/user/warm/product/ucc/data	1	1	1	温	冷	1234
/user/zhujianghua/my_log/h2	2	2	2	温	冷	1235
/share/hdfs/history/cpcs	3	3	3	温	冷	1236

对目录分析访问频次，得结合子目录和文件访问频次。保存分析结果时，只需要保存和温度有关的周期内访问频次即可。例如，文件当前处于温数据层，保存“周期内频次_天”和“周期内频次_月”。经过前后两次分析的频次差值，即可得到当前文件最新应该所处的存储层级，但应该把握一个原则，长周期分析结果优先。如何理解？/user/warm/product/ucc/data 当前处于温数据，最近一周内每天访问频率达到 6 次，但是观察最近一个月内，每周访问频次合计只有 4 次，应该归于冷数据。

4）分析迁移数据集。经过前面几步，已经可以知道所有路径的分析结果，距离迁移数据也已经一步之遥，还要确认哪些数据集需要被真正迁移。对于异构分层存储方案来说，迁移粒度以文件级别为好，主要原因是一个集群内部管理和维护更方便。对于集群分层存储，动作较大，应该以数据集为单位。

动态感知数据类型需要消耗一定的节点资源，建议以独立运行的服务为佳。之后就可以根据分析结果执行迁移操作了。

9.3 纠删码（Erasure Coding）

大家知道，HDFS 采用多副本的方式保证数据可用性。以默认的 3 副本为例，同一份数据需要占用 3 块同样大小的存储空间，这带来的问题是会额外造成 200%的存储开销。对于冷数据，因使用频率低，另外两个副本数据极少被访问到，但却依然占据着同样的存储资源，这样无疑是浪费的。

纠删码（Erasure Coding，EC）可以提供相同级别的容错能力，但存储开销较 3 副本相比不超过 50%，极大提升了存储利用率。非常适用于集群稳定、访问量不高的冷数据集群。

9.3.1 EC 使用介绍

从 3.0 版本开始，HDFS 即支持 EC。使用 EC 保存的 Block 可以理解为只有单副本，主要思想是将 Block 拆分为 k 块原始数据，依赖算法对 k 块原始数据进行一定的编码计算后，得到 m 块校验数据，并将它们分散到不同的 DataNode 节点。这种存放数据的方法称为条带式存储（Striping），如图 9-5 所示。

对条带式存储的理解如下。

- 一个完整的 Block 由若干 Stripe 组成，每个 Stripe 包含多个数据块和校验块。同一个 Stripe 中的校验块由同属的数据块生成，并具有相同大小（称为 cell）。校验块最大的用途是在发生数据异常时恢复源数据。

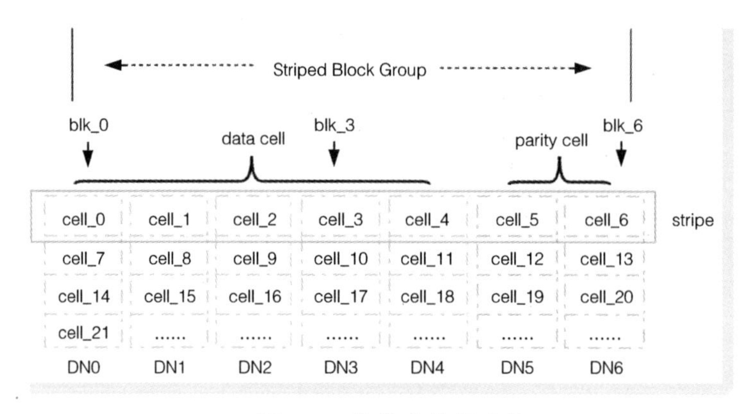

● 图 9-5　条带式数据存储

- 数据块和校验块本质上就是普通 Block 的一部分，但同一 Block 前后 cell 在物理上不存在连接关系。

这种较为特殊的存储数据的方式称为块池（Striped Block Group）。目前 HDFS 默认支持多种 EC 存储策略，分别如下。

- RS-3-2-1024k：基于 Reed-Solomon 编码算法，单 Stripe 包含 3 个数据块和两个校验块。
- RS-6-3-1024k：基于 Reed-Solomon 编码算法，单 Stripe 包含 6 个数据块和 3 个校验块。
- RS-10-4-1024k：基于 Reed-Solomon 编码算法，单 Stripe 包含 10 个数据块和 4 个校验块。
- RS-LEGACY-6-3-1024k：基于 Reed-Solomon 编码算法实现的旧版本，单 Stripe 包含 6 个数据块和 3 个校验块。读写性能上没有新版实现的效率高。
- XOR-2-1-1024k：基于 XOR 编码算法，单 Stripe 包含两个数据块和 1 个校验块。

这里每种策略定义的 cell 大小均为 1024KB。需要说明的是，使用 EC 时集群需要部署足够的 DataNode 节点。以 RS-6-3-1024k 为例，当可用的 DataNode 多于 6 个时，可以正常写入，但为了保证数据安全，推荐部署至少 9 个以上数据节点。当节点数不足时，选择副本存储位置会遇到以下异常。

```
java.io.IOException: File /user/test/hadoop-3.3.4.tar.gz._COPYING_ could only be written to
5 of the 6 required nodes for RS-6-3-1024k.There are 5 datanode(s) running and 5 node(s) are ex-
cluded in this operation.
    at org.apache.hadoop.hdfs.server.blockmanagement.BlockManager.chooseTarget4NewBlock
(BlockManager.java:2324)
    at org.apache.hadoop.hdfs.server.namenode.FSDirWriteFileOp.chooseTargetForNewBlock(FS-
DirWriteFileOp.java:294)
    at org.apache.hadoop.hdfs.server.namenode.FSNamesystem.getAdditionalBlock(FSNamesys-
tem.java:2939)
    at org.apache.hadoop.hdfs.server.namenode.NameNodeRpcServer.addBlock(NameNodeRpc-
Server.java:893)
    at org.apache.hadoop.hdfs.protocolPB.ClientNamenodeProtocolServerSideTranslatorPB.add-
Block(ClientNamenodeProtocolServerSideTranslatorPB.java:593)
```

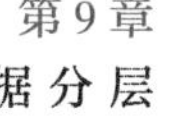

```
    at org.apache.hadoop.hdfs.protocol.proto.ClientNamenodeProtocolProtos $ClientNamenodeProtocol $2.callBlockingMethod(ClientNamenodeProtocolProtos.java)
    at org.apache.hadoop.ipc.ProtobufRpcEngine2 $Server $ProtoBufRpcInvoker.call(ProtobufRpcEngine2.java:542)
    at org.apache.hadoop.ipc.RPC $Server.call(RPC.java:1092)
```

使用如下的 EC 相关命令：

```
./bin/hdfs ec [COMMAND]
```

查看当前集群中支持的 EC 存储策略：

```
./bin/hdfs ec -listPolicies
// 显示 EC 策略列表
Erasure Coding Policies:
ErasureCodingPolicy=[Name=RS-10-4-1024k, Schema=[ECSchema=[Codec=rs, numDataUnits=10, numParityUnits=4]], CellSize=1048576, Id=5], State=DISABLED
ErasureCodingPolicy=[Name=RS-3-2-1024k, Schema=[ECSchema=[Codec=rs, numDataUnits=3, numParityUnits=2]], CellSize=1048576, Id=2], State=DISABLED
ErasureCodingPolicy=[Name=RS-6-3-1024k, Schema=[ECSchema=[Codec=rs, numDataUnits=6, numParityUnits=3]], CellSize=1048576, Id=1], State=ENABLED
ErasureCodingPolicy=[Name=RS-LEGACY-6-3-1024k, Schema=[ECSchema=[Codec=rs-legacy, numDataUnits=6, numParityUnits=3]], CellSize=1048576, Id=3], State=DISABLED
ErasureCodingPolicy=[Name=XOR-2-1-1024k, Schema=[ECSchema=[Codec=xor, numDataUnits=2, numParityUnits=1]], CellSize=1048576, Id=4], State=DISABLED
```

默认情况下，开启了 RS-6-3-1024k，如果想应用其他策略，需要开启对应的策略类型，并赋予在某个目录上。当前，仍需要大家手动指定某个目录下的文件保存为 EC 格式，新生成的数据就会以 EC 策略存储，但不会影响已有数据的存储格式。

```
// 开启 RS-6-3-1024k
./bin/hdfs ec -enablePolicy -policy RS-6-3-1024k
// 提示设置成功
Erasure coding policy RS-6-3-1024k is enabled

// 将 /user/history 目录新写入数据存储为 EC 格式
./bin/hdfs ec -setPolicy -path /user/history  -policy RS-6-3-1024k
```

上传一个超 300MB 大小的文件到/user/history 目录下，并检查存储位置，可以看到和 3 副本存储信息的区别：

```
// fsck 检查
./bin/hdfs fsck /user/history/hadoop-3.3.4.tar.gz -files -blocks -locations
// 显示存储信息
/user/test/hadoop-3.3.4.tar.gz 466836529 bytes, erasure-coded:
policy=RS-6-3-1024k, 1 block(s):  OK
0.BP-1xxx5xxx7-10.198.xxx.xxx-1654675142356:blk_-9345613257765436539_1004 len=466836529
Live_repl=9
[blk_-9345613257765436539:DatanodeInfoWithStorage[10.196.xxx.xxx:50010,DS-xxxxxxxx-xxxx-xxxx-xxxx-xxxxxxxxxxxx,DISK],
```

```
blk_-9345613257765436538:DatanodeInfoWithStorage[10.196.xxx.xxx:50010,DS-xxxxxxxx-xxxx-
xxxx-xxxx-xxxxxxxxxxxx,DISK],
blk_-9345613257765436537:DatanodeInfoWithStorage[10.196.xxx.xxx:50010,DS-xxxxxxxx-xxxx-
xxxx-xxxx-xxxxxxxxxxxx,DISK],
blk_-9345613257765436536:DatanodeInfoWithStorage[10.196.xxx.xxx:50010,DS-xxxxxxxx-xxxx-
xxxx-xxxx-xxxxxxxxxxxx,DISK],
blk_-9345613257765436535:DatanodeInfoWithStorage[10.196.xxx.xxx:50010,DS-xxxxxxxx-xxxx-
xxxx-xxxx-xxxxxxxxxxxx,DISK],
blk_-9345613257765436534:DatanodeInfoWithStorage[10.196.xxx.xxx:50010,DS-xxxxxxxx-xxxx-
xxxx-xxxx-xxxxxxxxxxxx,DISK],
blk_-9345613257765436533:DatanodeInfoWithStorage[10.196.xxx.xxx:50010,DS-xxxxxxxx-xxxx-
xxxx-xxxx-xxxxxxxxxxxx,DISK],
blk_-9345613257765436532:DatanodeInfoWithStorage[10.196.xxx.xxx:50010,DS-xxxxxxxx-xxxx-
xxxx-xxxx-xxxxxxxxxxxx,DISK],
blk_-9345613257765436531:DatanodeInfoWithStorage[10.196.xxx.xxx:50010,DS-xxxxxxxx-xxxx-
xxxx-xxxx-xxxxxxxxxxxx,DISK]]
......
Erasure Coded Block Groups:
  Total size:466836529 B
Total files:1
Total block groups (validated):1 (avg.block group size 466836529 B)
Minimally erasure-coded block groups:1 (100.0 %)
Over-erasure-coded block groups:0 (0.0 %)
Under-erasure-coded block groups:0 (0.0 %)
Unsatisfactory placement block groups:0 (0.0 %)
Average block group size:9.0
Missing block groups:  0
Corrupt block groups:  0
Missing internal blocks:  0 (0.0 %)
Blocks queued for replication:0
```

上面是基于 RS-6-3-1024k 策略存储文件的效果，可以看到文件的数据块和校验块会分散在 9 个节点上。设置 EC 策略后，新数据所占用存储空间会少得多，客户端也无须做过多改变。查看 DataNode 节点存储具体的数据，可以看到和多副本一样，同样拥有 blk_xxx 和 blk_xxx.meta，唯一不同的是采用 EC 存储数据生成的副本 BlockId 是负值，用以区分多副本 Block。

```
-rw-r--r-- 1 zhujianghua zhujianghua 75M 9月 13 17:33 blk_-9345283152732626849
-rw-r--r-- 1 zhujianghua zhujianghua 151M 9月  13 17:33
blk_-9345283152732626849_1004.meta
```

现实场景有时比较复杂，如果默认的策略无法满足需求，HDFS 还支持自定义创建构建 EC 策略。实现方法如下。

1）构建自定义策略模板。可以参照 ${HADOOP_HOME}/etc/hadoop/user_ec_policies.xml.template。例如，作者维护的集群比较大，希望有一种容忍度更高的策略。可以设计基于 Reed-Solomon 算法的单 striped（包含 12 个数据块和 4 个校验块），cell 大小为 128KB。自定义如下：

```
<configuration>
  <layoutversion>1</layoutversion>
```

```
  <schemas>
    <schema id="RSk12m4">
      <codec>rs</codec>
      <k>12</k>
      <m>4</m>
      <options></options>
    </schema>
  </schemas>
  <policies>
    <policy>
      <schema>RSk12m4</schema>
      <cellsize>131072</cellsize>
    </policy>
  </policies>
</configuration>
```

2）动态添加 EC 策略。无须停服务，执行如下命令：

```
// 添加 EC 策略,注意,模板所在路径要填写绝对路径
./bin/hdfs ec -addPolicies -policyFile /home/zhujianghua/hadoop/hadoop-3.3.4/etc/hadoop/us-
er_ec_policies.xml
// 添加成功
Add ErasureCodingPolicy RS-12-4-128k succeed.
```

3）检查是否可用。

```
./bin/hdfs ec -listPolicies
// EC 策略列表
Erasure Coding Policies:
ErasureCodingPolicy=[Name=RS-10-4-1024k, Schema=[ECSchema=[Codec=rs,
numDataUnits=10, numParityUnits=4]], CellSize=1048576, Id=5], State=DISABLED
ErasureCodingPolicy=[Name=RS-12-4-128k, Schema=[ECSchema=[Codec=rs,
numDataUnits=12, numParityUnits=4, options=]], CellSize=131072, Id=66],
State=DISABLED
......
// 启用 RS-12-4-128k
./bin/hdfs ec -enablePolicy -policy RS-12-4-128k
```

对于 EC 策略的使用，这里沿用了继承关系，也就是说子目录会行使距离自己最近的父级目录 EC 策略。如果想更改旧数据的存储方式，可用选择 Mover 或 Balancer 工具。

9.3.2 常见 EC 算法介绍

得益于其高效的编码容错算法，EC 能够确保多数情况下数据不发生丢失。当一部分数据块丢失时，可以通过剩余的数据块和校验块计算并恢复完整数据。通常将生成校验码的过程叫编码，依据校验码恢复源数据块的过程叫解码。

1. XOR

XOR 代表异或运算。将数据 X 与数据 Y 通过 XOR 运算生成校验码，其特点是对一个值连续进行

两次 XOR，会返回值本身。异或运算规则见表 9-3。

表 9-3　异或运算规则

X	Y	X⊕Y
0	0	0
0	1	1
1	0	1
1	1	0

```
数据 X:1  0  1  1
数据 Y:0  1  0  0
X XOR Y:1  1  1  1
```

这里的数据 X 和数据 Y 是源数据，异或计算得出的值就是校验码。当任意一份数据丢失时，可以通过另外一份数据和校验码再次做异或运算找回。例如，数据 X 第 3 位丢失（1　0　?　1），数据 Y⊕校验码为：

```
  1 1 1 1
    ⊕
  0 1 0 0
———————————
  1 0 1 1
```

XOR 编码算法存在一定不足，当丢失的数据超过 1 位时，则无法恢复。例如，若数据 X 与数据 Y 的第 2 位都丢失，则无法找回源数据，因为不能正确确定丢失位是 0 还是 1。

由此可见，XOR 码适用于出错数据较少的场景，且只允许一个数据出错。因此在实践生产中，应用 Reed-Solomon 编码算法较为常见。

2. Reed-Solomon

利用线性代数计算生成多个奇偶校验值，可以承受源数据多处出错。理解 Reed-Solomon 算法前需要首先了解以下必备内容。

- K：代表源数据块的个数。
- M：代表生成校验块的个数，因源数据而来。
- GT：编码生成矩阵，用于在编码过程中和源数据结合。通常是固定数据结构。
- GTI：解码逆矩阵，用来还原丢失数据，根据 GT 而得。

在应用 Reed-Solomon 时，通常简称 RS（K，M）。意思是将 K 个数据块的向量与 GT 相乘，得到一个码值，这个码值由 K 个数据块和 M 个校验块组成。如果某个数据块丢失，可以用 GTI 来还原丢失的源数据。RS（K，M）最多可以容忍 M 个块丢失，包括数据块和校验块。

这里举例来讲解 RS 编解码的过程。

1）假设有 3 个源数据块，具体如下：

$$\begin{bmatrix}1\\3\\5\end{bmatrix}$$

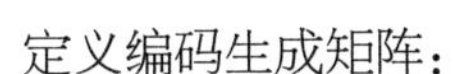

定义编码生成矩阵：

$$\begin{bmatrix}1 & 0 & 0\\0 & 1 & 0\\0 & 0 & 1\\1 & 2 & 3\\2 & 4 & 9\end{bmatrix}$$

2）根据向量公式，计算码值。

$$\begin{bmatrix}1 & 0 & 0\\0 & 1 & 0\\0 & 0 & 1\\1 & 2 & 3\\2 & 4 & 9\end{bmatrix}\times\begin{bmatrix}1\\3\\5\end{bmatrix}=\begin{bmatrix}1\\3\\5\\22\\59\end{bmatrix}$$

这里计算得到的［1、3、5、22、59］即为 K+M 个源数据和校验码的组合，其中校验码为［22、59］。如果有部分数据丢失，应该如何恢复？假设 K 个数据块和 M 个校验块均丢失一个，即码值为：

$$\begin{bmatrix}1\\?\\5\\?\\59\end{bmatrix}$$

3）构建解码逆矩阵，可结合已知码值获得。

$$\begin{bmatrix}1 & 0 & 0\\0 & 0 & 1\\2 & 4 & 9\end{bmatrix}\Rightarrow\begin{bmatrix}1 & 0 & 0\\-0.5 & -2.25 & 0.25\\0 & 1 & 0\end{bmatrix}$$

4）逆矩阵与可用码值做线性计算，得到源数据。

$$\begin{bmatrix}1 & 0 & 0\\-0.5 & -2.25 & 0.25\\0 & 1 & 0\end{bmatrix}\times\begin{bmatrix}1\\5\\59\end{bmatrix}=\begin{bmatrix}1\\3\\5\end{bmatrix}$$

恢复数据的过程主要是利用了 GT * GTI=E 的原则来解决实际问题（E 为单位矩阵）。

在 Reed-Solomon 算法中，通过设置 K 和 M 的值，可以灵活调整数据存储效率。以默认的 RS-6-3-1024k 为例，可以同时容忍 3 个存储数据的 DataNode 故障，而且还降低了存储开销。

9.3.3 EC 读写解析

HDFS 实现 EC 特性后，和 EC 有关的数据读写会不同于多副本。理解其工作原理将有助于大家更好地认识和应用 EC。

1. EC 策略维护

集群主要从两个方面来管理和 EC 有关的策略：①集中式管控策略开启；②将策略作用于具体文件。

（1）Namenode 集中管控策略

Namenode 启动时，会加载默认支持的 EC 策略，通过 ErasureCodingPolicyManager 管理。其主体结构如下：

```
// EC 策略和名称映射
Map<String, ErasureCodingPolicyInfo> policiesByName;
// EC 策略和 id 映射
Map<Byte, ErasureCodingPolicyInfo> policiesByID;
// 所有已持久化到 FsImage 文件中的策略
Map<Byte, ErasureCodingPolicyInfo> allPersistedPolicies;
// 已启用的 EC 策略
Map<String, ErasureCodingPolicy> enabledPoliciesByName;
```

从这里可以看出，所有的 EC 策略及其状态都会持久化到 FsImage 中，即使集群发生故障，待恢复后仍旧保持最新的状态。ErasureCodingPolicyInfo 是对具体策略信息和状态的封装。

EC 策略信息通过 ErasureCodingPolicy 实现。

```
// EC 策略名称
String name;
// 模板
ECSchema schema;
// 条带 cell 大小
int cellSize;

这里最重要的就是定义的 ECSchema。
ECSchema {
  // 该策略使用'RS'编码还是'XOR'编码算法
  String codecName;
  // 数据块数量(K)
  int numDataUnits;
  // 校验块数量(M)
  int numParityUnits;
}
```

EC 策略状态定义通过 ErasureCodingPolicyState 实现。

目前共定义了 3 种使用过程中的状态：

- DISABLED：策略已禁用，默认状态。
- ENABLED：策略已启用，只有处于启用中的策略，才可以被作用于文件或目录。
- REMOVED：策略已被标识为删除，当然不会真正删除，只是一种逻辑处理而已。

（2）文件映射具体策略类型

当对某个目录设置为具体的 EC 策略存储时，该策略会加入至文件或目录属性中，并被持久化。HDFS 对文件属性的记录主要放在 INodeWithAdditionalFields 中：

```
// 保存和 INode 有关的属性
Feature[] features = EMPTY_FEATURE;
```

EC 策略会被添加到 features 中，属性 key 是 system.hdfs.erasurecoding.policy，其值对应具体策略

名称。

2. EC数据写入机制

EC数据的写入是站在“前辈”的基础上。大家知道，在保存多副本数据时，由DFSOutputStream驱动，DataStreamer通过Pipeline不断地将Packet传递给DataNode。切换EC后，这种机制被保留了下来，不同的地方在于，DFSStripedOutputStream取代了DFSOutputStream，StripedDataStreamer取代了DataStreamer。同时，DFSClient并行和多个DataNode交互。工作原理如图9-6所示。

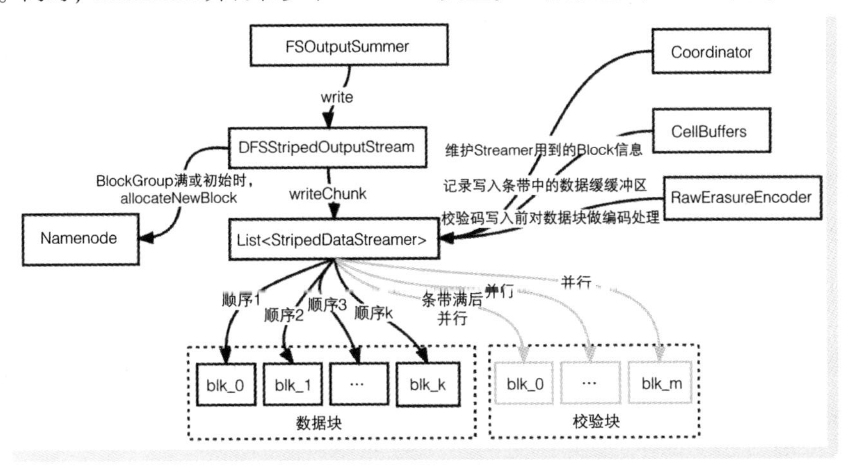

● 图9-6 Client写入EC数据机制

这个过程中最关键的是Client侧处理，将重点介绍。在生产数据前，Client需要告知Namenode完成创建和INodeFile相关的元数据信息，这主要是通过DFSClient#create()来完成的，Client根据返回的结果构建对应的OutputStream：

```
// 如果符合 EC 策略
if(stat.getErasureCodingPolicy() != null) {
  out = new DFSStripedOutputStream(dfsClient, src, stat,
    flag, progress, checksum, favoredNodes);
} else {
    out = new DFSOutputStream(dfsClient, src, stat,
      flag, progress, checksum, favoredNodes, true);
}
```

在构建DFSStripedOutputStream的过程中，会依次完成对RawErasureEncoder、Coordinator、CellBuffers,以及StripedDataStreamer数组的初始化。其中，RawErasureEncoder负责对数据块的编码；Coordinator用于协调StripedDataStreamer在传输数据过程中需要的存储信息，主体结构如下：

```
// StripedDataStreamer 即将要写入的同一 Block Group 中的 Block
MultipleBlockingQueue<LocatedBlock> followingBlocks;
// 分配 Block Group 前的同步 Block 数组,用于确保前一个 Block Group 已经全部完成写入
MultipleBlockingQueue<ExtendedBlock> endBlocks;
```

除了这些，Coordinator还会记录数据传输中产生的错误。CellBuffers担任在生成Striped过程中的

数据块和校验块缓冲区。数据传递前，通常会提前初始化与数据块和校验块总数量一致的 StripedDataStreamer，该结构非常重要，负责维护 Client 与副本节点的连通性及数据传输流。数组中的对象会有一个唯一的 index，用于关联 Striped 和 Coordinator 中的位置。数据传输及确认流程沿用 DataStreamer。

```
class StripedDataStreamer extends DataStreamer {
  private final Coordinator coordinator;
  private final int index;
}
```

以上是对一些重要结构的说明，接下来继续介绍 Client 传输 Striped 的细节。

- 数据块生产：当 Client 生产的数据量达到一个 Checksum，会先临时放入 CellBuffers 第 1 个 ByteBuffer 中，直到该 ByteBuffer 保存的数据达到 cell 大小；之后会依次放入第 2 个 ByteBuffer、第 3 个……注意，此时只会占用 CellBuffers 中前 M 个对象。
- BlockGroup Id 构建：数据发送给 DataNode 前，从 Namenode 申请新 Block 信息是必需的，不同的是这里以 BlockGroup 的方式构建 id，因为 BlockGroup 包含多个写入的 Block 文件。SequentialBlockGroupIdGenerator 自增生成 Block id 的方法：

```
// 生成 Block Group id
  public long nextValue() {
    // 跳过 1 位
    skipTo((getCurrentValue() & ~BLOCK_GROUP_INDEX_MASK) + MAX_BLOCKS_IN_GROUP);
    final Block b = new Block(getCurrentValue());
    // 判断 id 是否已经存在
    while (hasValidBlockInRange(b)) {
      // 每次跳过 16 位
      skipTo(getCurrentValue() + MAX_BLOCKS_IN_GROUP);
      b.setBlockId(getCurrentValue());
    }
    ......
}
```

可以看到，每次 Namenode 连续两次构建 BlockGroup id 会间隔 16 位，这是有效保障 Block id 不重复的重要手段。例如，某次生成的 id 为-9223372036854775680，下一次则为-9223372036854775664。目前 EC 数据对应的 Block id 均为负数。作者在这里有两个疑问要读者思考：①如果自定义 EC 策略，且数据块和校验块数量都超过 16，是否存在 Block id 重复的可能？②如果存在大量小文件，id 数值会使用极少，是否存在浪费的可能？

因为服务端已经处理过 BlockGroup id，Client 在拿到这个起始值之后，即可自行构建属于本 BlockGroup 内在的 Block。

```
// 构建 Block Group 内在 Block,idxInBlockGroup:Group 内索引
ExtendedBlock constructInternalBlock(ExtendedBlock blockGroup,
      int cellSize, int dataBlkNum, int idxInBlockGroup) {
    ExtendedBlock block = new ExtendedBlock(blockGroup);
```

```
  // 起始 id+Group 索引
  block.setBlockId(blockGroup.getBlockId() + idxInBlockGroup);
  ......
  return block;
}
```

以 RS-6-3-1024k 为例，从集群获取的 id 为-9223372036854775680，构建的 BlockGroup 内 Block：[blk_-9223372036854775680,blk_-9223372036854775679,blk_-9223372036854775678,blk_-9223372036854775677,blk_-9223372036854775676,blk_-9223372036854775675,blk_-9223372036854775674,blk_-9223372036854775673,blk_-9223372036854775672]。这些内在 Block 会赋予每一个 DFSStripedOutputStream 对象和 Coordinator。

- 数据传输：Client 将数据传递给 DataNode 沿用了原有机制。也就是说生产的数据进入某个 ByteBuffer，会很快由对应的 StripedDataStreamer 异步消费。通常情况下，多个数据块对应的 StripedDataStreamer 不会并行工作，因为数据生产存在先后顺序，且数据传递给 DataNode 节点后不会马上删除。待同一个 Striped 中的数据块全部被消费完后，随即进入校验码生成阶段，由同 Striped 中的数据块作为源，校验码填充到剩余 ByteBuffer。

对于校验码的生成，目前 HDFS 支持两种不同的编码实现：一种是默认以 Java 实现，如 RSRawEncoder、XORRawEncoder；另外是利用更加高效的 Intel ISA-L 类库，需要本地 CPU 计算指令集的支持，XOR 和 RS 算法都已经实现，如 NativeRSRawEncoder、NativeXORRawEncoder。基于 ISA-L 类库编码的效率比普通 Java 实现的版本要高得多，若要启用，可参考如下方法：

1）本地建立 ISA-L 库，详情可查看 https://github.com/01org/isa-l/。

2）编译打包 Hadoop 部署包，查看 https://github.com/apache/hadoop/blob/trunk/BUILDING.txt 中 “Intel ISA-L build options” 部分内容。

3）指定特定编码实现。配置如下：

```
<property>
  <name>io.erasurecode.codec.rs.rawcoders</name>
  <!-- 配置说明:第 1 优先,第 2 优先 -->
  <value>rs_native,rs_java</value>
</property>
```

以 RS-6-3-1024k 为例，介绍 Java 实现的编码原理。实现校验码最重要的是对向量矩阵的描述。GT 是根据 K 和 M 来动态绘制的，命名为 encodeMatrix，见表 9-4。

表 9-4　GT 矩阵结构

数据块 / 校验块	1	2	3	…	k
1	1				
2		1			
3			1		

（续）

校验块＼数据块	1	2	3	…	k
⋮				1	
k					1
k+1	GF256#gfInv(k+1 ^ 0)	GF256#gfInv(k+1 ^ 1)	GF256#gfInv(k+1 ^ 3)		GF256#gfInv(k+1 ^ k)
k+2	GF256#gfInv(k+2 ^ 0)	GF256#gfInv(k+2 ^ 1)	GF256#gfInv(k+2 ^ 3)		GF256#gfInv(k+2 ^ k)
⋮					
k+m	GF256#gfInv(k+m ^ 0)	GF256#gfInv(k+m ^ 1)	GF256#gfInv(k+m ^ 3)		GF256#gfInv(k+m ^ k)

通常每种 EC 策略对应的 encodMatrix 是固定的，有兴趣的读者可以查阅 GF256 加密方法。从encod Matrix 可以看出，校验码值前 k 个元素就是数据块，只需要计算剩余 m 个块即可。而得到最终的校验码前还需构建一个动态的数据输入矩阵，由 encodMatrix 而来，命名为 gfTables，见表 9-5。

表 9-5　gfTables 结构

校验块＼数据块	1	2	3	…	k
1	GF256. gfVectMulInit (encodeMatrix [1, 1])+32	GF256. gfVectMulInit (encodeMatrix [1, 2])+32	GF256. gfVectMulInit (encodeMatrix [1, 3])+32		GF256. gfVectMulInit (encodeMatrix[1,k])+32
2	GF256. gfVectMulInit (encodeMatrix [2, 1])+32	GF256. gfVectMulInit (encodeMatrix [2, 2])+32	GF256. gfVectMulInit (encodeMatrix [2, 3])+32		GF256. gfVectMulInit (encodeMatrix[2,k])+32
⋮					
m	GF256. gfVectMulInit (encodeMatrix [m, 1])+32	GF256. gfVectMulInit (encodeMatrix [m, 2])+32	GF256. gfVectMulInit (encodeMatrix [m, 3])+32		GF256. gfVectMulInit (encodeMatrix[m,k])+32

计算校验码就是使用 CellBuffers 中前 k 个 ByteBuffer 对象与 gfTables 做向量计算，填充剩余的 m 个 Block。计算过程在 RSUtil#encodeData()，可以发现 m 个校验码中都存在一部分数据块内容，增强了数据的完整性。为了提升编解码性能，目前 Java 实现版本也参考了 Intel ISA-L 类库。

至此，整个 Striped 的数据均生成完成，校验码可以并行发送到不同的 DataNode 节点。如果有新数据继续写入，会开启新 Striped 周期。一旦本 BlockGroup 完成，Client 会申请新 BlockGroup id。

3. 使用注意事项

使用 EC 存储数据的好处是显而易见的。但在实践使用上也提出了其他要求：

- 在编解码过程中，不可避免地需要消耗更多 Client 和集群的 CPU 资源。
- 读写 EC 数据都是同时访问多个 DataNode 节点，对网络稳定性有一定要求。

- 当前对 EC 数据的要求是机架级容错，以 RS-6-3-1024k 为例，集群部署节点的机架推荐在 9 个以上。若机架数较少，集群会默认为容错级别降低，这一点尤为重要。

如果集群存储较多的小文件，会产生 3 个问题：①定义的 Striped 内数据块数量不会用满，浪费 Block id 资源；②副本大小不会填满 block size，节点会存在大量小文件类型的副本，这时需要注意 OS 文件限制；③如果大量的文件只有 1~2 个数据块，同时又有多个校验块，此时 Striped 包含的文件数量可能比 3 副本文件数量还要多，那么降低存储成本的效果就会打折扣。从这一点也可看出，EC 适合存储大文件。

对于 EC 数据而言，因其特殊的存储方式，也存在一些技术挑战。一些对于多副本来说很容易做到的处理，在 EC 格式下则不支持，包括 hflush、hsync、concat、setReplication、truncate 和 append。在应用时需要留意这些操作。

HDFS Erasure Coding 推出已经有一段时间了，目前实现的属于新版本，由 Intel 和 Cloudera 同行联合贡献，作者在此由衷敬佩他们的敬业度和专业性。在早期时候，Facebook 也推出过基于 RAID 实现的 EC，非常具有影响力。虽然是早期方案，但其蕴含的设计思想值得学习，有兴趣的读者可自行查阅资料。

9.4 数据迁移

数据迁移通常是因为业务或环境发生变化，将数据从一个存储位置转移到另一个位置。转移过程往往涉及跨集群、跨机房，甚至存储格式变更。在日常集群维护过程中，有多种需要迁移数据的场景：

- 冷热集群中不同层级间发生的数据转移与同步。
- 集群数据整体迁移。通常有两种情况：①随着业务的发展，本着降低存储成本的目的，将数据全部转移到成本更低的机房；②为了应对未来的发展，业务全部转移到资源更加充足的集群。
- 集群间数据同步。例如，较为重要的数据需要在 A、B 两个集群上各存储一份，用作备份，此时可以选择增量或全量的方式实施。

9.4.1 DistCp 迁移

DistCp（Distributed Copy）是 HDFS 默认支持的用于在大规模集群间或集群内复制数据的工具。它使用 MapReduce 分发文件，能够兼顾错误处理和恢复，并生成报告。其工作流如图 9-7 所示。

DistCp 能够同时支持全量数据复制与增量同步，并且能灵活控制复制流速，通过校验机制保证数据在迁移过程中的完整性。

1. 迁移实例

命令使用说明如下：

```
./bin/hadoop distcp -help
// 输出
usage: distcp OPTIONS [source_path...] <target_path>
```

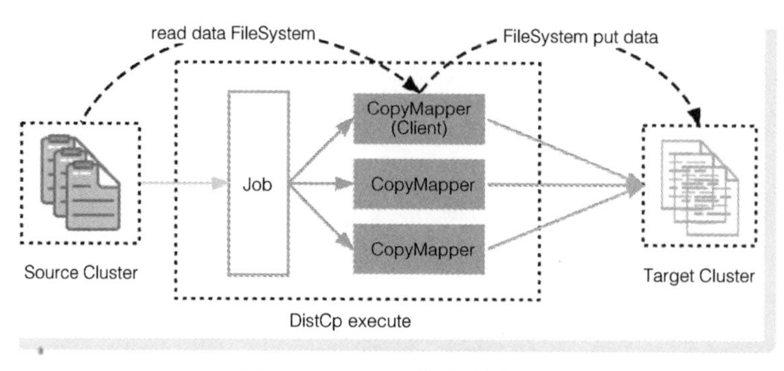

● 图 9-7　DistCp 复制数据流程

help 会提示一些重要的可选项及其作用描述，用于在不同迁移场景下的合理搭配应用。作者在这里做了汇总：

- -append：重用目标文件中的现有数据，并在可能的情况下将新数据附加给它们。
- -async：DistCp 执行过程中遇到异常阻塞。
- -atomic：提交所有更改，要么不提交。
- -bandwidth <arg>：以 MB 为单位设定 Map 的带宽速度。
- -blocksperchunk <arg>：如果设置为正值，则块数超过此值的文件将被拆分为 <blocksperchunk> 块的块，以并行传输，并在目标上重新组合。默认情况下，<blocksperchunk> 为 0，文件将完整传输而不会拆分。此开关仅在源文件系统实现 getBlockLocations 方法且目标文件系统实现 concat 方法时适用。
- -copybuffersize <arg>：定义的复制缓冲区的大小，默认情况下<copybuffersize>是 8192B。
- -delete：从目标集群中删除源集群中缺少的文件。仅适用于-update 或-overwrite 选项。
- -diff <arg>：使用源 Snapshot 差异结果来识别源集群和目标集群之间的差异。
- -f <arg>：需要复制的源集群中的文件列表。
- -filelimit <arg>：已弃用。
- -filters <arg>：要过滤的文件列表。
- -i：复制数据期间忽略失败。
- -log <arg>：保存 DistCp 执行时的日志留存目录。
- -m <arg>：复制数据过程最大并发数量。
- -numListstatusThreads <arg>：构建文件列表的线程数。
- -overwrite：无条件覆盖目标文件，即使文件存在。
- -p <arg>：保留状态（rbugpcaxt）（复制、块大小、用户、组、权限、校验和类型、ACL、XATTR、时间戳）。如果 -p 未指定 <arg>，则保留复制、块大小、用户、组、权限、校验和类型和时间戳。当源路径和目标路径都在 /.reserved/raw 层次结构中（仅限 HDFS）时，raw.* xattrs 将被保留。raw.* xattrpreservation 独立于 -p 标识。

- -rdiff <arg>：使用目标 Snapshot 差异结果来识别对目标集群做得更新。
- -sizelimit <arg>：已弃用。
- -skipcrccheck：是否跳过源路径和目标路径之间的 CRC 校验。
- -strategy <arg>：复制策略，默认是按照文件大小划分。
- -tmp <arg>：原子提交的中间结果路径。
- -update：仅复制目标集群中丢失的数据。
- -v：在“跳过/拷贝”的日志中记录其他信息。

举个例子：

（1）将 1 个源集群中的数据复制到另外一个目标集群

```
使用方法：./bin/hadoop distcp [源集群路径] [目标集群路径]
./bin/hadoop distcp hdfs://ns-cluster11/user/history
hdfs://ns-cluster12/user/history
```

将 ns-cluster11 集群中目录/user/history 复制到 ns-cluster12 集群下。

（2）指定多个源目录数据集复制到另外一个目标集群

```
使用方法：./bin/hadoop distcp [源集群路径 1] [......] [源集群路径 n] [目标集群路径]
./bin/hadoop distcp hdfs://ns-cluster11/user/history
hdfs://ns-cluster11/user/zhujianghua hdfs://ns-cluster12/user1/history
```

将 ns-cluster11 集群中/user/history 和/user/zhujianghua 数据目录复制到 ns-cluster12 集群。

上面这两种迁移方式，如果中途发生错误，DistCp 会终止执行，同时会跳过目标集合中已经存在的文件。任务执行完成后，会生成一份较为细致的报告：

```
2022-09-22 16:10:51,021 INFO org.apache.hadoop.mapreduce.Job: Job
job_local1494272244_0001 completed successfully
2022-09-22 16:10:51,039 INFO org.apache.hadoop.mapreduce.Job: Counters: 23
    File System Counters
        FILE: Number of bytes read=175183
        FILE: Number of bytes written=681945
        FILE: Number of read operations=0
        FILE: Number of large read operations=0
        FILE: Number of write operations=0
        HDFS: Number of bytes read=0
        HDFS: Number of bytes written=0
        HDFS: Number of read operations=13
        HDFS: Number of large read operations=0
        HDFS: Number of write operations=1
    Map-Reduce Framework
        Map input records=3
        Map output records=2
        Input split bytes=169
        Spilled Records=0
        Failed Shuffles=0
        Merged Map outputs=0
        GC time elapsed (ms)=0
```

```
        Total committed heap usage (bytes)=1436549120
    File Input Format Counters
        Bytes Read=601
    File Output Format Counters
        Bytes Written=103
    DistCp Counters
        Bytes Skipped=122127
        DIR_COPY=1
    Files Skipped=2
```

（3）更新和覆盖

有时源数据集和目标集群文件内容有差异，可以通过增加-update 或-overwrite 参数进行特性化迁移。

- -update：当目标集群中的文件和源数据集有差异时，目标文件会被更新。这些差异包括文件内容不同、长度不匹配、版本不同、文件缺失等。
- -overwrite：无论源文件和目标文件是否有差异，直接覆盖内容。

1）更新式迁移如下。

```
./bin/hadoop distcp -update hdfs://ns-cluster11/user/history
hdfs://ns-cluster12/user/history
```

可以看到 ns-cluster12 集群相关路径下已经存在的文件未发生变化，时间仍旧停留在上一次的迁移时间。

2）覆盖式迁移如下。

```
./bin/hadoop distcp -overwrite hdfs://ns-cluster11/user/history
hdfs://ns-cluster12/user/history
```

任务执行完成后，发现目标集群中的文件已全部更新过，无论文件内容是否有变化。

（4）增量迁移

使用-diff 选项，可以实现复制、重命名和删除源集群和目标集群有差异的文件，通常用来同步状态不一致的目标数据集。和-update 一起搭配使用，可以实现增量迁移。需要说明的是，在执行复制前，需要提前对源数据生成 Snapshot。

```
使用方法：
a.对源数据集创建 Snapshot
./bin/hdfs dfsadmin -allowSnapshot [源数据集]
./bin/hdfs dfs -createSnapshot [源数据集] snap1

b.对目标数据集创建 Snapshot
./bin/hdfs dfsadmin -allowSnapshot [目标数据集]
./bin/hdfs dfs -createSnapshot [目标数据集] snap1

c.源数据集更新了部分数据
d.对源数据集创建 Snapshot
./bin/hdfs dfs -createSnapshot [源数据集] snap2
```

```
e.同步数据
./bin/hadoop distcp -update -diff snap1 snap2 [源数据集] [目标数据集]

// 对源数据集创建 Snapshot(ns-cluster11)
./bin/hdfs dfsadmin -allowSnapshot /user/history
./bin/hdfs dfs -createSnapshot /user/history snap1

// 对目标数据集创建 Snapshot(ns-cluster12)
./bin/hdfs dfsadmin -allowSnapshot /user/history
./bin/hdfs dfs -createSnapshot /user/history snap1

// 期间/user/history 有过更新
//迁移前对源数据再次创建 Snapshot
./bin/hdfs dfs -createSnapshot /user/history snap2

// 数据同步
./bin/hadoop distcp -update -diff snap1 snap2 hdfs://ns-cluster11/user/history
hdfs://ns-cluster12/user/history
```

注意，在使用-diff和-update迁移前需要对源数据和目标数据创建相同名称的Snapshot，否则无法达到数据同步的效果。建议每次迁移完成后，同步创建Snapshot，避免遗漏。

在增量迁移过程中，-append也是常用选项，作用是对目标数据集中某些文件有新的追加内容情况下的更新。

(5) 控制迁移性能

在迁移过程中，如果待处理的数据量过大，可能在一段时间内占用较多带宽，影响正常业务的访问，因此有必要根据当前集群资源合理调整迁移速度。这里列举一些调控配置：

```
// 迁移过程中,设置 Map 数量最多为 10
./bin/hadoop distcp -m 10 hdfs://ns-cluster11/share  hdfs://ns-cluster12/share
// 设置 Map 数量最多 10,每个 Map 带宽 20MB
./bin/hadoop distcp -m 10 -bandwidth 20 hdfs://ns-cluster11/share
hdfs://ns-cluster12/share
```

2. 原理解析

当前，对DistCp的应用已经十分广泛。正所谓知其然，还需知其所以然，为了更加高效地使用迁移工具，有必要进一步认识其运行原理。整个任务执行期间包含三部分，下面一一介绍。

(1) 迁移前准备

1) 构建DistCpContext。DistCpContext是整个迁移任务的上下文，DistCpOptions保存任务所需的配置和中间结果。DistCpOptions有几个较为重要的属性：

```
// 记录包含要复制的文件路径,供 Map 任务提取
    Path sourceFileListing;
// 要复制到目标集群的文件列表
List<Path> sourcePaths;
// 目标集群路径
Path targetPath;
```

2）检查目标路径是否存在，并查看是否指定过-blocksperchunk 大小，如果指定过，则会影响接下来的文件拆分。

3）创建任务工作过程中临时工作目录 metaFolderPath，主要针对源数据。这里有两种路径类别：①在本地构建的工作路径，默认/tmp/hadoop/mapred/staging/{user}/{随机数}/.staging/_distcp {随机数}；②如果是在 Yarn 运行，路径为/tmp/hadoop-yarn/staging/{user}/. staging/_distcp {随机数}。metaFolderPath 路径为“file//”或“hdfs//”决定了 DistCp 的工作模式。

4）创建 MapRed Job。在实际运行过程中，只有搬运数据环节，因此无须设置 Reduce。

```
String jobName = "distcp";
String userChosenName = getConf().get(JobContext.JOB_NAME);
if (userChosenName != null)
  jobName += ": " + userChosenName;
Job job = Job.getInstance(getConf());
// 设置 Job 名称
job.setJobName(jobName);
// 设置文件拆分策略
job.setInputFormatClass(DistCpUtils.getStrategy(getConf(), context));
job.setJarByClass(CopyMapper.class);
configureOutputFormat(job);
// Map 类型为 CopyMapper
job.setMapperClass(CopyMapper.class);
job.setNumReduceTasks(0);
job.setMapOutputKeyClass(Text.class);
job.setMapOutputValueClass(Text.class);
job.setOutputFormatClass(CopyOutputFormat.class);
job.getConfiguration().set(JobContext.MAP_SPECULATIVE, "false");
// 设置 Map 任务数量
job.getConfiguration().set(JobContext.NUM_MAPS,
            String.valueOf(context.getMaxMaps()));
```

5）解析待复制的源数据文件，主要目的就是从指定的源集群路径中找出符合条件的文件。有多种策略：

- SimpleCopyListing：在指定的输入路径下找到所有文件/目录列表，不处理任何通配符。
- GlobbedCopyListing：通过“globbing”所有指定的路径（包含通配符），找出路径下的文件或目录。
- FileBasedCopyListing：可以迭代指定输入路径，并提取路径下的文件或目录。

在这个环节中，要先从源路径遍历所有的文件，然后将可用文件追加写入到{metaFolderPath}/fileList.seq 路径下。由于源数据集内容可能会比较多，这里采用了多线程异步访问 fileList.seq 文件。在实践中，通过如下配置控制：

```
<property>
  <name>distcp.liststatus.threads</name>
  <value>1</value>
</property>
```

经过上面的处理，在 fileList.seq 中保存的文件可能是凌乱的，此时对其重新排序能更好地掌控迁移。排序后的路径在 {metaFolderPath}/fileList.seq_sorted 文件中。

如果 dist 命令中指定了-diff 或-rdiff，需要对比 Snapshot 间的差异，并从这些差异中挑选出正确的文件。

(2) 执行数据迁移

经过前面的准备工作，可以提交 Job 执行了。该过程主要分为两步：

1) 均衡拆分待处理的文件分为 m 份，与 Map 数量一致。方法是在 UniformSizeInputFormat 中顺序 (SequenceFile.Reader) 读取 {metaFolderPath}/fileList.seq_sorted 中的内容，每份包含若干 FileSplit。如果有设置过-blocksperchunk，会将大文件进一步拆分。

这些拆分完成的 FileSplit 会在 MapReduce 内部机制下分配给对应的 CopyMapper。

2) CopyMapper 并行执行。考虑到复制数据时难免出现异常，因此这里采用重试的方式：

- RetriableDirectoryCreateCommand：在目录数据集中创建对应的目录。
- RetriableFileCopyCommand：复制源数据集文件内容到目标数据集。

复制数据的过程：通过 FSDataInputStream 从源集群读出文件流，然后通过 FSDataOutputStream 写入目标集群。中途会记录已处理的数据大小和 checksum，直到对文件处理完成才是成功。就这样 CopyMapper 逐个处理每个文件。

CopyMapper 在选择复制文件时会经过多种过滤，只有满足以下情况之一，才会被选中：

- 目标数据集不存在同名文件。
- 目标数据集存在同名文件，但文件大小不同。
- 目标数据集存在同名文件，但 checksum 不同。
- 目标数据集存在同名文件，指定了-overwrite 选项。
- 目标数据集存在同名文件，但 Block 不同（在需要保留的情况下）。

复制数据的过程可以设置阻塞，直到 DistCp 执行完成。

(3) 任务清理

无论任务执行是否成功，最后都会清理 metaFolder 工作目录。

3. DistCp 与对象存储

HDFS DistCp 还适用于与对象存储间互相传输数据，如 Amazon S3、Azure WASB、OpenStack Swift 和 COS。

使用前提：

- 某些对象存储可能有一些特有的用法或实现，需要提前将资源文件（如 Jar 及必须的依赖项）放在本地环境并生效。
- 在和某些对象存储传输数据前，有时需要手动注册到对应的控制中心，请提前修改客户端配置及声明。
- 注意访问第三方集群是否需要凭证。

这里列举一些对象存储的配置参考指南：

- Amazon S3：https://hadoop.apache.org/docs/stable/hadoop-aws/tools/hadoop-aws/index.html。

- Azure WASB：https://hadoop.apache.org/docs/stable/hadoop-azure/index.html。
- OpenStack Swift：https://hadoop.apache.org/docs/stable/hadoop-openstack/index.html。
- COS：https://hadoop.apache.org/docs/stable/hadoop-cos/cloud-storage/index.html。

如果以上链接失效，可以在 Hadoop 3.x 源码 hadoop-cloud-storage-project 和 hadoop-tools 子模块中找到。

以下是 DistCp 应用部分对象存储的方法。

1）HDFS 与 S3。

```
// 将 HDFS 中的数据上传到 S3
./bin/hadoop distcp -direct hdfs://[hdfs 集群]/datasets/set
s3a://[bucket]/datasets/set
// 从 S3 下载
./bin/hadoop distcp s3a://[bucket]/datasets/set hdfs://[hdfs 集群]/results
```

2）HDFS 与 WASB。

```
// 将 HDFS 中的数据上传到 wasb
hadoop distcp hdfs://[hdfs 集群]/datasets/set wasb://[wasb 系统访问地址]/set
```

3）HDFS 与 COS。

```
// 将 HDFS 中的数据上传到 COS
hadoop distcp hdfs://[hdfs 集群]/datasets/set cosn://[bucket]/set
// 从 COS 系统下载数据
hadoop distcp cosn://[bucket]/set hdfs://[hdfs 集群]/results
```

由于对象存储系统有一些自有的标准体系，在使用 DistCp 工具时，某些可选项不一定完全适配。下面是需要注意的地方：

- 不支持-append 选项。
- 不支持-diff 和 rdiff 选项。
- 复制文件数据时，不会执行 CRC 检查。
- 设置-p 选项时，通常会被忽略。
- 在设定-atomic 选项后，不保证一定会提交或增加在结束时提交的时间。
- 一些对象存储连接器提供内部缓存选项，在复制大文件时可能会触发内存不足等现象。

这里只是列举部分注意事项，更多详情可以查看各个厂商使用指南。

4. 注意事项及优化

在使用 DistCp 工具时，有一些注意事项：

- 运行 DistCp 工具的节点须同时能与源集群和目标集群通信。
- 源集群和目标集群必须具有相同版本通信协议，或保持向后兼容。
- 当源数据集包含多个数据量差异的文件时，很可能造成类似数据倾斜的现象。即一部分 Map 执行时间非常短，另外一部分则花费很长时间。这跟任务分配有一定关系，默认是静态分配（UniformSizeInputFormat）迁移内容，此时应该采用动态分配（DynamicInputFormat）的方式，迁移速度会提升很多。

```
// 动态分配 Map 使用方法
./bin/hadoop distcp -strategy dynamic -update -append [源数据集] [目标数据集]
```

大文件复制优化。默认情况下，一个文件会交给一个 Map 独立完成迁移，如果文件很大则需要耗时很长。可以考虑采以 Block 方式迁移，将数据量大的文件用多个 Map 并行处理。

```
./bin/hadoop distcp -blocksperchunk [单位文件拆分大小] [源数据集] [目标数据集]
```

除了这些注意点外，HDFS DistCp 还支持 webhdfs、hftp 方式迁移。有兴趣的读者可以自行研究。

9.4.2 FastCopy 迁移

DistCp 迁移数据的方式是物理复制，也就是说目标集群实实在在会创建和源文件一样多的 Block，迁移量大时非常耗时。在实际中，很多集群共享一组 DataNode 节点，使用 DistCp 工具在这些集群间迁移数据时，文件必然会增加很多份冗余副本。最好的方式是只迁移元数据，物理 Block 尽量保持不动。这就是 FastCopy 的工作方式。

1. FastCopy 由来及原理

FastCopy 是 Facebook 公司开源的快速拷贝数据方案，主要目的是在 Federation 模式下提升数据迁移效率，并降低存储成本。Facebook 最初贡献的 patch 是一个初版，基于严谨性考虑，该实现还未被合入社区主干分支。因此，如果读者想试用，需要适配自有版本。作者在此首先介绍 FastCopy 的工作原理，以供大家学习与参考，如图 9-8 所示。

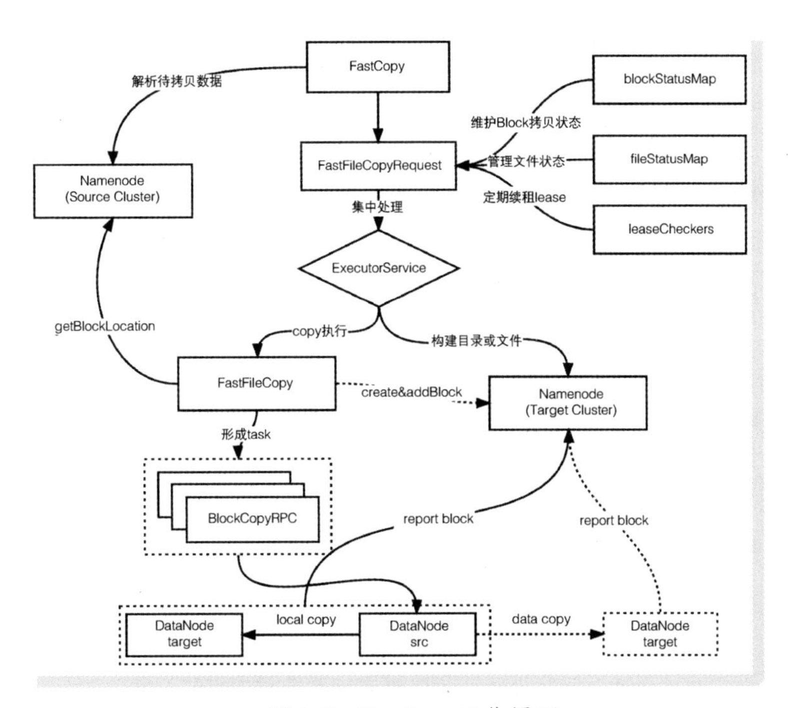

● 图 9-8 FastCopy 工作原理

运行命令如下：

```
./bin/hdfs fastcopy [源路径] [目标路径]
// 使用帮助
usage: Usage : FastCopy [options] <srcs....> <dst>
  -p                    // 是否保留状态
  -t,--threads <arg>  // 拷贝数据线程数
  -update               // 是否保持已存在文件的状态不更新
```

填入正确的参数后开始执行迁移任务。整个运行过程涉及两个阶段：

（1）解析源路径

获取哪些文件应该复制是必须且提前做的一件事，主要从传入的参数中解析源路径包含的所有子目录和文件集。

- 调用源集群 globStatus()，获取源路径下所有子文件和目录路径信息。
- 调用源集群 getFileStatus()，得到上面获取到的每个文件及目录的状态。

最后会分别得到针对文件和子目录的两个迁移关联列表，每个列表包含若干 CopyPath 对象。CopyPath 主体结构如下：

```
// 源路径地址(源集群文件或目录)
Path srcPath;
// 要迁移到的目标路径地址(目标集群)
Path dstPath;
```

在分离的文件集合中其实已经包含途径的目录，这里额外收集到的子目录有特殊用途，因为 HDFS 中有些属性是针对目录设置的，会在接下来的处理中用到。在本阶段，如果待迁移的数据集非常大，对源集群 Namenode 也会有一定影响，因为短时间内会发送大量请求。

（2）执行文件拷贝

接下来就是将上面得到的文件从源集群复制到目标集群，这里处理的方法是以文件为迁移单位，并行处理多个 FastFileCopy 作业单元，中途维护迁移状态。每个 FastFileCopy 包含一个源文件及其对应的目标信息：

```
FastFileCopy implements Callable<CopyResult> {
    // 源路径
    String src;
    // 目标路径
    String destination;
    // 执行文件内 Block 迁移线程
    ExecutorService blockRPCExecutor;
    // 源集群 Namenode 地址
    private final ClientProtocol srcNamenode;
    // 目标集群 Namenode 地址
    private final ClientProtocol dstNamenode;
}
```

默认情况下，允许对 5 个文件并行处理，可以根据集群资源和当前节点负载合理设置“-t”。FastCopy 复制数据的过程和 DistCp 有所不同，DistCp 主要利用现有功能组件完成从源集群读取数据，并推

送给目标集群。而 FastCopy 可以说是构建了整个“客户端”，这样做并非是要刻意强调迁移的复杂性，相反是为了更加轻量的目的。整个迁移过程中，对迁移状态的控制最为重要，下面的一些全局基础结构可以有效保证：

```
// 维护文件在复制过程中的状态，
Map<String, FastCopyFileStatus> fileStatusMap;
// 维护 Block 在复制过程中的状态
Map<ExtendedBlock, BlockStatus> blockStatusMap;
// 维护文件复制过程中在目标集群的 Lease
Map<String, LeaseChecker> leaseCheckers;
```

为了方便理解，这里拆解为对单个文件的处理。迁移流程如下：

1）设置-update 选项，检查目标集群是否存在相同路径的源文件；若存在，则跳过对该文件的进一步处理。

2）构建到目标集群的 LeaseChecker，用于保障本节点到目标集群的写数据正常。该 LeaseChecker 会定期向目标集群 Namenode 续约，且贯穿整个迁移文件生命周期。

```
// 指向目标集群
leaseChecker = new LeaseChecker(this.dstNamenode);
Thread t = new Thread(leaseChecker);
......
t.start();
// 放入 leaseCheckers 集合,authority 是指
leaseCheckers.put(authority, leaseChecker);
```

3）从源集群获取文件所有的 Block 及副本信息 srcBlockList。

4）向目标集群新建目标文件元数据及目标父级目录，和源文件具有一样的属性，包括副本数、权限等。值得说明的是这里采用覆盖模式，也就是说即使是同一文件，每次迁移都会重建。

```
// 新建文件模式
flag = EnumSet.of(CreateFlag.CREATE, CreateFlag.OVERWRITE);
......
EnumSetWritable<CreateFlag> flagWritable = new
EnumSetWritable<CreateFlag>(flag);
// 目标集群创建文件
HdfsFileStatus dstFileStatus = dstNamenode.create(destination, srcFileStatus.getPermission(),
clientName,flagWritable,true,srcFileStatus.getReplication(),srcFileStatus.getBlockSize(),
CryptoProtocolVersion.supported());
```

5）遍历 srcBlockList，逐一执行复制 Block。

① 向目标集群申请新 Block，并携带指定的副本节点。这一步是决定“0”复制物理数据的关键。

```
// favoredNodes 是源 Block 副本位置
destinationLocatedBlock = dstNamenode.addBlock(destination,clientName,
previous, null, dstFileStatus.getFileId(),favoredNodes;
```

② 并行向多目标文件副本节点发送数据复制请求。发送请求前，会对源文件副本和目标文件副本排序，这样做是为了可以一对一复制数据。请求通过 RPC 到达 DataNode#copyBlock()。

在此过程中，会提前初始化 fileStatusMap 和 blockStatusMap。

③ 在复制下一个 Block 前，会等待上一 Block 完成。

6）DataNode 复制副本数据。请求到达 DataNode 后，除了必要的检查外，还需要查看目标节点和源节点是否属于同一实例，这里是结合 DatanodeUuid 判断，然后做进一步处理。

```
// 同一实例,执行“0”复制,使用 Hardlink 关联
if (this.getDatanodeUuid().equals(dstDn.getDatanodeUuid())) {
    result = blockCopyExecutor.submit(new LocalBlockCopy(src, dst));
} else { // 非同一实例,执行物理复制
    result = blockCopyExecutor.submit(new DataCopy(dstDn, src, dst));
}
```

物理复制就是正常的网络迁移，Hardlink 在 HDFS 中可以做到在无须复制真实数据的情况下，实现对物理数据的共享，因此可以节省相同容量的副本空间。创建 Hardlink 的代价比复制数据要小得多。

7）DataNodc 新增副本数据，会很快同步给 Namenode。

8）每次复制完一个 Block，就会更新 blockStatusMap 和 fileStatusMap。文件处理完后，向目标集群调用完成接口。如果文件迁移过程中存在失败，会重试一定次数。

如果执行命令携带-p，代表源数据集的目录属性也需要赋予目标路径下的各级子目录。待所有的文件复制完成后处理。重点是对权限、用户、访问时间等属性设置，多个子目录可并行处理。

2. 使用实践及注意事项

使用 FastCopy 工具的可选项不多，因此在应用上比 DistCp 要更加容易上手。

迁移用例：

```
// 将 ns-cluster11 集群数据迁移到 ns-cluster12 集群,10 线程
./bin/hdfs fastcopy -t 10 hdfs://ns-cluster11/share1 hdfs://ns-cluster12/share1
```

执行成功后，ns-cluster11 和 ns-cluster12 集群都能正常访问已迁移过的数据。查看 DataNode 上的副本，会发现对副本文件的引用会增加 1。

```
    权限   文件引用数 用户   组   大小   时间   文件
-rw-r--r-- 2 zhujianghua zhujianghua 104K 9 月  27 16:29 blk_1084527952
-rw-r--r-- 2 zhujianghua zhujianghua 208K 9 月  27 16:29 blk_1084527952_1067.meta
-rw-r--r-- 2 zhujianghua zhujianghua 104K 9 月  27 16:29 blk_1084527953
-rw-r--r-- 2 zhujianghua zhujianghua 208K 9 月  27 16:29 blk_1084527953_1068.meta
```

经作者实际验证，使用 FastCopy 迁移 40TB 数据，14 分钟即可全部完成（不代表官方数据）。在迁移效率上确实比 DistCp 高出不少，但也有一些需要注意的地方，望各位读者留意：

- FastCopy 工具执行完成后，没有 DistCp 那么完善的报告。
- FastCopy 在功能上可以实现全量迁移，无法增量同步数据。
- 只能是以文件为单位复制，无法实现 Block 级。
- 尽量在源集群和目标集群稳定的时候迁移数据，当集群发生连续 HA 切换时，会增加迁移失败的风险。

- 迁移期间，建议暂停集群 Balancer 执行。在开启 Balancer 的状态下，会由于源和目标副本位置不同，而增加物理复制的概率。
- 迁移完成后，建议对目标文件进行校验，以免出现异常没有被检测到。

3. DistCp 与 FastCopy 结合提升效能

对于大型集群来说，如果每次都采用全量数据迁移，成本会非常高，最好能够同时支持增量迁移的方式，这是最理想的效果。一种不错的解决方法是 FastCopy 与 DistCp 相结合，拓展 DistCp 增量功能。

从 9.4.1 节可知，CopyMapper 迁移文件主要依赖 RetriableFileCopyCommand 实现，可以尝试对其拓展提升复制性能。优化思路：在文件初始迁移到目标集群时，使用 FastCopy 复制。每次同步数据集，必定有很多文件都是新增，采用“0”复制的方式会快速很多。

有些企业已经实践了这种解题策略，并达到了不错的效果。应用方法如下：

```
//增量迁移。在实际 DistCp 与 FastCopy 结合的过程中,注意当下自有部署集群环境和使用工具的习惯。比如,定义更多的参数策略,以及偏重于 DistCp 功能还是 FastCopy 的能力
./bin/hdfs fastcopy -p -i -update -skipcrccheck [源集群路径] [目标集群路径]
```

对于这部分的优化，没有固定实现，读者有更好的方法可以探讨。

9.5 小结

分层存储的设计使用为业务带来了诸多优点：①数据存放更加科学，不同标签的数据存储于不同的层级，存储效率更高；②降低了存储成本，每个层级存储介质不同，性能不一，可以充分满足不同需求的业务访问。本章针对 HDFS 在分层存储方向做了全面且不缺乏前瞻性的总结，详细介绍了分层定义的方法和冷热集群搭建策略，另外还包括常用的数据迁移和使用指导，极具实践意义。

监控、多租户和数据湖

作为当前优秀的热点项目之一，HDFS 除了良好的主体架构思想外，还设计了很多具有通用性的子模块，它们的特点是统一、插件化，如统一的集群监控体系、统一的权限与认证等。同时，HDFS 也支持跨平台，充分展现了其灵活性。随着数据湖的兴起，HDFS 作为存储角色越来越受到重视。

10.1 大数据监控

随着集群规模越来越大，其稳定性对整个生态系统上下游的健康也越发重要。因此，实时监控集群软件负载、硬件压力是一个不得不考虑的事情。解决这个问题的方法不一，这里重点介绍和 HDFS 有关的指标收集。

10.1.1 基础设施监控采集

就基础组件而言，做好监控需要采集两个方面的数据：①和集群服务有关的运行统计指标；②主机载体相关负载数据。

1. JMX 在 HDFS 中的集成

JMX（Java Management Extensions）是一个为 Java 应用程序植入管理功能的框架，支持对运行中的程序进行监控，是一套标准的接口和服务。例如，程序占用多少内存、当前活跃线程数量、用户访问统计等都可以借助 JMX 框架自定义实现。目前已经内置在 Java 标准库中，架构如图 10-1 所示。

整个架构由下到上分为四层：

- 资源托管层（Instrumentation）：所有被 JMX 管理的程序（应用程序或系统本身）都称为资源（如正在运行中的 Thread Pool，JVM 实例），资源被封装为一个个 MBean（Managed Bean）对象中。每个 MBean 都有一些基本要素：①维护资源状态的属性；②接受其他程序或 JMX 代理调用的操作接口；③通过 JMX 发送给其他有关联的代理。可以定义多种 MBean 类型来满足不同场景下的监控需求。
- 资源适配层（Agent）：由 MBeanServer 和 JMX 代理服务组成。其中，MBeanServer 负责 MBean 的注册与管理、MBean 和其他 JMX 代理的直接通信。JMX 代理提供一些附加功能，如调度和

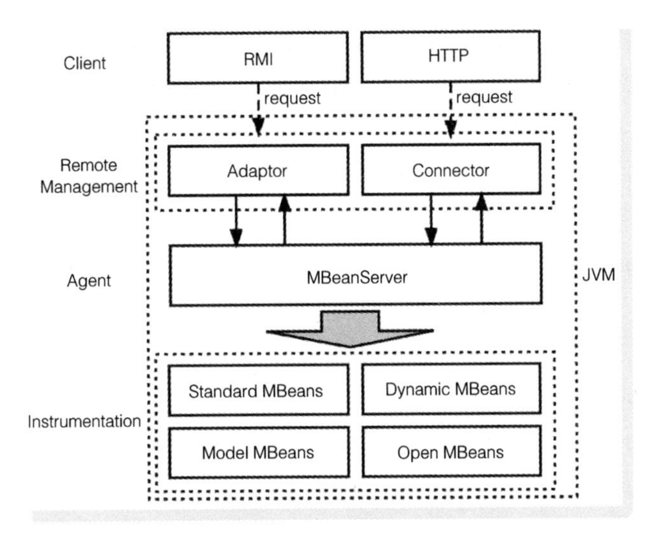

● 图 10-1 JMX 架构

动态加载。

- 接入层（Remote Management）：提供 Client 访问的入口，有两种方式，即协议适配器和连接器。使用连接器由客户端和服务器存根两部分组成，如 JConsole。适配器不同于连接器，没有客户端组件，访问简单。接入层是 JMX 提供的固有能力，无须额外改造。
- 访问层（Client）：通常指的是 Client，可以通过 RMI（Remote Method Invocation，远程过程调用）和 HTTP 访问。

从以上可知，如果想借助 JMX 监控服务资源，需要实现 3 步：

1）自定义 MBean 管理接口。

2）向 MBeanServer 进行注册。

3）在合适的时机与代理交互，记录监控数据。

目前 Namenode、DataNode、JournalNode、RBF、Client 等组件均已集成 JMX，有助于用户较快地了解当前集群运行状态。下面以 Namenode 为例，介绍 HDFS 是如何记录服务指标的。

在 HDFS 中，收集服务指标的模块叫做 Metrics 系统，如图 10-2 所示。

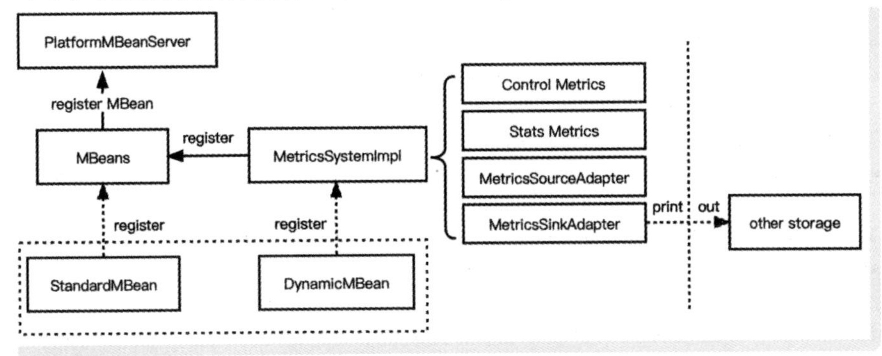

● 图 10-2 Metrics 系统架构

Metrics 以 JVM 为单位维护，核心是 MetricsSystemImpl。它会监控两类资源：

- 系统资源。通常和底层距离较近，如 JvmMetrics 记录内存消耗、GC 次数、线程运行情况。目前 JVM 和一部分 OS（操作系统）指标已经默认添加。
- 应用服务。和 Namenode 服务有关的，如 RPC、节点状态、Block 状态、FSNamesystem 状态和用户访问等。

服务初始化后，Namenode 将这些资源封装为两种 MBean 而被管理起来：

- StandardMBean：最标准的 MBean，使用的时候会直接定义一些数据属性和接口。
- DynamicMBean：MetricsSystemImpl 直接管理的 MBean 类型，可以定义属性和接口，也可以关联多个 StandardMBean。每种 DynamicMBean 被抽象为 MetricsSourceAdapter，这是因为 Metrics 可以作为一种“Source 源”，转给第三方保存起来。

无论哪种 MBean，最后都交由 MBeans，向 MBeanServer 注册。

StandardMBean 示例如下：

```
记录 Block 状态的接口定义：
public interface ReplicatedBlocksMBean {
  // 低冗余副本的 Block 数量
  long getLowRedundancyReplicatedBlocks();
  // 损坏 Block 数量
  long getCorruptReplicatedBlocks();
  // 丢失副本的 Block 数量
  long getMissingReplicatedBlocks();
  // 副本为 1 的 Block 数量
  long getMissingReplicationOneBlocks();
  // 等待被删除的 Block 数量
  long getPendingDeletionReplicatedBlocks();
  // 有副本的 Block 数量
  long getTotalReplicatedBlocks();
}
```

对以上接口的实现如下：

```
public class FSNamesystem implements ReplicatedBlocksMBean {
  // 对 Block 的管理
  BlockManager blockManager;
  public long getLowRedundancyReplicatedBlocks() {
    return blockManager.getLowRedundancyBlocks();
  }
  public long getCorruptReplicatedBlocks() {
    return blockManager.getCorruptBlocks();
  }
  public long getMissingReplicatedBlocks() {
    return blockManager.getMissingBlocks();
  }
  public long getMissingReplicationOneBlocks() {
    return blockManager.getMissingReplicationOneBlocks();
```

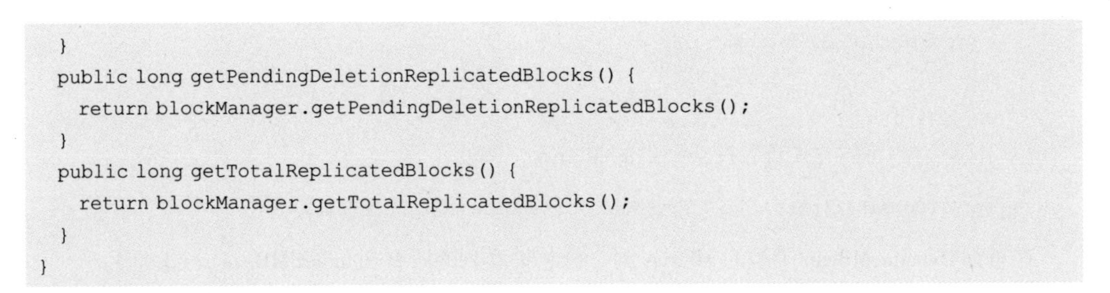

```
  }
  public long getPendingDeletionReplicatedBlocks() {
    return blockManager.getPendingDeletionReplicatedBlocks();
  }
  public long getTotalReplicatedBlocks() {
    return blockManager.getTotalReplicatedBlocks();
  }
}
```

DynamicMBean 示例如下：

以监控 FSNamesystem 为例，和其关联的有多个 StandardMBean，包括 NameNodeInfo、Replicated-BlocksState、FSNamesystemState、ECBlockGroupsState。这些 MBean 会直接通过 MBeans 注册：

```
StandardMBean namesystemBean = new StandardMBean(this,
    FSNamesystemMBean.class);
StandardMBean replicaBean = new StandardMBean(this,
    ReplicatedBlocksMBean.class);
    ......
namesystemMBeanName = MBeans.register("Namenode", "FSNamesystemState",
    namesystemBean);
replicatedBlocksMBeanName = MBeans.register("Namenode",
    "ReplicatedBlocksState", replicaBean);
......
```

MBean 在注册时，会指定统一命名规范：Hadoop：service = {组件}，name = {xxxx}。例如，对 FSNamesystem的名称定义为 Hadoop：service = Namenode，name = FSNamesystem。当 Namenode 服务处于运行中时，可以通过 HTTP 随时查看记录的瞬时 Metrics 数据。方法如下：

```
// 查看所有 Metrics 数据
http://{domain}:{port}/jmx
```

或

```
// 指定查询
http://{domain}:{port}/jmx? qry={过滤条件}
```

例如，查看当前被 ReplicatedBlocksState 记录到的指标。可以在浏览器输入“http：//{domain}：{port}/jmx？qry = Hadoop：service = Namenode，name = ReplicatedBlocksState”，得到的信息会以 JSON 方式呈现：

```
{
  "beans" : [ {
    "name" : "Hadoop:service=Namenode,name=ReplicatedBlocksState",
    "modelerType" : "org.apache.hadoop.hdfs.server.namenode.FSNamesystem",
    "LowRedundancyReplicatedBlocks" : 3,
    "CorruptReplicatedBlocks" : 0,
    "MissingReplicatedBlocks" : 0,
    "MissingReplicationOneBlocks" : 0,
    "PendingDeletionReplicatedBlocks" : 0,
```

```
    "TotalReplicatedBlocks" : 83
  } ]
}
```

也可以以过滤符的方式查看符合条件的 Metrics，例如：

```
http://{domain}:{port}/jmx? qry=Hadoop:service=Namenode,name=*
```

在查询 DynamicMBean 类型的 Metrics 时，会将关联到的所有 StandardMBean 一起列出。

MetricsSystemImpl 还维护了两个较为重要的 MBean：Hadoop：service = Namenode， name = MetricsSystem，sub=Stats，记录当前 Metrics 状态数据，如存在的 Source 源数量；Hadoop：service=Namenode，name=MetricsSystem，sub=Control，当前 Metrics 系统的具体实现类。Metrics 系统还支持将各项指标数据定期输出到第三方（SinkAdapter），包括 File、Ganglia、Graphite、Kafka 和 Prometheus 等。以下是将 Metrics 指标以 10 秒间隔持久化到文件的方式：

```
// 修改 hadoop-metrics2.properties 文件
* .sink.file.class=org.apache.hadoop.metrics2.sink.FileSink
* .period=10
#namenode.sink.file.filename={保存路径}
```

除了默认支持的这几类，还可以自定义实现输出。持久化 Metrics 的最大好处是，可以借此分析一段时间内的集群性能。图 10-3 所示为 24 小时内 Namenode RPC 吞吐（QPS）的情况。

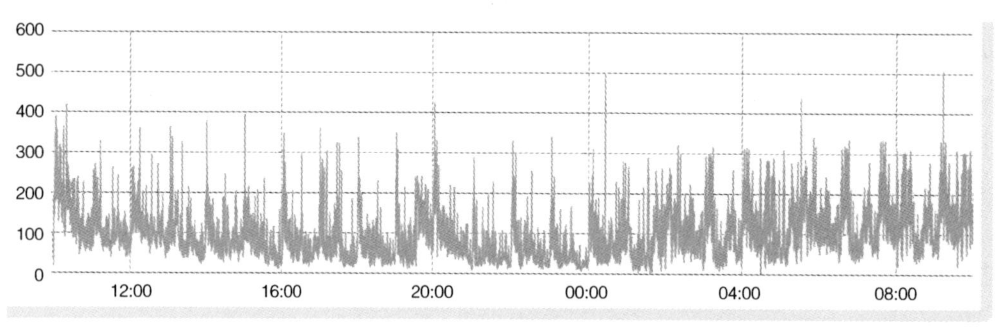

• 图 10-3　RPC 的 RpcProcessingTimeNumOps 指标

其他组件（如 DataNode）集成 JMX 的方法和 Namenode 使用相同的框架，有兴趣的读者可自行研究。

2. 主机载体负载收集

某些更偏向主机载体的指标很难依赖 HDFS 系统直接得到，如 CPU 使用率、网络流量、磁盘 Util 等，而需要通过额外的方法获取，比较常用的方法是定期解析系统文件，因为 OS 在调度这些资源的过程中也会及时记录下使用的情况。这里列举一些和 Linux 相关的重要指标统计文件：

- /proc/stat：统计状态表、CPU 运行状态等数据。
- /proc/meminfo：统计物理内存、系统内存占用、交换空间等使用情况。
- /proc/swaps：统计交换空间的利用情况。

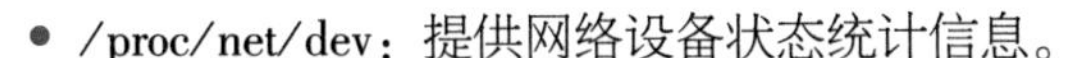

- /proc/net/dev：提供网络设备状态统计信息。
- /proc/net/*：统计和网络有关的信息，包括网络流量、Socket、TCP、UDP 等访问情况。
- /proc/diskstats：提供各磁盘访问的统计信息。
- /proc/sys/fs/*：提供和文件相关的绝大多数信息，包括文件句柄使用，创建文件上限等。

查看 meminfo 文件内容示例：

```
cat /proc/meminfo
// 列出内存相关信息
MemTotal:           …… kB
MemFree:            …… kB
MemAvailable:       …… kB
Buffers:            …… kB
Cached:             …… kB
SwapCached:         …… kB
......
SwapTotal:          …… kB
SwapFree:           …… kB
```

对于如何解析这些文件，有两种可行的方法：一种是采用开源的采集器，如使用较多的 node_exporter，使用开源的好处是功能全，很多指标数据可以直接使用；另外一种就是自定义实现脚本，可以根据自己的需求量身定制采集，使用起来更加轻便。图 10-4 所示为 24 小时单节点内存使用率的变化趋势。

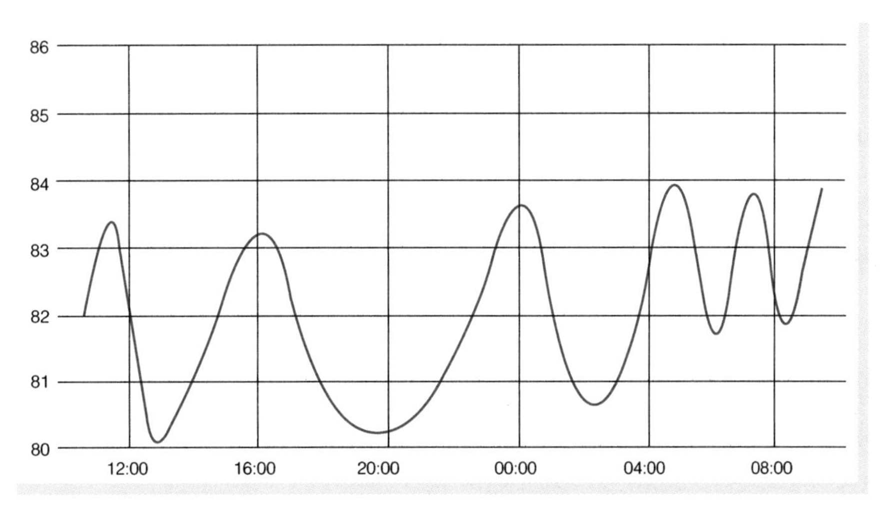

● 图 10-4　24 小时单节点内存使用率变化趋势

10.1.2　故障自愈

在集群稳定性建设的路上，解决集群故障问题有时让人身心疲惫。例如，在凌晨收到如下的告警电话或短信：

```
【HDFS 报警信息】
节点 ip:10.196.xxxx.5; 服务角色:DataNode;
报警内容:深入进程的方式检测到进程不存在;
提示:服务进程不存在,建议排查;
集群:ns-cluster12; 故障级别:严重状态;
时间:09/25/2022 05:38
发送方来自大数据平台
```

收到这种较为重要的提示，意味着集群已经存在潜在的风险，应该第一时间恢复。通常的做法：①登录事发现场所在节点，排查问题及原因；②根据分析的结果，制定应对策略及执行方案；③按照方案执行，直至问题得到合理解决。这个过程不宜时间过长，否则会放大故障的影响范围。一般来说，约定重要故障必须在 30 分钟内得到解决，一般性故障在 1 小时内处理完成较为合理。然而手动处理机制受限于研发或运维人员是否在场，出现问题不一定总是能够及时得到处理，如果系统在某种既定的策略下可以自动完成故障恢复，将会极大地提升集群的可维护性。这就是本节所讲的故障自愈。

故障自愈是指通过自动化的手段快速发现故障，预判断分析，并自动恢复的过程。实施故障自愈的目的有两个：①提升集群运维效率，减小故障存在的时间；②增强集群稳定性，减少对业务的影响。

对于 HDFS 这类能够支撑大规模集群的分布式系统来说，出现的故障类型呈现多样化，无法使用统一的自愈流程去解决所有问题，应该采用严谨的态度针对性解决。总体上，一个自愈流程由以下几个阶段组成：

- 异常发现：通过异常检测服务判断分析运行的服务或资源是否仍处于可用状态，如定期收集和分析 JMX 指标。
- 止损策略：这是自愈的重点，可以理解为是将以往的人工处理经验，固化为可执行的程序。
- 执行：根据制定的策略，针对特定问题进行服务降级、流量管控、节点恢复等操作。

这里列举一些通过自愈解决故障的例子：

（1）ZKFC、JournalNode 进程异常掉线

这两类都是极其重要的组件，关乎 Namenode 和集群是否健康。在条件允许的情况下，应该直接拉起服务。

- 异常发现：在本地开启定时检测服务，检查进程是否存在。如果连续两次检查都显示进程异常，此时需要执行止损策略。
- 止损策略：查看本地内存和保存日志文件的磁盘容量是否足够，如果足够，则重启服务。如果 20 分钟内重启过两次，则不再执行重启操作。

执行策略伪码：

```
var fail_count = 0;  // 记录进程挂掉的次数
var started_count = 0;  // 单位时间内重启过进程的次数
var start_time, end_time = now;  // 单位间隔的起始、结束时间
if((end_time - start_time < 20min) && (started_count > 0))
return;
var zkfc_process = ps -ef |grep 'ZKFC or JournalNode' // 判断进程是否存在
```

```
if zkfc_process = null
if(fail_count < 1)
fail_count++
return;
fail_count=0
// 判断内存和磁盘容量是否足够
File mem_file = scan('/proc/meminfo')
var mem_free = file.find('MemFree')
if(mem_free < 100M)
return;
var space_free = find('df -h /mnt/dfs/日志文件所在磁盘')
if(space_free < 100M)
return;
// 重启 ZKFC 或 JournalNode 进程
cmd.command('./sbin/hadoop-daemon.sh stop zkfc')
cmd.command('./sbin/hadoop-daemon.sh start zkfc')
started_count++
```

（2）存储空间分布不均衡

有时会遇到节点级或磁盘级方面的存储均衡问题。

1）造成节点间存储空间使用不均衡的原因不一，存算混部环境下发起访问的 Client 过于集中、Namenode 控制均衡利用率参数不合理、批量下线节点等都可能引起不均衡。对于这种现象，容易造成副本存放倾斜和访问热点现象，需要及时执行数据均衡。

- 异常发现：定期获取 Namenode 的 JMX 指标。参数为 http://{domain}:{port}/jmx? qry = Hadoop:service=Namenode,name=NamenodeInfo。解析返回结果，并分析是否存在节点间不均衡现象。默认不均衡阈值是 10%，也可以自定义。
- 止损策略：如果分析发现存在不均衡现象，即刻触发集群级 Balancer 命令。

执行策略伪码：

```
var jmx_qry = ''
var jmx_result = HTTP.find(jmx_qry)
var should_balance = false
......
解析 jmx_result,并分析
......
if(should_balance)
cmd.command('./bin/hdfs balancer')  // 注意均衡速度
```

2）磁盘即使设置过 dfs.datanode.available-space-volume-choosing-policy.balanced-space-preference-fraction，有时也会造成节点内部各磁盘存储不均，及时调整可以有效避免出现磁盘访问热点。

- 异常发现：在数据节点开启检测服务，定期查看各数据磁盘的使用率。这个频率无须过于频繁，以小时为周期即可，因为在检测过程中会调用 OS 相关接口，过于频繁可能会影响正常的业务读写。
- 止损策略：如果各数据盘之间确实存在不均衡现象，在本地执行 diskbalancer。

（3）坏盘修复自动识别

日常恢复坏盘的流程：发现坏盘→运维负责修复→恢复服务。从运维修复完成到服务恢复这一过程，都是由人工负责处理。完全可以做到自动感知损坏、自动拉起服务，以节省人工成本。实践方法：①数据节点定期检测磁盘是否可读写，并记录已损坏的磁盘信息；②待坏盘修复，重新检测过程中，发现前后两次的校验不一致，且最新的连续两次检测都是正常，则说明坏盘已经修复，此时执行正常的拉起命令。

```
// 热替换 DataNode 配置
./bin/hdfs dfsadmin -reconfig datanode [host:port] start
```

像类似运用自愈解决实际问题的场景还有不少。例如，集群出现双 Standby 现象，日志自动清理，异常业务访问自动限流等。需要说明的是，故障自愈无法解决所有的集群问题，旨在让系统服务更加稳定，减轻一线人员的工作负担。这要求大家在实践过程中不能对当前的分布式系统造成破坏，否则将事与愿违。建议两类问题可以优先使用自愈治理集群：①日常运维过程中较为成熟的问题解决方案；②常规问题处理。

10.2 多租户与认证

数据量的不断增长带来的是在集群上架设更多更复杂的应用场景。各业务类型共享集群资源之时，为减少数据和集群资源出现乱序的状态，有必要对资源进行统一管理，按需分配。多租户就是大数据平台一个非常有效的方法，其中对数据的分类管理和集群统一认证是重要的组成部分。

10.2.1 多租户存储规划

在多租户模式下，集群存储资源为所有用户、处理作业共享，但会为不同组的用户规划存储区域，对不同数据进行权限隔离。

1. 存储空间

提前规整集群存储资源，并结合用途划分多个存储区域，如图 10-5 所示。

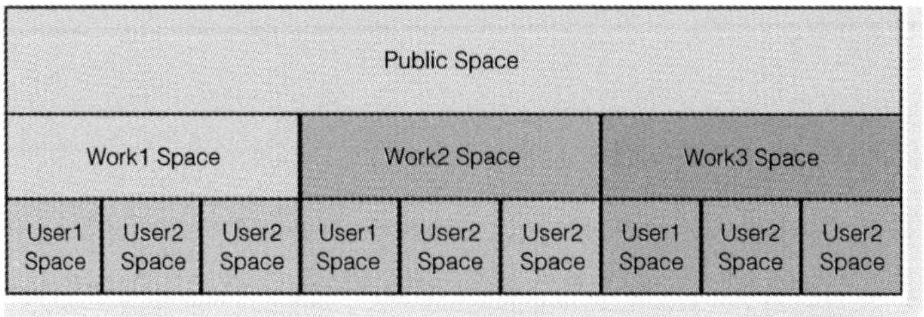

Public Space
Work1 Space
Work2 Space
Work3 Space
User1 Space
User2 Space
User2 Space
User1 Space
User2 Space
User2 Space
User1 Space
User2 Space
User2 Space

• 图 10-5　集群存储空间划分

这里分为三种存储空间，以下是对各自用途的描述。

1）用户空间：个人用户的独立空间，用于存放日常测试和验证的数据。也可在作业正式上线前，

存放临时性分析结果。

2）工作空间：专门用于存放已被证明有效或线上生产的数据集。访问该存储层的用户应该是专有的，且拥有属于自己的权限，个人用户不能随便访问。通常每个团队都有属于自己的工作空间。

3）公共区域：这一层存放一些有适应性需求的数据集，如计算组件在运算过程中用到的过渡性数据、使用第三方工具摄取过的数据。允许多个用户访问。

存储在各区域中的数据集相互隔离，建议在每个集群设置一致的规范。做好存储规则后，后续用户访问集群应该严格遵守并执行。在日常集群监控工作中，也要及时关注每个存储空间使用率并设定存储上线（个人用户为 90%，工作区域为 75%，公共区域为 75%）。

2. 存储结构

在定义好存储空间后，应该提前初始化一些文件或目录，和各个区域关联起来，便于引导用户使用。这里初始的目录可以自定义，只要在业务第一次使用前构建完成即可。下面是某集群存储空间结构视图：

```
|--- app-logs
|--- hive-staging
|--- mr-history
|--- spark2-history
|--- yarn
|--- flink
|--- big-streams
|       |--- hudi
|           |--- streams
|       |--- streamcenter
|           |--- warm_data
|           |--- logs
|       |--- iceberg
|           |--- streams
|               |--- ws
|           |--- logs
|--- user
|     |--- admin
|     |--- bms_anjie
|     |--- zhujianghua
|--- tmp
```

在这个集群规划中，所有的用户空间都集中在/user 目录，包含特殊用户和多个普通用户；/big-streams属于工作空间，涉及多个团队生产的真实数据；/app-logs、/hive-staging、/mr-history、/spark2-history、/yarn、/tmp 允许多个用户访问，存储临时数据。日常访问时，用户空间和工作空间需要添加权限：

```
工作空间：
drwxr-x---  hdfs      hdfs       0 B  Dec 21 2022  0  0 B  streams
drwxr-x---  data      data       0 B  Sep 06 2020  0  0 B  warm_data
drwxr-x---  data      data       0 B  Aug 14 2021  0  0 B  logs
```

```
工作空间：
drwx------    admin          hdfs    0 B  Mar 15 2020  0  0 B  admin
drwxr-x---    zhujianghua    hdfs    0 B  Aug 06 2020  0  0 B  zhujianghua
```

3. 设置配额

为了均衡集群存储资源使用，需要对各存储区域设置配额，设置存储大小和容量都可以。

10.2.2 基于 Kerberos 的认证

服务安全性一直都是分布式系统的重要组成部分，通常的做法是在与服务交互前对用户身份进行验证。这对某些特殊场景非常受用，如银行、电信运营商所在的内网环境，能够有效避免非法用户的干扰。Kerberos 基于 Kerberos V5 网络验证协议，提供了功能强大的用户验证及数据完整性校验能力，在很多时候被选作基础的认证服务。鉴于其认证的可靠性，HDFS 也很早实现并支持。

1. Kerberos 认证原理

Kerberos 的目标是在三方之间（包含 Client/Server）努力营造一种互信关系。通过验证，可确保网络交互时请求发送者和接收者的身份真实，还可以检验来回传递数据的有效性（可选），并在传输过程中对数据加密（可选）。和其他认证方案不同的是，Kerberos 服务侧重于在通信前双方身份的认定工作。在整个认证过程中，有以下角色参与：

- 客户端（Client）：请求发送方。
- 服务端（Server）：接收 Client 请求，并处理。
- 主体（Principal）：参与认证的安全个体，是 KDC 唯一区分或分配票证的标识。可以理解客户端或运行服务端的服务。
- 票证（Ticket）：包含客户端标识、过期时间及目标认证服务的信息。
- 密钥分发中心（Key Distribution Center，KDC）：提供认证过程中所需的票证或初始票证。由 AS 和 TGS 组成。
- 认证服务器（Authentication Server，AS）：维护多个 Principal 及密钥数据库，用于认证用户。
- 票证授予服务器（Ticket Granting Server，TGS）：根据请求携带的 TGT 生成 Client 到 Server/Service 的授权。
- 票证授予票证（Ticket-Granting Ticket，TGT）：包含客户端标识、票证有效期，以及 Client/TGS 的会话密钥。

了解基本概念之后，现在有必要认识 Client 访问 Server 过程中的认证经历，原理如图 10-6 所示。

KDC 服务器通常是独立部署的（这里省略了部署步骤），当待认证的用户和 Principal 较多时，建议采用主从架构以应对认证压力。对 Principal 的理解至关重要，所有的访问者和被访问者都是 Principal 实体，可以是用户、运行中的服务、节点资源等。每个 Principal 都有属于自己的主体名称，主体名称由 3 部分构成：主名称、实例和域。它们的组合方式是“主名称/实例@域”。

- 主名称：可以是用户名或服务。多数情况下通过主名称即可知道主体的类型。
- 实例：可以理解为是主体所在位置。如果主名称是用户，实例可选；对于服务主体，实例则是

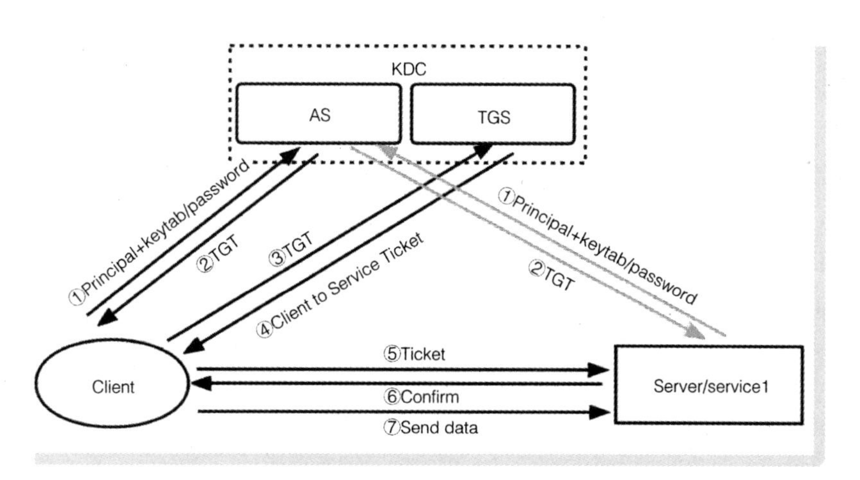

● 图 10-6 Kerberos 认证原理

必需。

● 域：定义同属 KDC 认证范围内的逻辑网络，可以设置多个域层次。Kerberos 目前支持跨域验证。

下面是一些经典主体：

```
jianghua  //用户为 jianghua 的主体
jianghua/admin@HADOOP.123.COM        //用户为 jianghua 的主体,域是 HADOOP.123.COM
nfs/nfs.host.dev@HADOOP.123.COM
                                     //服务为 nfs 的主体,实例是 nfs.host.dev,域是 HADOOP.
                                       123.COM
host/node.host.dev@HADOOP.123.COM    //提供各种网络服务(如 ftp、rcp、rlogin 等)的服务主体,域是 HA-
                                       DOOP.123.COM
```

要想认证成功，这些 Principal 须提前插入 KDC 数据库中，并且 Client 需要提前预知和 Principal 相关的加解密信息，可以是密码，也可以是 keytab 文件。keytab 是由 KDC 服务端生成的一种密钥表文件。文件生成完成后，通过 klist 查看哪些 Principal 可以和 KDC 进行认证：

```
klist -k -t hdfs.hl.keytab
// 输出
Keytab name: FILE:hdfs.hl.keytab
KVNO Timestamp           Principal
---- ------------------- -------------------------
1 2022-10-18T10:48:12 hdfs-test1@HADOOP.123.COM
2 2022-10-18T10:48:12 hdfs-test2@HADOOP.123.COM
3 2022-10-18T10:48:12 hdfs-test3@HADOOP.123.COM
```

Kerberos 验证流程分为两个阶段：Principal 初始验证和验证自身。期间使用对称加密保证完整性。

（1）初始验证：获取 TGT

用户（Client 对应的 Principal）通过网络向 KDC 注册自己并申请 TGT，开始 Kerberos 会话。具体步骤如下。

1）用户采用“Principal+密码”或“Principal+keytab”方式访问 KDC，AS 收到请求后，会对比数据库中是否存在该用户。如果存在用户，说明该用户合法，随后便创建 TGT，采用加密形式返回给 Client。

2）Client 收到 TGT 后，使用口令解密得到可使用的 TGT。同时，该 TGT 会伴随一个有效期，只要 TGT 未过期，Client 便可以发起任意类型的网络请求。但是一旦过期，需要再次续租。

3）Client 获取到 TGT 后，会缓存到本地/tmp 目录，便于再利用。

```
//tmp 目录下缓存的 TGT 信息
-rw-------  1 hadoop      zhujianghua        819 10 月 26 16:48 krb5cc_5441
-rw-------  1 hdfs        zhujianghua        765 10 月 25 21:26 krb5cc_7494
```

发起 TGT 请求的操作，有点类似去滑雪场运动。需要事先购买入场券。滑雪场内设有普通滑道、中级滑道和高级滑道，每条滑道类似“服务”。想去体验哪条滑道，只要出示一下“证件”即可。

（2）验证自身：获取服务授权和握手

当 Client 要访问特定服务时，需要首先从 TGS 获取 Client 到 Service 的 Ticket：

1）Client 将 TGT 作为自身标识证明，连同想要访问的服务标识加密发给 TGS。TGS 会对比数据库中是否存在所需的服务。通过后，会返回 Client 到 Service 的 Ticket。

2）Client 解密，得到可用的 Ticket。

经过上面的处理，只差最后一步认证，使用得到的 Ticket 和 Server 完成握手即可正式通信。这里介绍的只是基本原理，实际认证流程要更加复杂，包括两两之间在获取认证信息时采用对称加密，基于会话密钥传递数据等。

在认证时，也可以采用手动执行 kinit 命令获取 TGT。示例如下：

```
kinit -kt hdfs.hl.keytab hdfs-hzjh@HADOOP.123.COM
// 查看 KDC 服务端日志,可以看到有认证的提示
Oct 25 21:38:23 hadoop-dev4.hzjh.org krb5kdc[xxxxxx](info): AS_REQ (8 etypes {xx xx xx xx xx xx xx xx}) 10.xxxx.xxxx.114: ISSUE: authtime xxxxxxxxxx, etypes {rep =xx tkt =xx ses =xx}, HTTP/haDoop-dev5.hzjh.org@HADOOP.123.COM for krbtgt/HADOOP.123.COM
// Client 请求特定服务时获取票证的提示
Oct 25 21:38:23 hadoop-dev4.hzjh.org krb5kdc[xxxxxx](info): TGS_REQ (8 etypes {xx xx xx xx xx xx xx xx}) 10.xxxx.xxxx.114: ISSUE: authtime xxxxxxxxxx, etypes {rep =xx tkt =xx ses =xx}, HTTP/haDoop-dev5.hzjh.org@HADOOP.123.COM for HTTP/Hadoop-dev5.hzjh.org@HADOOP.123.COM
```

在整个认证过程中，Server 也会向 KDC 注册其自身，流程和获取 TGT 一致。

2. 配置实例

目前 HDFS 各组件均支持基于 Kerberos 认证，这里列举一些必要的配置项及示例。

（1）集群配置

```
<!-- 公共配置 -->
<property>
    <name>hadoop.security.authentication</name>
    <value>kerberos</value>
</property>
<property>
```

```
    <name>hadoop.http.authentication.type</name>
    <value>kerberos</value>
</property>
<property>
    <name>hadoop.security.auth_to_local</name>
    <value>RULE:[1:$1@$0](.*@HADOOP.123.COM)s/@.*//
RULE:[1:$1@$0](hdfs-ns-cluster11@HADOOP.123.COM)s/.*/hdfs/
RULE:[1:$1@$0](.*@HADOOP.123.COM)s/@.*//
RULE:[2:$1@$0](hdfs@HADOOP.HZ.NETEASE.COM)s/.*/hdfs/
RULE:[2:$1@$0](.*@HADOOP.HZ.NETEASE.COM)s/@.*//
RULE:[2:$1@$0](hdfs@HADOOP.123.COM)s/.*/hdfs/
RULE:[2:$1@$0](.*@HADOOP.123.COM)s/@.*// DEFAULT</value>
</property>
<!-- Namenode 主体认证配置 -->
<property>
    <name>dfs.namenode.kerberos.principal</name>
    <value>nn/_HOST@HADOOP.123.COM</value>
</property>
<property>
    <name>dfs.namenode.keytab.file</name>
    <value>/etc/security/keytabs/nn.service.keytab</value>
</property>
<property>
    <name>dfs.namenode.kerberos.internal.spnego.principal</name>
    <value>HTTP/_HOST@HADOOP.123.COM</value>
</property>
<!-- DataNode 主体认证配置 -->
<property>
    <name>dfs.datanode.kerberos.principal</name>
    <value>dn/_HOST@HADOOP.123.COM</value>
</property>
<property>
    <name>dfs.datanode.keytab.file</name>
    <value>/etc/security/keytabs/dn.service.keytab</value>
</property>
<!-- JournalNode 主体认证配置 -->
<property>
    <name>dfs.journalnode.kerberos.principal</name>
    <value>jn/_HOST@HADOOP.123.COM</value>
</property>
<property>
    <name>dfs.journalnode.keytab.file</name>
    <value>/etc/security/keytabs/jn.service.keytab</value>
</property>
<property>
    <name>dfs.journalnode.kerberos.internal.spnego.principal</name>
    <value>HTTP/_HOST@HADOOP.123.COM</value>
</property>
```

```
<!-- RBF 主体认证配置 -->
<property>
    <name>dfs.federation.router.kerberos.principal</name>
    <value>router/_HOST@HADOOP.123.COM</value>
</property>
<property>
    <name>dfs.federation.router.keytab.file</name>
    <value>/etc/security/keytabs/router.service.keytab</value>
</property>
<property>
    <name>dfs.federation.router.kerberos.internal.spnego.principal</name>
    <value>HTTP/_HOST@HADOOP.123.COM</value>
</property>
<!-- Web 认证配置 -->
<property>
    <name>dfs.web.authentication.kerberos.principal</name>
    <value>HTTP/_HOST@HADOOP.123.COM</value>
</property>
<property>
    <name>dfs.web.authentication.kerberos.keytab</name>
    <value>/etc/security/keytabs/spnego.service.keytab</value>
</property>
```

要想某个组件开启 Kerberos 认证，须指定 ${hadoop.security.authentication} 为 “kerberos”。每个组件的服务实例必须拥有指定的 Principal 和 keytab 文件，keytab 文件较为重要，建议放在隐秘的目录。服务主体的格式一般是 “ServiceName/_HOST@域”，如 nn/_HOST@HADOOP.123.COM，_HOST 代表通配符，会在获取 TGT 时被本机实例替换。下面对主要配置项作说明：

- ${hadoop.security.authentication}：定义 RPC 服务的身份验证机制。有效值可以是 “simple” 或 “kerberos”。
- ${hadoop.http.authentication.type}：定义 httpfs 对 HTTP 客户端的身份验证机制。有效值可以是 “simple” 或 “kerberos”。
- ${hadoop.security.auth_to_local}：定义 Kerberos 主体与本地系统用户之间的映射，通常是设置一些规则，应对来自不同位置的客户端。例如，RULE:[2: $1/ $2@0]([ndj]n/. *@REALM.\TLD)s/. */hdfs/ 代表来自任何主机上的任何主体 nn、dn、jn 从域 REALM.TLD 映射到本地系统用户 hdfs。
- ${dfs.xxxx.kerberos.principal}：某组件 RPC 服务主体。
- ${dfs.xxxx.keytab.file}：某组件 RPC 服务认证时需要的 keytab 文件。
- ${dfs.xxxx.kerberos.internal.spnego.principal}：某组件用于 SPNEGO 身份验证的服务主体。
- ${dfs.web.authentication.kerberos.principal}：某组件对应的 HTTP 服务主体。
- ${dfs.web.authentication.kerberos.keytab}：某组件对应的 HTTP 服务认证时需要的 keytab 文件。

除了这些基本配置项，还有一些可选配置，如，${dfs.namenode.kerberos.principal.pattern}、${hadoop.kerberos.keytab.login.autorenewal.enabled}等。读者可以根据自己的认证场景合理选择。

（2）Client 应用示例

在 Kerberos 认证模式下，Client 需要设置必要的用户 Principal 及获取 TGT，之后就跟 Simple 模式一样访问 HDFS 服务。下面是 Client 访问 Namenode 接口的用法参考：

```
Configuration conf = new Configuration();
conf.set("fs.defaultFS", "hdfs://<nn_ip>:<nn_port>");
conf.set("hadoop.security.authentication", "kerberos");
// 设置客户端 Principal
conf.set("dfs.namenode.kerberos.principal", "<your_principal>");
conf.set("dfs.namenode.kerberos.principal.pattern", "*");
UserGroupInformation.setConfiguration(conf);
// 向 KDC 认证并获取 TGT
UserGroupInformation.loginUserFromKeytab("<your_principal>", "<keytab_path>");
FileSystem fs = FileSystem.get(conf);
// 调用接口过程中会向 TGS 获取 Ticket,这部分由底层实现
FileStatus[] fsStatus = fs.listStatus(new Path("<file_path>"));
for(int i = 0; i < fsStatus.length; i++){
    ......
}
```

3. Kerberos 认证在 HDFS 中的实现

因为 Kerberos V5 协议已经是网络安全性的实际行业标准，很多 JDK 版本已经将其作为自身安全组件的一部分实现。Client 在访问 HDFS 服务的过程中，涉及多个通用安全框架及其实现来保障整个链路的畅通。它们的关系如图 10-7 所示。

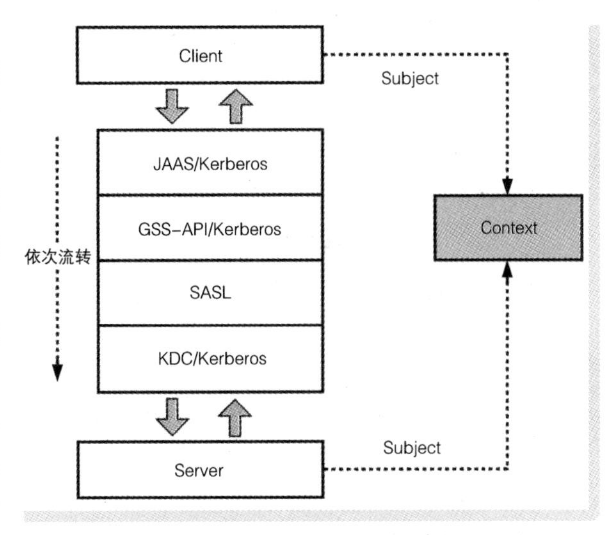

● 图 10-7　Client 认证访问链路

有些读者可能对其中某些框架或名词不太熟悉，作者在这里一一介绍各自的作用：

- Subject：包含一组有相关信息的实体，如用户。一个 Subject 可以有多个身份，每个身份都表示为一个 Principal，如一个学生有两个身份（学号 999 和自己的姓名）。此外，Subject 还附带一些和安全相关的属性，如密码信息、加密密钥，这些称为凭证（Credentials）。凭证有共享凭证和私有凭证之分。
- JAAS（Java Authentication and Authorization Service）：提供认证与授权的基础框架和接口定义。具体验证实现由底层负责，如 Kerberos。能可靠且安全地确定当前要执行程序的用户，认证通过后用户和安全信息维护在 Subject 中。
- GSS-API（Generic Security Service Application Programming Interface）：以通用方式为应用程序间调用提供安全的服务框架。主要有两种功能：①创建一个安全互信的上下文（Context），应用

程序双方可以在该上下文中互相传递数据；②可向要传递的数据应用一种或多种类型的保护。目前已有多种底层机制支持 GSS-API，如 Kerberos V5。

- SASL（Simple Authentication and Security Layer）：在认证基础上的一个安全框架，为应用程序间提供验证、数据完整性检查和加密的机制。可应用于跨节点间通信，当使用 Kerberos 服务时，SASL 默认参与 GSS-API 与 Kerberos 之间的安全信息交换。

这里对分布式系统引入 Kerberos 认证时所涉及的框架进行简要总结：

- JAAS 对认证框架与接口定义，底层实现该框架并支持 Kerberos。
- GSS-API 负责跨节点应用程序间的安全信息交换，并实现 Kerberos 授权 Client 访问特定服务时与 TGS 交换票证信息。
- SASL 负责跨节点应用程序通信时的数据加密。GSS-API 是 SASL 的一个 Provider。

下面对访问 Namenode 认证过程进行分析。每个 RPC 接口会指定本服务的 Principal 和所能接受的客户端 Principal。例如：

```
// 指定本服务 Principal:dfs.namenode.kerberos.principal;指定访问该服务资源的客户端 Principal:
dfs.datanode.kerberos.principal
@KerberosInfo(
    serverPrincipal = DFSConfigKeys.DFS_NAMENODE_KERBEROS_PRINCIPAL_KEY,
    clientPrincipal = DFSConfigKeys.DFS_DATANODE_KERBEROS_PRINCIPAL_KEY)
public interface DatanodeProtocol {
    ......
}
```

(1) RPC 服务启动并向 KDC 注册

以下是 Namenode 向 KDC 注册并请求 TGT 的主体程序：

```
// 设置全局安全属性,包括全局认证类型为 Kerberos;对认证过程中的映射规则解析
hadoop.security.auth_to_local;是否自动向 KDC 续租 TGT 标识等
UserGroupInformation.setConfiguration(conf);
// 开启安全认证会话
SecurityUtil.login(conf, DFS_NAMENODE_KEYTAB_FILE_KEY,
DFS_NAMENODE_KERBEROS_PRINCIPAL_KEY, socAddr.getHostName());
......
// 解析得到必要的 keytab 文件和 Principal
String keytabFile = conf.get(keytabFileKey);
String principalName = SecurityUtil.getServerPrincipal(principalConfig, hostname);
// 请求 TGT
UserGroupInformation.loginUserFromKeytab(principalName, keytabFile);
```

在请求 TGT 之前有一步很关键，那就是解析 Principal。例如，在配置中指定 Namenode 的 Principal 是“nn/_HOST@HADOOP.123.COM”，在发送请求前，会将本地 host 替换为_HOST。真正的 Principal 是“nn/hadoop-dev4.jdlt.org@HADOOP.123.COM”。

HDFS 支持多种认证方式，这里以插件化适配运行时的需要。HadoopConfiguration 管理当前的认证组合，HadoopLoginContext 通过几个关键的接口控制整个认证流程，接口作用如下。

- initialize()：初始化当前认证方式所需的一些资源。

- login()：执行具体的验证请求工作，如和 KDC 服务交互、请求 TGT。
- commit()：完成身份验证工作，通常是在调用 login()之后执行。
- abort()：如果在身份验证过程中（commit()）失败，则终止本次验证。
- logout()：退出当前服务的身份验证功能，并销毁此前已经生成的验证数据。

这些接口需要在具体的认证方式中去实现，对于 Kerberos 认证来说，HDFS 主要启动两种认证实现方式。它们分别是：

- HadoopLoginModule：查看 Kerberos 等其他认证方式的验证信息。
- Krb5LoginModule：和 KDC 交互，负责获取 TGT 及验证信息的维护。

所有的认证实现共享同一个 Subject 实例，并在 initialize()中初始化。整个验证工作包括请求和解析返回的数据，因此需要调用 login()和 commit()两个接口。这里重点对 Krb5LoginModule 进行介绍。

1）login：向 AS 服务器发送请求。①根据 keytabFile 解析文件内容，形成 KeyTab 对象。KeyTab 包含多组密钥信息；②以 TCP 或 UDP 的方式向 KDC 发送请求，并接收返回的值。请求地址会从域中解析得到；③返回的结果以令牌（Credentials）的形式呈现。Credentials 包含 Ticket、有效期、Session Key、认证数据等。

2）commit：解析得到 TGT。①将 Credentials 拆解得到 KerberosTicket、KerberosPrincipal；②Subject 增加新的 KerberosPrincipal；③Subject 增加新的私有密钥 KerberosTicket，KerberosTicket 可以理解为 TGT。

以上流程如果执行失败，则终止调用 abort()。

（2）Client 访问服务资源

和 Simple 访问服务的方式一致，只是增加了对目标服务的认证环节，认证的过程可以理解是“谈判-评估”的结果，基于 SASL 交互机制。其工作流程如图 10-8 所示。

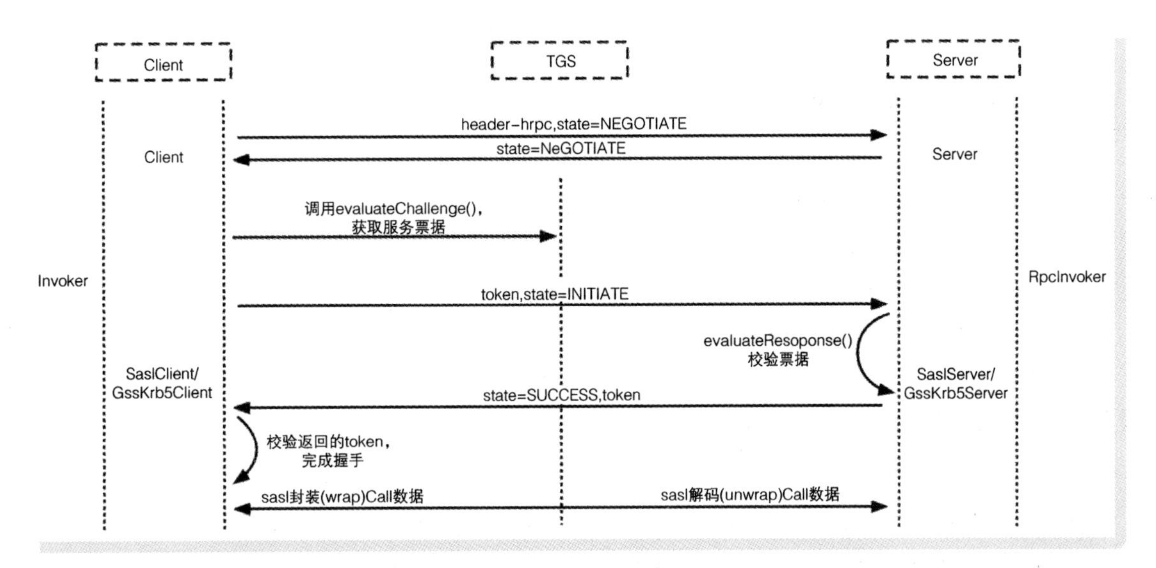

● 图 10-8　特定服务认证

整个认证过程采用状态机保证安全。主要流程包括：

服务认证判别。首先 Client 和 Server 建立普通连接，并发送 header 和初始状态（NEGOTIATE），向服务端询问是否需要对本服务做认证。如果 Server 侧也开启 Kerberos 认证，会返回同样的状态。

Client 创建 SASL 类型的 RpcClient 实例：GssKrb5Client。该实例负责向 TGS 请求服务授权凭证，同时实现了 GSS-API 和 SASL。随即调用 evaluateChallenge( ) 寻求对目标服务的可用授权凭证：从 Subject 中取到此前已经得到的 TGT，向远程 TGS 服务器获得对本服务的令牌（Credentials），同样包含密钥数据、Session Key 等信息；解析返回的结果，并生成 KerberosTicket。这里的 KerberosTicket 就是服务授权 Ticket，已完成的服务授权会加入到 Subject 私有密钥中。该过程会初始化一个 Context，用于同 Server 建立互信关系。

Client 将已获取到的授权 Ticket 通过 SLSL 流发送到 Server，并携带 INITIATE 状态，告知 Client 已经完成认证。Server 创建 GssKrb5Server 实例，并调用 evaluateResponse( ) 解密得到的 Ticket 和 accept 前面初始化的 Context。完成后，返回 SUCCESS，代表服务端已经认证就绪。

Client 得到返回的结果，还需对返回的 Token 进行解密，已验证服务端是否可以接收请求。至此，双方已经完成握手，可以进行正常的数据交互。

Client 将 Call 发送到服务端过程中，会走 SASL 流传输，且对数据加密封装；服务端接收到后进行解析。随后就是 Hander 处理具体的请求工作。

访问服务验证成功后会提示以下信息：

```
2022-10-31 11:29:13,045 [1113431842] - INFO  [Socket Reader #1 for port
8022:Server $Connection@1889] - Auth successful for
dn/hadoop-dev3.hzjh.org@HADOOP.123.COM (auth:KERBEROS)
```

这部分是统一流程，Client 访问任何一个组件服务都会存在。从执行过程来看，如果集群过大，或者业务较多，KDC 集群会有性能瓶颈。因此，在实际生产上会结合 Delegation Token 减小认证服务器的负担。

10.2.3 基于 Delegation Token 的认证

单纯基于 Kerberos 认证会存在两个问题：

- 随着集群和业务规模越来越大，同一时间会有成千上万次的认证请求，KDC 服务器能否经受得住考验是一个大问题。
- 每次认证流程都涉及三方，虽然安全，但是影响访问效率。

因此，开源社区引入 Delegation Token（委托令牌）作为基础认证（如 Kerberos）的补充，用于提升认证效率。它的出发点是：当 Client 完成 Kerberos 认证和服务授权凭证后，用户已经得到访问认可，可以重复利用已经建立的关系，只需保证访问过程是安全的即可。

1. Delegation Token 是什么？

Delegation Token 认证是一个两方认证过程。当 Client 完成 Kerberos 身份验证并取得对服务的授权凭证后，Client 从 Server 获得一个 Delegation Token，这个 Token 保存必要的密钥、用户等信息。作用主要是在需要时与 Server 建立通信握手，执行类似 Kerberos 认证第 2 阶段的流程，其生命周期由 Server

端管理，避免了二次与 KDC 通信的弊端。此外，已生成的 Delegation Token 也可以传递给其他进程使用。其认证访问机制如图 10-9 所示。

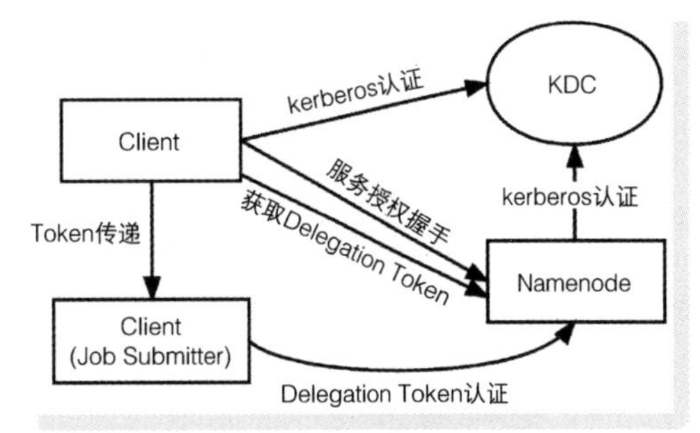

● 图 10-9 Delegation Token 认证访问机制

基于 Delegation Token 的认证访问过程分为 3 个阶段：

1）主认证流程。这一步与 Kerberos 服务完成，只会发生在 Client 初次访问服务的时候。这一步必须经历，原因是生成一个 Delegation Token 需要有一个安全的上下文环境。

2）Delegation Token 初始化。Client 与 Kerberos 服务完成认证，从 Namenode 获取到和用户有关的 Delegation Token。生成 Delegation Token 的流程在 Namenode 端完成，Delegation Token 具有一定的时效性，使用者获得后要及时续租。

3）Delegation Token 复用。如果其他的 Client 也需要访问 Server，且是同一用户，可以采用进程间传递共享同一个 Token 的方式。新使用者基于该 Token 信息与 Server 完成一次密码检查，即可正常通信。

需要指出的是，两种认证方式有一些不同。Kerberos 以 Principal 为认证个体，而 Delegation Token 以用户为基准。

2. 实践应用

这里列举一些基于 Delegation Token 认证的注意事项及使用方法。

(1) 服务端配置

目前，Namenode 启动时默认就会开启 Delegation Token 认证，安全标识为 AuthenticationMethod# TOKEN。以下是重要的配置：

```
<property>
  <name>dfs.namenode.delegation.key.update-interval</name>
  <value>86400000</value>
</property>
<property>
  <name>dfs.namenode.delegation.token.max-lifetime</name>
  <value>604800000</value>
</property>
<property>
  <name>dfs.namenode.delegation.token.renew-interval</name>
  <value>86400000</value>
</property>
```

上述配置用途说明：

- ${dfs.namenode.delegation.key.update-interval}：Namenode 更新 Delegation Token 主密钥的时间间隔，默认 24 小时。
- ${dfs.namenode.delegation.token.max-lifetime}：Delegation Token 在不续租情况下的最大生命周期时长，默认 7 天。

- ${dfs.namenode.delegation.token.renew-interval}：Delegation Token 的续租更新间隔时长，Client 会用来执行更新动作，默认 24 小时。

服务端有关 Delegation Token 的职责：

- 根据用户信息创建 Delegation Token，并维护 Token 的生命周期。
- 根据用户请求续租 Token。
- 用户请求服务时，对携带的验证信息进行核实。

（2）客户端使用

客户端使用 Delegation Token 访问服务的流程，分为两步：

1）从 Namenode 获取一个 Delegation Token，将其存放在 Subject 私钥区域。

```
// 和 Kerberos 服务主认证
UserGroupInformation kerberosUGI =
UserGroupInformation.loginUserFromKeytabAndReturnUGI("principal_in_client", "path_to_
keytab_file");
// 用于 Delegation Token 认证的 UGI
UserGroupInformation tokenUGI =
UserGroupInformation.createRemoteUser("<user>");
Credentials creds = new Credentials();
// 在安全上下文中执行
kerberosUGI.doAs((PrivilegedExceptionAction<Void>) () -> {
  Configuration conf = new Configuration();
  FileSystem fs = FileSystem.get(conf);
  // Kerberos 认证服务授权
  fs.getFileStatus(filePath);

  // 向 Namenode 请求 Delegation Token
  Token<? >[] newTokens = fs.addDelegationTokens("<user>", creds);
  // Delegation Token 寄存于 Subject
  tokenUGI.addCredentials(creds);
  // Delegation Token 加入 UGI,实际也是放入 Subject
  for (Token<? > token : newTokens) {
    tokenUGI.addToken(token);
  }
  return null;
});
```

2）利用已有的 Delegation Token 在安全的环境下和服务通信，如果 Token 已经存在或者其他 Client 传递过来可用 Token，则可以省略步骤 1）。

```
// 在安全的上下文中进行
tokenUGI.doAs((PrivilegedExceptionAction<Void>) () -> {
  Configuration conf = new Configuration();
  FileSystem fs = FileSystem.get(conf);
  // 这里使用前面得到的 Delegation Token 跟 Server 握手
  fs.getFileStatus(filePath);
  return null;
});
```

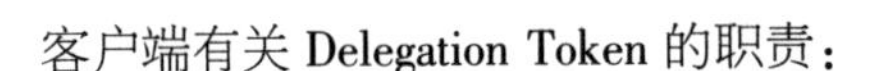

客户端有关 Delegation Token 的职责：

- 从服务端请求合适的 Delegation Token，并在请求服务时使用。
- 对 Token 续约管理，在到期前发起合理的续约请求。
- 如果不需要再使用，及时请求服务端取消 Delegation Token。

当用户请求 Delegation Token 时，可以看到服务端生成的信息：

```
2022-11-07 15:33:34,891 [xxxxxxxxxx] -INFO  [IPC Server handler 1 on 8021:AbstractDelegation-
TokenSecretManager@ 403] -Creating password for identifier: (HDFS _DELEGATION _TOKEN token
xxxxxxx for test_ad_id), currentKey: xxxxxx
2022-11-07 15:33:39,009 [xxxxxxxxxx] -INFO  [IPC Server handler 2 on 8020:AbstractDelegation-
TokenSecretManager@ 403] -Creating password for identifier: (HDFS _DELEGATION _TOKEN token
xxxxxxx for test_ad), currentKey: xxxxxx
```

用户想要续约时的信息：

```
2022-11-16 12:45:36,752 [xxxxxxxxxx] -INFO  [IPC Server handler 3 on 8021:AbstractDelegation-
TokenSecretManager@ 491] -Token renewal for identifier: (HDFS _DELEGATION _TOKEN token
xxxxxxx for test_ad_idc); total currentTokens xxxxx
2022-11-16 13:11:55,504 [xxxxxxxxxx] -INFO  [IPC Server handler 4 on 8021:AbstractDelegation-
TokenSecretManager@ 491] -Token renewal for identifier: (HDFS _DELEGATION _TOKEN token
xxxxxxx for test_ad_idc); total currentTokens xxxxx
```

任务运行完成，用户取消 Delegation Token 时的信息：

```
2022-12-24 14:12:28,590 [xxxxxxxxxx] -INFO  [IPC Server handler 1 on 8020:AbstractDelegation-
TokenSecretManager@ 550] -Token cancellation requested for identifier: (HDFS_DELEGATION_TO-
KEN token xxxxxxx for test_ad)
2022-12-24 14:13:34,173 [xxxxxxxxxx] -INFO  [IPC Server handler 2 on 8020:AbstractDelegation-
TokenSecretManager@ 550] -Token cancellation requested for identifier: (HDFS_DELEGATION_TO-
KEN token xxxxxxx for test_ad)
```

（3）多组件复用 Delegation Token

在日常生产中，很多计算类组件在运行时将任务分解为多个可以并行执行的 Task，其中的每一个 Task 都作为独立 Client 访问 HDFS 服务，通常也都使用了统一的用户。这种情况非常适合 Token 复用，以提升执行效率。原理如图 10-10 所示。

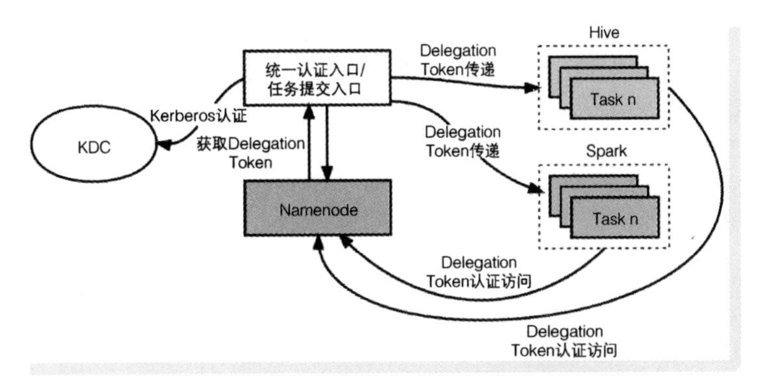

● 图 10-10　复用 Delegation Token 原理

重要模块解释：

- 统一认证入口。主要有两个作用：①完成 Kerberos 服务主认证流程，并从 Namenode 获得和用户有关的 Delegation Token；②将任务分发给对应的计算引擎，并传递 Token 信息。也可以作为统一的任务提交入口。
- 计算组件。负责执行具体的任务计算，期间不定期与 HDFS 交互，计算组件以 Delegation Token 认证为主访问数据。目前很多计算组件都支持 Delegation Token 认证，如 Hive、Spark 等。

在大数据生态圈中，多组件融合已经成为当下趋势，认证互认是一个必不可少的方向。很多互联网类的数据中台产品、数据湖等都将这种方式作为认证实现选项。

3. 核心原理

Delegation Token 认证的实现基于以下两个基础：

- HMAC（Hash-based Message Authentication Code，密钥散列消息认证码）：一种通过散列函数计算得出的消息认证码，同时结合了加密密钥。这种认证码可以保证数据的完整性，适合用作消息数据的身份认证。
- DIGEST-MD5 认证：基于 MD5 算法的 Linux 安全认证机制。提前生成一段非规则的码串，每次 Client 和 Server 校验时会再次加密，用新码和储存的码值进行对比，如果一致就证明成功。

Delegation Token 认证过程主要分为两个阶段：

（1）Delegation Token 构建

服务端访问入口为 ClientProtocol#getDelegationToken()。

```
public Token<DelegationTokenIdentifier> getDelegationToken(Text renewer)
    throws IOException {
  ......
  return namesystem.getDelegationToken(renewer);
}
```

传入的 renewer 由 Client 指定，通常是使用 Token 的用户。Server 端收到请求后主要做如下几件事情：

1）为当前用户实例化由服务端管理的 Token 标识——DelegationTokenIdentifier。该标识指定了清晰的使用者信息和拥有的时效，重要属性如下：

```
// 请求时 Call 携带的用户,长度尽量不要超过 1024×1024
private Text owner;
// 接口传入的使用者,这个属性比较特殊,在 Namenode 中会被当作 Kerberos 认证等效的用户信息,长度尽量不
要超过 1024×1024
private Text renewer;
//  请求时 Call 携带的真实用户,长度尽量不要超过 1024×1024
private Text realUser;
// 发行 Token 的时间
private long issueDate;
// Token 最长有效期
private long maxDate;
// 全局自增的 id
```

```
private int sequenceNumber;
// 维护 Token 的全局密钥 id
private int masterKeyId = 0;
```

2）实例化客户端使用的标识——Token。主要包含认证密码及服务有关的信息：

```
// 对 DelegationTokenIdentifier 序列化后的数据
private byte[] identifier;
// 认证密钥
private byte[] password;
// 这里标识是哪种基础服务使用了 Delegation Token 认证,HDFS_DELEGATION_TOKEN
private Text kind;
// 访问的服务类型
private Text service;
```

这个过程中值得注意的是密码的生成，它会结合已创建的 DelegationTokenIdentifier 和 HmacSHA1 算法，使用底层 Mac 工具生成散列码。这个散列码在客户端和服务端各有一份，但并不意味着密码就会泄漏。

已生成的 DelegationTokenIdentifier 由 DelegationTokenSecretManager 统一管理，后者主要作用如下。

- 创建 Delegation Token 和校验给定的 Delegation Token（包含密码）。
- 维护用户和 Delegation Token 之间的映射关系。
- 定期清理过期的 Delegation Token。
- 提供 Checkpoint 时持久化 Delegation Token 数据，以及在必要时进行恢复。

从以上分析可知，至少有 3 重保护 Delegation Token 安全的措施：①基于 HmacSHA1 算法的密码；②全局自增序列 id；③定期更新的全局 DelegationKey。

客户端收到 Token 后，会对即将到来的使用做进一步处理：

- 将 Token 加入 UserGroupInformation，此时已经拥有了访问特点服务的凭证。
- Token 定义了一个续约属性（TokenRenewer），其类型是 DFSClient#Renewer，可以在需要的时候开启。

（2）认证流程

基于 Delegation Token 的认证和 Kerberos 类似，只是链路中的 GSS-API 替换成了 DigestMD5，因此 SaslClient/SaslServer 对应的实现是 DigestMD5Client/DigestMD5Server。客户端在构建 SaslClient 时，会指定回调类型：

```
private static class SaslClientCallbackHandler implements CallbackHandler {
  private final String userName;
  private final char[] userPassword;

  public SaslClientCallbackHandler(Token<? extends TokenIdentifier> token) {
    this.userName = SaslRpcServer.encodeIdentifier(token.getIdentifier());
    this.userPassword = SaslRpcServer.encodePassword(token.getPassword());
  }

  @Override
```

```
    public void handle(Callback[] callbacks)
        throws UnsupportedCallbackException {
        ......
    }
}
```

当 DigestMD5Client 调用 evaluateChallenge()时，会传递 Token 携带的密码和用户到上下文。服务端在构建 SaslServer 时，同样指定回调类型，以便能够接收和处理认证信息：

```
public static class SaslDigestCallbackHandler implements CallbackHandler {
    private SecretManager<TokenIdentifier> secretManager;
    private Server.Connection connection;
    private char[] getPassword(TokenIdentifier tokenid) throws InvalidToken,
        StandbyException, RetriableException, IOException {
      // 检查密码
      return encodePassword(secretManager.retriableRetrievePassword(tokenid));
    }

    @Override
    public void handle(Callback[] callbacks) throws InvalidToken,
        UnsupportedCallbackException, StandbyException, RetriableException,
        IOException {
    ......
    }
}
```

当 DigestMD5Server 调用 evaluateResponse()后，会对密码进行检查，并检查 DelegationTokenIdentifier 是否存在且有效。

10.3 HDFS 与 Data Lakes

在生产上的数据越来越丰富及企业需要灵活多变应用的背景下，数据湖在近年成为热门话题，有望成为新一代大数据基础设施。目前数据湖处于发展初期，尚未在行业内形成对其统一的理解和解决方案，不过可以确定的是，这里面的主角仍然是数据，一旦形成革新，将会给企业带来极大的价值。

1. 数据湖的定义

结合目前的发展，在作者看来，数据湖是一种可以自我演进、高可拓展存储并具有分析能力的集中式存储域。它可以实现对任意来源、任意规模、任意类型的数据生命周期管理，同时具备服务大规模用户的能力。一个高效运转的数据湖架构方案应该如图 10-11 所示。

其主要特性如下。

1）海量数据存储能力。数据湖应该允许存储任意规模的不规则（文档、PDF 文件、音视频等）、半规则（日志、XML、JSON 等）和规则数据（如二维表）；不止如此，也不应该限制是否是原始数据或已经规整好的数据类型。

2）数据动态沉淀。正如大家看见的湖水是天然分层的一样，流入湖中的数据也需要沉淀，以便

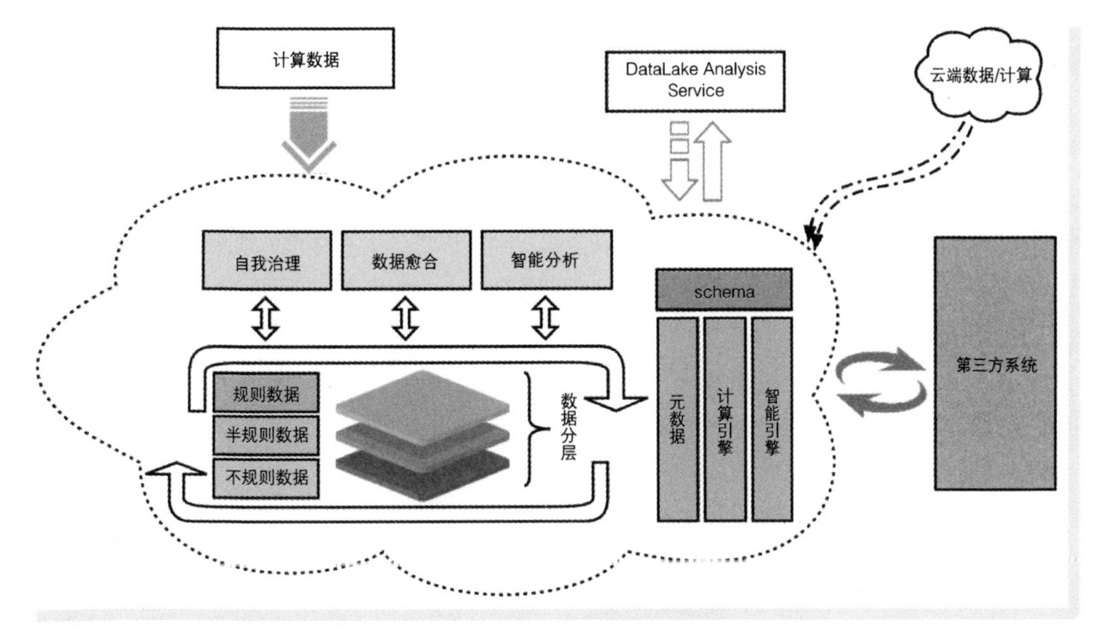

● 图 10-11　数据湖参考架构

满足不同的业务需求。“热”数据位于最上层，供应最成熟业务或经常使用的数据；“温”数据和“冷”数据位于不同存储介质，满足非实时或用于历史数据备份。需要说明的是，数据沉淀可以理解为一系列的处理动作，数据在各层次之间动态且不断地形成和相互转化。

3）灵活定义的 schema。有些数据在入湖时需要按照特定的 schema，或者数据治理过程中用到的 schema，在这里应该要有所区别。因为用户无法预知业务的变化，那么 schema 就要保持一定的灵活性，可以根据需求对数据灵活加工，具备贴合业务的能力。

4）共享的元数据。对于元数据，这部分内容应该是“共享”的，因为整个“湖”非常庞大，对数据的访问行为不应过多干涉，适当地开放一些权限有好处。这类数据较重要，应该保存在设置特殊权限的存储区域。

5）必要的计算分析引擎。湖内的数据可能时刻都在参与分析，因此需要多种分析计算引擎，如当下较为成熟的 Spark、Flink 等。所有有用的中间分析结果，最终成果都会被记录，作为数据沉淀的一部分。

6）智能分析引擎。拥有一定智能化是数据湖的亮点，如和机器学习结合。

7）强大的数据自治能力。当数据出现损坏或不同类型的数据间需要融合时，结合分析引擎自治可以让数据湖更加稳定，数据状态更加健康。在可能的情况下，大家应该做到数据自我恢复与治理、良好的数据愈合功能，以及对数据集中形成的“沼泽”分析。

8）强大的数据计算摄入能力。在搭建数据湖方案时，建议采用存算分离的架构。计算层拥有完善的计算引擎种类，能够应对离线、批处理、实时、流处理等访问场景。

9）较强的业务赋能。一个好的数据湖框架应该为业务赋能，提供丰富的接入和使用方式，包括 API、SQL、自定义应用程序等。要尽量做到暴露的接口统一，访问复杂性低。

10）云端数据处理。上云是当下乃至未来一段时间极具优势的方向，为了使数据湖保持开放，应该赋予云端更多的数据处理权限，只要是在同一框架范围内。例如，一些非重要的数据可以在云端提前完成分析，随后将可信赖的结果推送到数据湖中。

11）保持好的兼容性。虽然数据湖尚在发展，大家还是应该保持开放的心态，将兼容性纳入建设方案中，尤其是和第三方保留交互的通道。

从以上可以看出，数据湖就是一个小的生态系统。除了以上主要特性外，还应该具备一些基础特性为数据湖保驾护航，如统一的安全认证体系、访问授权体系、系统架构和数据高可用等。

2. HDFS 与数据湖的联系

从发展方向来看，HDFS 不会缺席当下以及未来的数据湖架构，理由如下。

- 可以解决任意类型和规模的数据存储。
- 高效的系统和数据容错能力。
- 拥有丰富的认证体系、访问授权体系。
- 高可用性和故障自治能力。
- 目前绝大多数热点计算引擎都支持 HDFS。
- 已经出现了不错的以实现数据湖为目标的开源产品，如 Hudi Data Lakes。

这些优秀的特性足以支撑 HDFS 作为数据湖中存储层的实现。HUDI（Hadoop Upserts Deletes and Incrementals）是以 HDFS 为基础管理大型的分析数据集，可以对近实时访问效率的数据高效规整，用作数据湖架构中的存储中间层非常合适，因此在行业内已经受到极大关注。

10.4 小结

本章是本书的收篇之作，对三部分内容做了介绍：第一部分和日常集群维护有关，统一的监控设施可以有效了解到当前集群的健康程度，还能以此为依据实现一部分自愈功能，有助于使集群更加稳定；第二部分介绍了和多租户有关的内容，HDFS 除了文中介绍的 Kerberos 认证、Delegation Token 认证外，还支持 Block 访问认证、服务授权等安全框架；第三部分介绍了作者对数据湖的理解，以及 HDFS 与数据湖的发展关系。长期以来，HDFS 始终保持开放的态度，并时刻拥抱变化，由此也确保了其能够长盛不衰。